奶牛增效
养殖十大关键技术

NAINIU ZENGXIAO YANGZHI SHIDA GUANJIAN JISHU

吴心华　李学仁　主编

中国科学技术出版社

·北 京·

图书在版编目（CIP）数据

奶牛增效养殖十大关键技术 / 吴心华，李学仁主编 . —北京：中国科学技术出版社，2017.9

ISBN 978-7-5046-7583-5

I. ①奶… II. ①吴… ②李… III. ①乳牛—饲养管理

IV. ① S823.9

中国版本图书馆 CIP 数据核字（2017）第 172741 号

策划编辑	乌日娜
责任编辑	乌日娜
装帧设计	中文天地
责任印制	徐　飞

出　　版	中国科学技术出版社
发　　行	中国科学技术出版社发行部
地　　址	北京市海淀区中关村南大街16号
邮　　编	100081
发行电话	010-62173865
传　　真	010-62173081
网　　址	http://www.cspbooks.com.cn

开　　本	889mm×1194mm　1/32
字　　数	245千字
印　　张	10.125
版　　次	2017年9月第1版
印　　次	2017年9月第1次印刷
印　　刷	北京威远印刷有限公司
书　　号	ISBN 978-7-5046-7583-5 / S·655
定　　价	35.00元

本书编委会

主　编

吴心华　李学仁

副主编

丁林军　胡风标　李菊兰
刘宁强　脱征军

编著者

马向东	杨常新	莎　莉	尹　春
马长贵	吴心华	丁绍军	丁林军
王晓明	李艳艳	田焕章	张桂杰
黄迎春	马兴民	李菊兰	李学仁
王伟华	俞顺忠	刘宁强	马玉海
文建强	沈　佳	刘学军	黎辛芳
汪黎庚	李含刚	刘朝龙	胡风标
脱征军	裴占君	李国琪	谷来凤
李　涛	蔡志斌	吴学清	杨学文
叶光军			

Preface 前言

　　中国奶牛业的发展可以分为3个阶段。20世纪80年代初到世纪之末为初级阶段，农村开始联产承包，农民分到了使役用的家畜，主要是马属动物，随后开始用马厩养奶牛，每户只有1～3头奶牛，全部是手工挤奶。因为贫穷，大家对奶牛照顾得很仔细，奶牛的福利最好。那时，没有全混合日粮的概念，奶牛的精饲料主要是玉米、麸皮加油饼，再添加一些骨粉、食盐、乳酸钙、亚硒酸钠粉等添加剂。粗饲料主要是稻草、玉米秸秆，没有青贮，后来有了黄贮。那时，每天早晨可以看到很多农户骑着自行车，驮着两个奶桶到乳品厂排上很长的队去交牛奶，还经常出现乳品厂拖欠奶款，不能及时发放奶款。后来出现了牛奶贩子，但最严重的问题是一年多没有给奶户发放奶款，发了奶款，奶贩子携款逃跑了，坑害了很多奶农。那个时代，没有发生过重大疫病，奶牛主要疾病是乳房炎、前胃弛缓、瘤胃积食、产后乳热症，由于科技发展滞后，很多奶牛疾病不能准确诊断，所以兽医只能做简单的输液、打针、灌服中药。兽医多数是马兽医，缺乏奶牛低血钙、酮血病的知识，对于真胃变位没有听说过，几乎不给奶牛做手术，很多疑难疾病，只能是钱花完，牛治死，也不知道啥原因。兽医多数在兽医院坐诊，几乎不出诊，奶牛病了，人牵着走到兽医院就诊，乳房炎严重的奶牛就用四轮车拉着去兽医院住院治疗。那时的我还在读大学，每天除了上课，其余时间都在兽医院住着，跟随师父学习兽医技术，每天都很忙，但那时候是最快乐的时代，我的大学老师对我都很好，他们都是"文革"前的老牌大学生，很敬业，专业基础好，做事认真，总怕学生学不会，总是手把手地教我们，每天要求我写病例，我从他们身上学到很多知识和智慧。那个时代，没有赚钱的概念，老师都很无私，都是将一生精力奉献给了这个时代，都很清贫。面对困难，如难产、马属动物肠梗阻、肠变位，都是赤膊上阵，徒手破结，他们的精神、知识、文化、奉献精神深深打动了我，我立志要成为一名传道授业的教师。大学毕业后我留校了，在学校兽医院从事兽医治疗工作24年，期间利用业余时间还做了11年牛人工授精工作。

中国奶牛发展的第二个阶段应该从2000年开始，那时，在政府号召下，全民大力发展奶牛事业，提出了"家有三头牛，致富奔小康"，拉开了户养奶牛的飞速发展阶段，随后国家开始从澳大利亚、新西兰引进青年奶牛，大大促进了农民户养奶牛的进程，出现了奶牛专业户、奶牛园区，开始推广机械挤奶、带穗玉米青贮技术，进口苜蓿，并出现了内蒙古奥亚万头奶牛牧场等。2008年的三聚氰胺事件，终结了奶牛园区发展的步伐，大家开始质疑国产牛奶质量安全问题，开始建设规模化牧场的步伐。

三聚氰胺事件后，全国开始的规模化建设的步伐，很多资金进入奶业，特别是伊利，蒙牛乳品企业的快速发展，推动了奶业的转型升级，超大规模的万头奶牛场一夜间遍地开花，伴随而来的是奶业大革新，以优质牛奶种源输入、全株玉米青贮、进口苜蓿、全混合日粮、全部实行机械挤奶、DHI测定、奶牛生产管理软件、国外科学家进入中国带来新的奶牛养殖理念等，彻底改变了我国奶牛养殖的理念；同时，我国奶业科学也迅速发展，大大促进了奶牛产业的飞跃式发展。

当今，我国几乎消灭了户养奶牛，全部是奶牛合作社，独立牧场，都采取阶段分群、全混合日粮（TMR）饲喂、自由采食、集中挤奶饲养模式。在这种模式下，从奶牛生产来说，决定奶牛生产性能高低的关键因素是种质资源、粗饲料质量、精饲料质量、TMR日粮的制作加工，分群管理、水槽的管理、卧床和运动场卫生、圈舍空气质量等因素，只有我们给奶牛提供舒适的条件，奶牛吃好了，喝好了，睡好了才能挤出更多的优质牛奶；同时，奶牛玩好了，心情好了才能更好地发情、受胎、妊娠，产犊，挤奶。

奶牛养殖要以"人为本，牛为根，利苍生"。从奶牛健康来说，决定奶牛健康程度高低的关键因素是环境、营养和技术。环境是第一要素，没有好的环境，再好的营养和技术也不能确保奶牛健康。所以，提高奶牛场内外环境质量控制就显得十分重要和必要。奶牛的营养对奶牛健康来说，十分重要，没有好的营养作支撑，奶牛的免疫体系就会崩溃，奶牛就会发病甚至死亡。奶牛场使用的直接影响奶牛健康的技术是挤奶技术、兽医技术和繁殖技术，技术主要是由人去执行，所以人员专业分工和精准操作就显得十分重要。

从奶牛管理来说，养牛要以人为本，把养牛人放在第一位，把牛奶消费者放在第一位才是养好牛、养牛赚钱的根本所在。管理牛要以牛为根本，所有直接从事奶牛生产的员工，必须精通奶牛生理和奶牛生产需要的理论知识和实践操作技能，做好奶牛保健和治疗。在工作中，始终把牛放在首位，把牛的健康放在心里。养牛的目的是要赚钱，但必须始终遵循牛奶安全、人民健康是我们的最终目的，必须始终遵循牛奶有利于苍生大众的理念。

《奶牛增效养殖十大关键技术》紧紧围绕着奶牛养殖"种，草，粮，犊，喂，挤，繁，检，治，安"10项技术阐述了奶牛核心群建立技术，奶牛粗饲料加工技术，TMR 制作与加工技术，后备牛饲喂与管理技术，成年奶牛分群饲喂与管理技术，挤奶厅管理技术，奶牛繁殖管理技术、粪污处理技术，牛场安全管理技术，并对各个关键点制定了符合实践的管理流程，对指导生产有一定的积极作用。全书简明扼要、贴近生产，是一线管理人员的好帮手。

在此书出版之际，要感谢长期以来与我并肩战斗在一线的老师、同行、朋友，特别感谢宁夏大学、吴忠市科技局、吴忠市国家农业园管理委员会，感谢 2015 年国家星火项目《奶牛健康循环养殖技术的集成与示范》的支持。

吴小华

Contents 目 录

第一章

奶牛场的科学管理

一、奶牛场管理要素

作为牧场，唯一的目的就是盈利。如何才能够使牧场盈利？影响盈利的因素，首先是市场，其中主要在于投入饲料的价格和生鲜奶售出的价格。其次是牧场管理水平，牧场管理水平的高低涉及牛群产奶量的高低，牛奶质量的高低，繁殖水平的高低和疾病发病率的高低。尤其是繁殖育种和疾病严重制约着牛奶产量的高低。产奶量是制约牧场盈利水平的主要因素。

奶牛养殖管理技术主要包括种，草，粮，犊，喂，挤，繁，防，治，安 10 项技术系统。

种：指母牛选择与选种选配技术。对于一个新建牛场，首先考虑的是从哪里买到称心如意的母牛，并且买到的母牛没有传染病；对已经有牛的牧场来说，如何对现有母牛进行杂交改良，提高生产性能。大家都知道，母牛的品质决定牧场效益的 60% 以上。所以，母牛引进来以后，如何做好防疫、牛群净化，牛群健康稳定；稳定后的牛群，每年如何选定核心牛群，对核心母牛的遗传选择与合理选种选配是头等大事。

草：指优质粗饲料种植与加工技术。经过这几十年的养牛历练，我获得最大的感悟是我们奶牛单产超过 10 吨，最主要的改变是粗饲料质量发生巨大变化，舍得给牛喂优质牧草，特别是给后备牛舍得饲喂优质粗饲料，特别是优质全株玉米青贮和苜蓿的普及饲喂。所以，一个牧场做好玉米青贮的种植、收割与青贮的制作非常重要。玉米青贮是奶牛一年的青饲料贮备，万一做失败了，母牛一年就没有好日子过，牛场也没有希望了。此外，苜蓿青贮、高粱青贮、燕麦草、黑麦草等青干草的贮备工作也十分重要。

粮：指全混合日粮配制技术。影响奶牛营养供给的关键因素首先是要了解母牛的营养需要量，测量原料营养元素含量，日粮设计与日粮配制，日粮饲喂。特别是 TMR 车司机在把握各种原料的精准性十分重要，其次是搅拌时间和配送及推料次数等。

犊：指犊牛和后备牛培育。牛场工作中，确保犊牛百分之百的成活，培育好犊牛的瘤胃发育，养好后备牛是牛场的生命线。

喂：指奶牛的分群饲养管理技术。饲喂好、管理好成年泌乳牛各环节是我们直接经济利益的关键点，没有好的产奶量，奶牛场就无法生存下去。

挤：指挤奶操作流程与牛奶贮藏技术。质量安全的牛奶可以造福苍生。但对于奶牛场，挤奶、牛奶贮藏、运输、销售是技术工作，也是经营工作，如何使牛奶场效益最大化、稳定是生存的根本。

繁：指繁殖技术。好的繁殖团队、好的繁殖技术是牛场再扩大的法宝。做好奶牛的发情检测、精液解冻、输精、妊娠检查、乏情处理、不孕牛治疗、及时淘汰无生产潜力牛是牛群扩繁的重要保障。

防：指防疫和检疫技术。牛群健康的适时评估对我国奶牛场来说十分重要。由于我们自身条件差，疫病是养殖的头号大敌，也是兽医卫生和动物源性食品安全的最大隐患，做好奶牛防疫和检疫工作，是实现奶牛健康发展的首要任务。对奶牛疾病进行及时、精准的诊治工作是奶牛场兽医的重要工作。

治：是指对牛场环境进行治理和对粪便进行资源化利用的技术。

安：指牛场的整体安全。牛场安全是牛场的头等大事，主要包括人、牛、财、物的安全。每年都有报道奶牛场因为格拉斯收割机伤人，TMR 机械绞碎人，牛场失火、环境污染等重大事故，严重影响奶牛场的发展。

奶牛高产的决定因素：环境、营养和技术。

环境因素决定了奶牛的舒适度，奶牛舒服了才能健康，才能高产。

奶牛需要什么样的环境，奶牛的舒适度怎样评估，这是一个很有意思的问题。可以从天、地、舍、棚等方面思考。环境条件长期不适宜，奶牛的抵抗力就会丧失，就会发病而亡。

奶牛的营养是奶牛维持生存、生产、健康的前提因素。每头奶牛饲料营养用于两部分，一部分是维持，一部分是生产（产奶和妊娠）。维持需要是必须给予的，产奶需要的投入直接影响奶牛产奶水平的高低，牛奶产量的提高，会稀释维持成本，减少每单位牛奶耗用饲料，减少单位牛奶的饲料成本。

奶牛场技术主要是营养技术、繁殖技术、管理技术和挤奶技术等，管理好技术人员，才能发挥科技的优势。

二、奶牛场岗位职责

奶牛场的管理是在场长领导下的岗位负责制度，奶牛场岗位职责如下：

场长工作职责：负责全场安全生产，人事安排，牛奶销售，圈舍改造，外事沟通，培训学习，管理决策。

副场长工作职责：负责全场安全生产，技术部，奶牛保健，繁殖育种，调配日粮，制定技术方案，负责培训，制定生产计划。

统计部工作职责：统计所有数据，饲料进出数据，管理软件，派发工作单，计划日粮费，成本折旧，人员工资，维修费等。

繁殖组工作职责：制定繁育计划，制定周工作流程，制定繁殖标准，开展发情检测，输精，妊娠检查，治疗繁殖疾病，数据输入分析。

兽医组工作职责：制定保健方案，制定周工作流程，制定免疫程序，开展疾病检测，开展奶牛保健，巡查奶牛疾病，治疗奶牛疾病，数据输入分析等。

饲养组工作职责：制定奶牛营养标准，负责调配日粮配方，投喂日粮配方，进行饲槽管理，进行日粮评定，进行粪便筛查分析，计算饲料消化率，观察奶牛健康等。

挤奶组工作职责：制定挤奶厅管理标准，制定挤奶流程，完成挤奶，做好牛奶贮藏，完成挤奶厅卫生，完成挤奶机清洗，完成机械保养，完成奶质监控等。

卫生组职责：设备维修，卧床清理，水槽清理，积粪清理，添补垫料，运动场旋耕，通道清理，凉棚通风等。

三、奶牛场岗位工作流程

奶牛场岗位工作流程如下：

场长工作流程：早晨跟随第一波新产牛挤奶，巡查待挤奶厅、挤奶过程，跟随第一波新产牛下奶台，巡查牛圈新料，水满，床平，巡查到岗情况，巡查饲料库，巡查犊牛，巡查产房、兽医室、配种室。

饲料统计员工作流程：前晚派发 TMR 日粮单，前晚派发干奶牛号，前晚派发繁殖单，前晚派发修蹄牛号单，前晚派发兽医保健单等。

饲喂组流程：按照日粮单配制日粮，制作新产牛日粮，高产牛日粮，低产牛日粮，产房牛日粮，干奶牛日粮，青年牛日粮，育成牛日粮，负责犊牛及成年牛分群饲养管理。

繁殖组工作流程：制定周工作计划单，按照每天工作单工作，尾根涂蜡与发情检测，人工授精，妊娠检查，同期排卵药物注射，产科疾病治疗，数据输入。

兽医组工作流程：组长定时巡查病牛，完成接产，产后保健，子宫复旧，犊牛病治疗，泌乳牛疾病治疗，免疫注射与检疫，数据输入。

挤奶流程：挤奶前的用品准备，启动挤奶机并清洗，奶牛进入挤奶台站位，药浴乳头 5～7 头，挤出三把奶检验炎症，纸巾分别擦干乳头，垂直套杯，巡查挤奶过程，掉杯后二次套杯，自动脱杯、乳头二次药浴收杯洗杯。

TMR 日粮制作配送流程：接收日粮配方单并审定，按牛圈日粮配方单，制作日粮先装粗饲料，再装精饲料，加水，确定搅拌时间，运送搅拌日粮，TMR 日粮质量筛查评定，确定 TMR 日粮分送时间段，TMR 日粮分送次数，推料时间和推料次数。

接产组工作流程：确定接产人员，制定接产制度，自然分娩为主，产栏维修清理消毒，助产、接产药品器械，出现分娩征兆进产栏，等待自然分娩，羊膜破裂 1 小时不产，进行产道检查助产，清理胎儿口、鼻腔、脐带处理、灌服初乳等。

卫生组工作流程：牛舍的阳光、空气、温度、湿度、通风、保暖，干燥，干净，宽敞，使牛能自由伸张，采食，喝水，卧地，走动，人是决定奶牛所有需求的一切。奶牛每天要有 12～14 小时躺卧休息在卧床或者运动场上，卧床宽敞，卧床长 2.6 米，宽 1.2 米，沙垫料 20 厘米以上，干燥柔软，牛群密度不能超过颈枷的 100%，宽广的采食通道和挤奶台走道，运动场有遮阳棚和风扇；采食台、卧床、待挤奶间有风扇、喷淋。水槽设计合理，数量充足，可以随时喝到水。始终保持通风良好，保证空气质量、−4℃以下要保温。

挤奶台长评估流程：奶库卫生，奶罐，制冷机，挤奶器，压缩机保养，真空泵，电机，牛奶贮存。

奶牛健康指标评估流程：乳头评分，牛体卫生评分，粪便评分，关节评分，行走评分，瘤胃充盈评分，精神评分，体况评分，血酮检测。

牛场环境卫生评估流程：产房卫生，日粮和食台卫生，采食台卫生，卧床卫生，水质和水槽卫生，运动场卫生，挤奶厅卫生，兽医室、配种室卫生。

卧床评估流程：垫料厚度 20 厘米，干燥、柔软、宽敞，无直径超 5 厘米异物，垫料干燥、干净，每周添加垫料 2～3 次，床沿到挡胸板有坡度，卧床合格率达 80%，奶牛上床率 70% 以上。

饲槽建设评估流程：食台通道 5.5 米，食台高出采食台 20 厘米，采食通道宽 3.8～4 米，采食位宽大于 70 厘米，颈枷呈倾斜状。

水槽管理流程：水槽是否水满，水槽外周是否有积水、污泥，水槽外壁是否干净，水质是否良好，水槽内壁是否洁净，水槽的温度，水槽上空是否有遮阳棚，有无漏水和跑水等。

牛场观察流程：看饲槽内 TMR 的均匀度，是否空槽，剩料是否足够 5%，观察奶牛粪便的形状，观察奶牛行走并评分，新产牛分泌物是否正常，观察牛的体况是否均匀，有无离群呆立的病牛。

减少应激流程：做好转群应激，保定应激，驱赶应激，换料应激，分娩应激，冷热应激，噪声应激，免疫应激的预防工作。

饲槽管理流程：每天给料 3 次，每 0.5～1 小时推料 1 次，通道上无冰冻料淤积，每天剩料 3%～5%，无空槽现象，采食通道干净、干燥，牛下挤奶台颈枷打开，保证每头有 1 个槽位。

犊牛观察流程：一看精神和瘤胃，二看行动和粪便，三看眼角和眼屎，四看鼻镜和鼻液，五看口角和唇颊，六看呼吸和姿势，七看反刍和皮毛，八看饲料和饲草。及时挑出发病犊牛，并予以治疗。

牛奶质量控制流程：控制兽药种类、数量和用量，控制给药途径和注射部位，控制挤奶操作流程，控制牛体卫生，控制挤奶设备功能，原位清洗，牛奶贮藏与奶罐清洗。

奶牛信息技术管理流程：牛群资料数字化管理，远程实时监控，牛群发情远程实时监控，日粮制作与投放远程监控，牛群健康远程实时监控，奶牛远程医学，奶牛数字化尸检报告等。

牛舍设施设计评估流程：提高舒适度和劳动效率，组建临床兽医、农业机械师、奶牛舍建筑师、奶牛畜牧师、奶牛福利专家等评估小组。

牛舍设施评估流程：横向通风大跨度牛舍，正向通风犊牛舍，主奶厅和特殊挤奶厅，特殊处理区，双向通道，整体集纳自动刮粪板，自动水冲清粪系统，拼装式产栏。

牛舍设施评估流程：自动锁门保定，颈枷牛舍或颈轨牛舍，沙卧床，厚胶垫＋垫料卧床，液压自动修蹄机，无损伤颈枷，自动刮毛器。

四、奶牛场工作人员每周工作要点

奶牛场各岗位每周工作要点见表1-1至表1-4。

表1-1　场长每周工作要点

	上午工作任务	下午工作任务
周一	早4时起床跟随第一批新产牛上挤奶台，巡查整个挤奶、饲喂、牛场舒适度，卫生，犊牛舍，青贮窖，饲料库，机械等所有环节。组织召开晨会，听取各个部门反映的情况，传达上级精神，布置本周工作	巡查饲料库，青贮窖，草场，食堂，住宿部，水电火卫生
周二	将周一收集的各种意见汇总，制定整改方案	协调沟通
周三	督查日粮饲喂工作	协调沟通
周四	督查犊牛保健工作	协调沟通
周五	督查卫生安全	协调沟通
周六	督查兽医室，繁殖配种室、产房，保育，药房，库房	协调沟通
周日	总结本周工作，制定下周工作计划	协调沟通
备注	做好原料采购和牛奶销售，机械安全维修督查	

表1-2　副场长每周工作要点

	上午工作任务	下午工作任务
周一	巡查饲喂、牛场舒适度、兽医牛舍，繁殖工作参加晨会，听取各个部门意见，收集各种意见建议，布置本周工作要点	组织技术部实施工作计划
周二	将周一收集技术部意见汇总，撰写落实方案	组织技术部实施工作计划
周三	组织转群	
周四	组织技术部实施工作计划	
周五	早晨更随第一班新产牛完成挤奶过程，追寻各个工作环节存在问题，并总结、制定整改方案	
周六	总结本周工作，制定下周工作计划	
周日		
备注	做好与场长沟通，与员工沟通，做好食堂管理等	

表1-3　繁殖组每周工作要点

	早班工作任务	中班工作任务	晚班工作任务
周一	早晨按点到岗，安排发情鉴定，注射黄体酮，输精等程序工作。参加晨会，汇报上周繁殖问题和整改意见，制定本周工作要点	成年母牛定胎检查	下午将B超检查，妊娠检查结果反馈
周二	给产后15～20天母牛进行子宫复旧检查、出单	同期处理： 12：00～13：00 ①49～55天牛注射GnRH； ②56～62天牛注射PG； ③早孕、空怀母牛注射GnRH	产后37～43天牛子宫复旧检查、出单
周三	产后15～20天母牛子宫复旧不全牛治疗	泌乳牛分牛群	产后37～43天子宫复旧牛治疗
周四	育成牛定胎检查	预同期处理 ①23～29天牛注射PG； ②37～43天牛注射PG	58～64天牛注射GnRH

续表 1-3

	早班工作任务	中班工作任务	晚班工作任务
周五	B 超检查配种第 27～33 天牛、出单	59～65 天牛配种	日常繁殖工作
周六	4～10 天牛恶露评定定胎出单	日常繁殖工作	日常繁殖工作
周日	日常繁殖工作	日常繁殖工作	日常繁殖总结工作
备注	同期方案中每天安排的工作量必须 100% 落实执行；期间干奶牛单子、第三次妊娠检查单子、干奶牛大肠杆菌病疫苗注射单子根据每天工作情况随时出单		

表 1-4 兽医组每周工作要点

	早班工作任务	中班工作任务	晚班工作任务
周一	早晨按时上班，进行病牛巡查诊疗。参加晨会，汇报上周疾病发生和诊疗情况和整改意见，制定本周工作要点 完成治疗流程单：干奶前修蹄单，150 天修蹄单，干奶通知单，成年母牛调围产 21 天，后备牛调围产 21 天，产前 10 天乳头药浴，产后 10 天保健监控，犊牛血液免疫球蛋白检查，犊牛断奶，疾病诊疗		
周二	完成治疗流程单：成年母牛围产前 21 天，后备牛围产前 21 天调群，产前 10 天乳头药浴，产后 10 天保健监控。犊牛免疫球蛋白检查，犊牛断奶，疾病诊疗		
周三	同上		
周四	同上		
周五	同上		
周六	同上		
周日	同上		
备注	以上每周工作计划仅供参考，各场可以根据自己的作息时间，牛群规模而定		

五、奶牛场管理水平绩效考核评分办法

1. 奶牛场硬件建设评分办法　奶牛场硬件建设评分见表1-5。

表1-5　硬件建设评分办法

	考核内容	分值	得分		考核内容	分值	得分
1	TMR车、装载车、推料车、消毒车等机械正常使用	30		6	水槽正常	5	
2	挤奶台正常使用	30		7	卧床正常	5	
3	围栏正常	5		8	产栏正常	5	
4	颈枷正常	5		9	巴氏消毒柜，酸化罐正常	5	
5	风扇正常使用	5		10	电脑及软件正常	5	

2. 奶牛场管理水平评分办法　见表1-6。

表1-6　奶牛场管理水平评分办法

	考核内容	分值	得分		考核内容	分值	得分
1	日粮配制水平	30		6	饲料库管理	5	
2	繁殖员水平	20		7	场长沟通领导能力	3	
3	兽医水平	20		8	食堂管理	2	
4	数据统计与分析水平	10		9	培训能力	4	
5	药房管理	2		10	团结协作能力	4	

3. 奶牛场卫生管理评分办法 见表1-7。

表1-7 卫生管理评分办法

	考核内容	分值	得分		考核内容	分值	得分
1	生产区和生活区卫生负责制度	5		7	兽医繁殖室整洁卫生3分，机械车辆干净清洁5分	8	
2	各车间无垃圾、杂物，物品堆放整齐	10		8	饲草垛、饲料库各类饲料堆放整齐2分，标识清楚2分，有消防设施2分，架接电线符合要求2分，无安全隐患2分	10	
3	各车间无风飘起物	5		9	饲草垛、饲料库各类饲料无浪费4分，做到防火，防淋、防霉、防风8分	12	
4	各车间卫生区夏季无杂草，杂草留茬高在10厘米以下，并平整	10		10	牛舍过道2分，挤奶通道2分，待挤奶厅2分，挤奶厅卫生2分，制冷间卫生2分	10	
5	各车间无乱拉电现象	5		11	青贮窖取料整齐2分，地面整齐无浪费2分，发霉变质少2分，清理及时2分，封窖无破损2分	10	
6	各车间种植整齐，绿化优美	5		12	进生产区消毒池有足够的消毒药2分，紫外线灯有作用2分，更衣室整洁卫生2分，有消毒设施2分，消毒记录2分	10	

4. 奶牛主要数据管理水平评分办法　见表 1-8。

表 1-8　奶牛主要数据管理水平评分办法

	考核内容	分值	得分		考核内容	分值	得分
1	育种繁殖档案	10		6	DHI 报告及分析	10	
2	购买冻精记录和检验报告	10		7	日粮配制方案及日粮派发单	10	
3	防疫制度和免疫规程和免疫记录	10		8	病死牛淘汰、处理记录和分析报告	10	
4	兽药进出记录	10		9	牛奶销售记录	10	
5	繁殖生产统计	10		10	原料进出及库存记录	10	

5. 奶牛饲料管理水平评分办法　见表 1-9。

表 1-9　奶牛饲料管理水平评分办法

	考核内容	分值	得分		考核内容	分值	得分
1	库存苜蓿、秸秆质量完好	20		6	日粮配送及时到位	10	
2	青贮饲料使用合理	10		7	采食通道干净	5	
3	精饲料各种原料贮存合理	20		8	每天推送饲料 9 次	5	
4	预混料管理使用正确	10		9	日粮内无杂物	5	
5	全混合日粮宾州筛分级	10		10	日粮剩余 3%～5%	5	

6. 奶牛繁殖管理水平评分办法　见表 1-10。

表 1-10　繁殖管理评分办法

	考核内容	分值	得分		考核内容	分值	得分
1	发情发现率达标	20		6	平均泌乳天数达标	5	
2	参配率达标	10		7	产犊率达标	10	
3	21 天受胎率达标	10		8	成母牛繁殖率达标	5	
4	妊娠检查率达标	15		9	育成牛发情率达标	10	
5	流产率达标	10		10	产后 120 天妊娠率达标	5	

7. 兽医管理评分办法　见表 1–11。

表 1–11　兽医管理评分办法

	考核内容	分值	得分		考核内容	分值	得分
1	本月普通病发病率总<5%	20		6	处方完整，病历记录完整	5	
2	本月病死率 <5%	20		7	诊断正确、用药规范	5	
3	本月犊牛死淘率 <3%	20		8	每月 1 个经典案例分析报告	5	
4	胎衣不下发病率 <5%	10		9	每周参加周一会，提出一个意见	5	
5	本月疾病治愈率 >85%	5		10	专业学习	5	

8. 日粮管理评分办法　见表 1–12。

表 1–12　日粮管理评分办法

	考核内容	分值	说　明	得分
1	初乳管理饲喂水平	20	初乳收集，检验，饲喂，犊牛采食初乳 72 小时后血浆球蛋白完全达标。	
2	哺乳犊牛饲料管理	10	犊牛饲喂，管理规范，无疾病死亡	
3	干奶牛饲料与管理	10	干奶牛体况评分达标	
4	围产前期饲料与管理	20	饲喂规范，日粮合格	
5	泌乳牛饲料与管理	40	TMR 制作合格，饲喂管理达标	

9. 日粮管理评分办法　见表 1–13。

表 1–13　奶牛舒适度管理评分办法

	考核内容	分值	得分		考核内容	分值	得分
1	50% 奶牛上床或卧地休息	20		6	运动场平整松软	20	
2	牛舍通风正常无异常气味	10		7	产房设施安全	10	
3	奶牛身体洁净	5		8	凉棚正常	10	
4	奶牛乳房洁净	5		9	风扇正常	10	
5	奶牛走道平整无泥泞结冰	10		10	水槽周围干净	5	

10. 千克奶成本统计表　见表1-14。

表1-14　千克奶成本统计表（数据仅包括上厅牛，不包括病牛）

群舍号	圈舍号	牛头数（头）	泌乳天数（天）	全群产量（千克）	每圈单产（千克）	总产量（千克）	实际投料（头份）（千克）	实际投料量（千克）	每圈剩料（头份）（千克）	剩料量（头份）（千克）	剩料量（千克）	每头实际采食量（千克）	日粮干物质（%）	实际采食干物质（千克）	单头饲喂成本（元）	饲料成本（元）	泌乳群总饲料成本（元）	千克奶成本（元）	饲料转化率（%）
新产	1																		
高产	2																		
低产	3																		
泌乳全群合计/平均																			

第二章

奶牛核心群的建立

一、种子母牛引进技术

当我们决定养奶牛时，首先是考虑奶牛发展前景如何？牛奶交给谁？价格如何？厂址建在哪里？种子母牛从哪里来？谁来管理？关键技术有哪些？这些对奶牛养殖来说都是大事。但是，奶牛养殖更关键的5个字：即"种、养、繁、防、质"，种是指奶牛的育种、选种和配种；养是指奶牛的饲喂与管理；繁是指奶牛的繁殖；防是指奶牛防病治病；质是指牛奶质量与指标。

引进优质、健康的种子母牛是发展奶业的最主要的环节。奶牛引种要考虑以下主要问题。

（一）种子母牛的挑选技巧

选择种子母牛，必须来自通过国家鉴定合格的种牛场，一般只选择育成牛；种牛档案要齐全，生产性能较高，无国家规定的传染病。重点检查奶牛群体的遗传改良报告，即奶牛个体生产性能测定、良种登记、公牛的后裔测定等。

引进母牛之前，邀请专家到现场进行评定，完全达标后，才能最终确定引进方案。

1. 根据品种挑选 当前全世界奶牛品种，主要有荷斯坦牛、娟珊牛、更赛牛、爱尔夏牛及瑞士褐牛。荷斯坦牛属大体型奶牛，产奶量最高，年平均产奶万千克以上，所以首先应选择荷斯坦牛（俗称黑白花牛）。

2. 根据生产成绩挑选 奶牛生产档案中统计的每头牛的产奶量、乳脂量、乳蛋白量3项指标，是挑选高产牛最重要的依据。从遗传学角度说，产奶量和乳脂率、乳蛋白率呈负相关。产奶量越高，乳脂率和乳蛋白率越低。对低乳脂率（低于4%）、低乳蛋白率（低于3.5%）的公牛，切忌选作种用。

3. 根据体型外貌挑选 奶牛体型外貌的优劣与其产奶成绩关系非常密切。挑选好的体型外貌，特别是好的乳房及肢蹄结构对提高产奶成绩十分重要。

高产牛体型的特点：从整体看，头部小巧而细长，呈清秀状，被毛细短而有光泽，轮廓清晰；胸要深、长、宽，肋骨开张良好（肋间距最宽处要4指宽）；四肢端正、关节明显、蹄质结实、健壮；乳房体积大，乳房基部应前伸后延，附着良好。

乳房丰满而不下垂，用手触摸弹性好，如海绵状。四个乳头均匀对称，皮肤细致，皮薄，被覆稀疏短毛。后乳区高而宽。乳头垂直呈柱形，间距匀称。乳房、乳头大小适中，乳头孔松紧适度，乳房及下腹部的乳静脉要明显外露、弯曲多、分枝多，粗大而深，同时乳房应具有一定柔软度和伸缩度，质地松软，富有弹性的腺质是优质的乳房。

购买育成牛时特别注意不可误选"异性孪生"母牛，这种牛因其母亲在妊娠期激素紊乱，造成母犊生殖系统发育不全而终生不能繁育。外在表现为：外生殖器官发育不良（幼稚型），阴道短，子宫畸形，乳房小、乳头短、乳腺发育不良。最好请兽医作直肠检查，重点检查子宫、卵巢发育情况，预防误买到患卵巢囊肿、持久黄体、子宫疾患等疾病的病牛。

4. 根据系谱选择 奶牛系谱包括：奶牛品种，牛号，出生年月日，出生体重，成年体尺，体重，外貌评分，等级，母牛胎次产奶成绩。系谱中，还应有父母代和祖父母代的体重、外貌评分、等级，母牛的产奶量、乳脂率、等级，另外牛的疾病和防疫检疫、繁殖、健康情况也应有详细记载。

据经验统计，一般多患肢蹄病、乳房炎、难产率高的奶牛，其女儿也易发生这些病。根据上述资料挑选高产奶牛很重要。另外，要注意查看奶牛防疫档案，预防购入患有结核病、布鲁氏菌病、副结核、口蹄疫、病毒性腹泻等疾病的奶牛。

5. 根据年龄与胎次挑选 整群购买时，要注意其平均胎次，以 1～2 胎为佳，低于 3 胎的牛群，一定要验证牛群的实际年龄，以便确定奶牛的利用潜力和年限，通过奶牛年龄与胎次的对应关系，判断其繁殖性能的好坏。

奶牛年龄与胎次对产奶成绩的影响甚大。在一般情况下，母牛初配年龄为 13～14 月龄，体重应达成年牛的 70%。第 1～2 胎牛比 3 胎以上的母牛产奶量低 15%～20%；3～5 胎母牛产奶量逐胎上升，6～7 胎以后产奶量则逐胎下降。实践证明，一个高产牛群，如果平均胎次为 4 胎，其合理胎次结构为：1～3 胎占 50%，4～5 胎占 35%，6 胎以上占 15%。

6. 根据饲料报酬挑选 评定饲料报酬是一项挑选高产牛的指标，也是评定牛奶成本的依据。为此，生产者应注意收集每头产奶牛精、粗饲料采食量，并计算其饲料报酬和全泌乳期总产奶量、总饲料干物质。高产奶牛最大干物质采食量至少应达体重的 4%。每产 2 千克牛奶至少应吃干物质 1 千克，低于这个标准常导致体重下降或引起代谢疾病。

7. 根据排乳速度挑选 排乳速度是挑选高产牛的一项重要指标。奶牛在挤奶时，大脑接受挤奶信号后，会产生激素刺激乳房进入排乳反射兴奋期，此期一般持续 7～12 分钟，奶牛在兴奋期的排出更多乳量决定于奶牛本身排乳速度的高低。据测定，美国荷斯坦奶牛之所以高产，它的每分钟排乳量达到 3.69 千克，而中国荷斯坦奶牛一般为 3.25 千克。所以，我们在选高产奶牛时应挑选排乳速度快的个体。

如果在国内购买种子母牛，首先对种子母牛进行详细调查，认真查看奶牛系谱，现场观察种子母牛的生长状况，检疫合格后才能确定是否购买。

确定购买以后，首先是逐头挑选，并放入隔离牛舍饲养，进一步观察、检疫，运输，进场。进入新场，必须放置在隔离场，观察、免疫。15 天后，健康牛只才可分群转移至饲养牛舍。

（二）种子母牛的检疫

签订购牛合同后，组织专业人员，对所有要购进的种子母牛进行检疫，采取国标检疫方法，确定无布鲁氏菌病、结核病、口蹄疫、副结核、黏膜病毒病、鼻气管炎病，才准许进入隔离场隔离观察。

1. 种子母牛的隔离　选定的母牛经过检疫，合格后转移至隔离场隔离 45 天，并按照国家规定再次检疫。

2. 种子母牛的运输　在隔离场经过 45 天的隔离观察，检疫合格的牛只可以装车，运输至目的地。

（1）运输前准备　①在运输前不要更换日粮，避免由此带来的应激；②刚断奶的犊牛已经习惯在饲槽、水槽中采食、饮水后，才能考虑运输；③断奶犊牛在运输前 3～4 周就应开始采食干草或谷物；④运输前 7～10 天让其自由采食干草；⑤允许牛自由饮水，直到运输前的 2～3 小时，此后限量饮水，如果装载之前进行挑选，装载之前容许再次补水；⑥运输前至少 12 小时不饲喂或少饲喂谷物和豆类，因为它们有通便作用；运输前的牛少采食青绿牧草和高水分的饲料，尽量饲喂干饲料；⑦铜、硒和锌能减少牛在运输过程中的应激；⑧如果可能的话，在运输前接种疫苗和驱虫；⑨病牛、体况差的或被毛湿漉的牛不宜运输。

（2）运输过程　①尽量降低应激；②装载密度不易过大；当卡车启动、转弯或停留时，采用隔舱来缓解牛的紧张应激；③避免拖车负载过轻，以减少应激和挫伤；④确保拖车内通风良好；⑤途中让牛休息；⑥避免在崎岖的道路上颠簸，运输车上铺好垫料；中途停车为牛提供饲料和水，并关注它们的福利；⑦尽量为牛提供遮阴；⑧在炎热的天气超载，会加强牛的应激，延长到达目的地后的恢复时间。

3. 种子母牛的进圈隔离与饲养　国外引进运输至目的地的种子母牛，首先在国境隔离场隔离观察 45 天，再次接受国家进出口检疫局的检疫，检疫合格，方可运输至牧场。牛只运进牧场后，先在牧场隔离场观察饲养 15 天以上，确认正常的牛方可与原来牧场牛只混合饲养。目前，我国绝大多数牧场没有设立专门引进动物隔离场，这一点很可怕。隔离期间奶牛饮水中添加电解质多种维生素，按照当地疫病发生规律，及时追加免疫，1 个月后，健康牛只与原牛群合并饲养。

二、新进种子母牛的饲养管理

（一）饲养与管理

从国外引进种子母牛，一般均经过长达 4 个月的隔离饲养，面临着长期营养供给不足；又经历长途水陆运输，运输应激较大，特别是瘤胃功能较差，个别新进牛甚至处在疾病当中；新进奶牛面临着被当地牛只传染病的威胁。

首先，让新入场牛尽早饮水、采食，补充运输过程中造成的营养损失，恢复神经和激素调节。通常是让牛只自由饮水，采食优质粗饲料和少量精饲料。饮水中添加电解质多种维生素、口服补液盐、黄芪多糖等，以便迅速补充免疫营养剂。3 天以后，恢复正常饲喂量，自由采食。其次，巡查病牛，隔离治疗。再次，是注射疫苗，如口蹄疫、布鲁氏菌病疫苗。非疫区牛群，不注射任何疫苗。

注意事项：①尽可能提供与运输前相似的饲料，自由采食优质干草，采食长干草 1～3 天，然后切短饲喂；②自由饮水，保证干净、清凉，在炎热的天气饮水中添加电解质可以有助于补水；③先饲喂优质饲料后再饮水，因为有些牛会因过多饮水而采食量下降；④牛群密度不宜过大，避免不同地方的牛混群；⑤如果在晚上抵达牧场，要开灯，牛在晚上视力很弱可能会原地不敢动；⑥对于新入场的牛，最好让其适应环境一晚后，再组群；⑦到达之后给犊牛喂开食料（高牧草含量）2～4 周，将开食料直接撒在干草上，促进采食，开始按 0.5% 体重量缓慢增加，同时减少干草供应。

新进牛过渡期日粮配制注意事项：① 40%～50% 的精饲料量，含 16% 以上粗蛋白质；②在第一周采食量非常低的情况下（<1% 体重），采用高蛋白质日粮是有用的（蛋白水平 19%，并含有较高的过瘤胃蛋白质）；③使用粉碎、研磨或压片谷物更佳；④避免使用尿素等非蛋白氮；⑤超过 5% 的掉膘，应考虑增加钾到 1.4% 和锌 350～390 毫克，硒也可以缩短应激动物的恢复时间；补充足够的维生素 A 和维生素 E，B 族维生素能帮助犊牛缓解应激，可给严重应激的牛饲喂缓冲液或益生菌；⑥使用抗球虫药；⑦如果存在日粮适口性问题，可以使用糖蜜。

（二）免　疫

新进种子母牛容易被当地牛疫病感染，为了预防感染，可以进行疫苗注射。注射疫苗种类，各个牧场因地适宜。一般需要注射的疫苗有口蹄疫、布鲁氏菌病、梭菌病等。

免疫程序：牛只进场，立即在饮水里添加益康电解质多种维生素，第五天对所有新进牛只进行口蹄疫三联苗注射，布鲁氏菌 A19 疫苗注射，妊娠母牛口服 S2 疫苗。第 26 天，再次注射口蹄疫三联苗、布鲁氏菌疫苗。

（三）带牛消毒

种子母牛进入新牧场前，对牛舍和运动场清扫消毒。第二天选择无刺激消毒药对新进牛圈舍进行全部消毒，1天1次，连续5天。

三、奶牛选种选配技术

奶牛场一般每年11月份在本牛群中选出核心种子母牛建立核心群，开始下一年的奶牛改良工作。

（一）奶牛育种工作流程

奶牛改良是根据未来市场的需求，对奶牛性状进行选择，通过制定选配计划，不断提高奶牛的生产性能和经济利用年限，以满足乳业生产工厂化要求为目标的一系列工作。图2-1为奶牛育种工作流程。

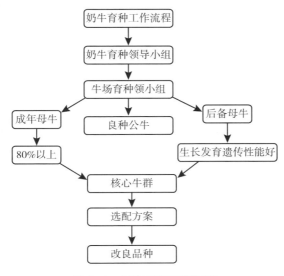

图2-1　奶牛育种工作流程

1. 改良目标

（1）生产性能 初产牛 305 天产奶量 8 000 千克以上，经产牛 305 天产奶量 10 000 千克以上。适应性强，耐粗饲，繁殖率高，无遗传性疾病。

（2）乳脂率 3.6% 以上，乳蛋白率 3.2% 以上。

（3）体型结构 整体呈楔形，体深，强壮度好，棱角分明，后躯容积大，四肢健壮。初产牛体高 140 厘米以上。

（4）乳用特征 乳腺发达，乳静脉粗大弯曲，乳房前伸后延呈浴盆状，四乳区匀称，乳头大小适中，乳流速快。

2. 实施方案

（1）核心群建立 根据改良目标要求，选择在群成年母牛的 80% 和适当比例的优秀青年牛作为核心群。每年 10 月份将全场成年乳牛及后备牛按系谱进行分类，结合外貌鉴定、DHI 报告，对全场牛只进行分析排队，从而确定核心牛群。

（2）种公牛（冻精）的选择 根据改良目标，结合奶牛群的状况，选择对应性状育种值较高的种公牛，制定选配计划。公牛比例是在群成年母牛头数的 2% 为宜。

（3）选配 根据个体母牛性状，选择最适宜的公牛冷冻精液进行选配，以得到符合要求的、品质优良的后代。选配时应考虑公、母牛的体型、生产性能和亲缘关系等。

①选配原则 根据改良目标，为巩固优良特性、改进不良性状，依据个体亲和力和种群配合力进行选配。选用公牛的质量应高于与配母牛的质量，即公牛生产性能和外貌等级要高于与配母牛的等级。优秀公、母牛采用同质选配，品质较差母牛采用异质选配。但是要避免相同缺陷或不同缺陷的交配组合。一般近交系数应控制在 6% 以下。

②选配方法 同质选配以巩固和提高扩大优良性状，并稳定地遗传给后代。异质选配应用不同的优良性状相互补充，以期获得双亲不同优点兼备的后代。

③亲缘选配 指根据家畜间的亲缘关系来进行选配。其中近交是亲缘选配的一种形式。生产性状采用加强型选配，体型性状采用改进型选配。

近交系数：指形成个体的两个配子间因近交造成的相关系数。计算公式如下：

$$F_x = \sum \{(1/2)^N \times (1+F_A)\}$$

式中：F_x——x 个体近交系数；

$\sum$——总和的符号；

N——从个体的父亲通过共同祖先到个体的母亲的连线上所有的个体数；

F_A——共同祖先本身的近交系数。

交配时可能出现的 9 种近亲关系中（表 2-1），前 5 种的近交系数均大于 4%，必须杜绝发生。其中第一种属于半同胞交配，容易避免；第二、第三种因年龄差异，发生的可能性较小，既容易被忽视，又容易发生；其他 4 种近交系数在 4% 以下，即使出现影响也不大，但要尽量避免。

表 2-1 交配时可能出现的近亲关系

共同祖先同与配母牛的关系	共同祖先同与配公牛的关系		
	（父）	（祖父）	外祖父
父	父—（父）	父—（祖父）	父—（外祖父）
祖 父	祖父—（父）	祖父—（祖父）	祖父—（外祖父）
外祖父	外祖父—（父）	外祖父—（祖父）	外祖父—（外祖父）

①父—（父）F%=12.5%；②父—（祖父）F%=6.25%；③父—（外祖父）F%=6.25%；④祖父—（父）F%=6.25%；⑤外祖父—（父）F%=6.25%；⑥祖父—（祖父）F%=3.125%；⑦祖父—（外祖父）F%=3.125%；⑧外祖父—（祖父）F%=3.125%；⑨外祖父—（外祖父）F%=3.125%。

（二）后备母牛的选择

1. 后备母牛选择方法

（1）**系谱选择** 系谱选择是根据所记载的祖先情况，估测来自祖先各方面的遗传性。按系谱选择后备母牛，应考虑来源于父亲、母亲及外祖父的育种值，特别是产奶量性状的选择，不能只以母亲的产奶量作为唯一选择标准，乳脂率、乳蛋白率等性状应与父、母同等考虑。

奶牛系谱是牛群管理的基础资料，它包括奶牛编号、出生日期、生长发育记录、繁殖记录、生产性能记录等。

牛只编号使用阿拉伯数字，由10位数组成，分4部分。第一部分：地区编号2位数；第二部分：牛场编号3位数，需向当地奶牛协会申请登记取得；第三部分：出生年度后两位数；第四部分：年度内出生顺序号3位数。

（2）**按生长发育选择** 按生长发育选择：主要以体尺、体重为依据。

主要指标：初生重，6月龄、12月龄、第一次配种（15月龄）及头胎牛的体尺、体重。表2-2后备牛各阶段选育目标。

表2-2 后备牛各阶段选育目标

月　龄	体高（厘米）	腹围（厘米）	体重（千克）
初　生			35～38
6	106	132	180～220
12	123	164	330～350
15	130	175	>400
头　胎	139	226	550～580

（3）**按体型外貌选择** 根据后备牛培育标准对不同月龄的后备牛进行外貌鉴定，对不符合标准的个体及时处理。鉴定时应

注重后备牛的乳用特征、乳头质地、肢蹄强弱、后躯宽窄等外貌特征。

2. 后备母牛的选留标准

（1）**犊牛** 健康，发育正常，无任何生理缺陷，初生重35千克以上。系谱清楚，三代系谱中无明显遗传疾病。

（2）**母亲生产性能** 头胎牛305天产奶量在7 000千克以上，经产牛305天产奶量在8 000千克以上。初产牛女儿选择以系谱资料为主。

（3）**育成牛、青年牛** 满足各阶段生长发育指标，繁殖功能正常。

不合格后备牛及时进行筛选淘汰。

（三）种公牛（冷冻精液）的选择技术

准确地选择遗传素质优秀的种牛来繁殖后代是奶牛群遗传改良成败的关键环节。主要内容包括：后备种牛的选择，公牛的后裔测定及良种母牛的选择等。

1. 后备公牛的选择 后备公牛是由遗传素质非常优秀的种子公牛和种子母牛定向选种选配所产生的。具体选择方法如下：

（1）**系谱选择** 要求三代系谱清楚。公牛父亲（种子公牛）必须是经后裔测定证明为优秀的种公牛，一般占成年公牛群体的5%～10%；公牛母亲（种子母牛）一胎305天产奶量应在9 000千克以上，最高胎次305天产奶量在11 000千克以上，乳脂率3.6%。此外，还应该看父亲及远祖是否有遗传缺陷或隐性不良基因。

（2）**外貌及发育鉴定** 后备公牛在初生、6月龄及12月龄应各进行1次外貌鉴定。要求后备公牛初生重应达到38千克以上。另外，后备公牛体型结构应符合品种要求。

（3）**精液质量评定** 经系谱选择和外貌及发育鉴定合格的后备公牛一般在12～14月龄开始采精，此时应按国家标准（GB 4143牛冷冻精液）对其进行精液质量评定，如合格应在18月龄备足 800～1 000 剂冷冻精液，并准备参加后裔测定，长期精液质量不合格的后备公牛应淘汰。

2. 种公牛的后裔测定 经选育合格的后备公牛，必须进行后裔测定。根据其女儿的生产性能和体型评定的结果，经过遗传评定来证明公牛本身遗传素质的优劣，是目前选育公牛的最好方法。

（1）后裔测定的基本过程 包括后裔测定公牛同与配母牛的随机配种、后裔测定公牛女儿出生与生长发育，女儿牛的配种、妊娠和产犊，女儿牛完成一胎产奶量等阶段。要求在每一个阶段都必须按照要求做好各项测定和记录工作，主要包括繁殖记录、生长发育记录、生产性能记录和体型评定结果等。整个过程需要 5 年左右，待公牛已有后裔测定结果时其年龄已经达到 6.5～7 岁。在公牛后裔测定期间，其育种值还无法确定，此期间公牛的使用目前有 3 种方法：

①后备公牛闲置饲养，不进行任何使用。为了保险起见，保存一定量的精液，以使后备公牛失去繁殖能力后仍然能用保存的精液生产后代。此种方法称为待定公牛体系（WB）。

②后备公牛开始采精后投入生产，但在鉴定成绩出来之前，后备公牛的冻精大量保存，既不用于育种群，也不用于生产群。有鉴定成绩后，理想公牛的冷冻精液投入使用，不理想公牛的冷冻精液全部废弃。而此时理想公牛本身可能已经淘汰。此方式称为精液长期保存体系（SS）。

③后备公牛在有鉴定成绩之前即在育种群和生产群中使用，并且利用年限较短，以缩短世代间隔。保存一定数目的后备公牛冷冻精液，已备日后定向选种。有鉴定成绩之后，用优秀公牛冷冻精液定向配种种子母牛，以期得到种用公牛。此种方法称为青年公牛体系（YB）。

（2）公牛育种值的估计方法 目前种公牛的遗传评定采用的是最佳线性无偏估计（BLUP）法，其基本评定模型有动物模型和公畜模型两种。

（3）后裔测定结果　具体公布内容如下：①后裔测定公牛女儿各性状的表型均值；②后裔测定公牛各性状的育种值；③育种值估计的可靠性；以 REL 或 R 表示，是 PTA 精准性的质量指标；④遗传基础：指在遗传评定中动物个体育种值（如 PTA）比较的共同基础；⑤总性能指数，以 TPI 表示，它是指产奶性状（产奶量、乳脂率、乳蛋白）和体型评定；⑥标准化的预测传递力，以 STA 表示，是绘制体型性状柱形图的基础，其计算公式为：

$$STA=\frac{（公牛\ PTA-公牛群群体平均值\ PTA）}{公牛群体\ PTA\ 的标准差}$$

柱形图是将各体型性状的预期传递力（PTA）进行标准化后的数据，以图形形式直观表示公牛对各性状的改良能力。它是以性状平均数为轴，以标准差为单位绘制而成的。通常 99% 四位 STA 值在 −3 至 +3 范围内。

（四）奶牛的选种选配技术

对种母牛的选择主要依据生产性能、繁殖性能和体型外貌及早期发情等表现进行选择。初生犊牛应三代系谱清楚，初生重在 35 千克以上；在 6 月龄、12 月龄、第一次配种时应进行体尺、体重测量和外貌及发育鉴定，有明显缺陷的个体及时淘汰；产犊后的成年母牛主要进行产奶性能和繁殖性能的选择，淘汰产奶低和繁殖能力极差的奶牛。

选配是有意识地确定公、母畜交配组合，产生特定基因型后代的过程，是与遗传选择相互衔接的两个奶牛育种技术环节。正确的选配要求把具有优良遗传特性的公、母牛进行组合，产生优良的基因型，使后代获得较大的遗传改良。因此，选配与选种具有同等重要的地位。

1. 选配的基础工作

（1）确定育种目标　通过各种措施的实施，培育出优良种牛，特别是培育出优秀的种公牛，并利用这些牛的预期生产条件和市场形势下，使牛群在一定期间内获得最大的经济效益。

①主要性状　如产奶量、乳脂率、乳蛋白率等。

②次要性状　如繁殖性状（情期一次受胎率、产犊间隔、初产月龄等）；保持力、泌乳速度；体细胞数、产犊难度。

③经济加权值　以上性状的相对重要性之比，一般为 2∶2∶1.

（2）了解牛群的基本情况　主要包括以下内容：

①牛群的血缘关系，牛群中主要集中了哪些主要公牛的后代，以防以后选配时发生近亲繁殖。

②牛群的生产性能，总体生产水平，不同生产水平的个体及牛群中的比例，不同血缘公牛后代生产性能及其他性状在牛群中的表现情况。

③牛群体型评分、体尺、体重情况。

④牛群繁殖性能情况。

⑤将以上情况与牛群上一世代进行比较，同时与本地区牛群比较。

⑥提出牛群具有优秀表现的性状和需要进一步改进的性状。

⑦根据牛群各性状的表现，总结出一些最佳选配组合。

（3）了解公牛站的公牛资料，从中选出备选公牛

①了解该公牛站牛群整体情况，包括品种结构、血缘情况、牛群育种值估计情况（评定方法、遗传基础、留种率、后备公牛选择途径）、公牛饲养管理与疾病防治情况。

②公牛系谱分析，对公牛 3 代以上系谱进行分析，此点对选用后备种公牛很重要。

③核查公牛后裔测定结果，包括育种值、可靠性、遗传基础。

④对种公牛进行外貌体型审查，看公牛或照片，审查生长发育情况，体型有无缺陷，毛色，乳用特征等。

⑤结合本场奶牛群实际情况选用适宜的种公牛，用于本牛群

的遗传改良。

2. 选配的方式与原则

（1）**选配方式** 有同质选配和异质选配两种，应根据育种目标确定。

①同质选配 将具有相同优点的公、母牛配对，以期固定优良的性状。在杂交阶段后的横交固定阶段一般使用同质选配，为了尽快固定某一优良性状而采用的近亲繁殖也属于同质选配。

②异质选配 将具有不同优良性状的公、母牛配对，以期在后代中产生具有双亲优良性状的个体。将同一性状的表现优劣不同的公、母牛配对，以期校正不良性状，也属于异质选配。异质选配之后立即转入同质选配。

（2）**选配原则**

①根据育种目标，选配应有利于巩固优良性状，改进不良性状。

②根据牛只个体亲和力和种群的配合力进行选配。

③遗传素质应至少高于母牛1个等级。

④对青年母牛应选择后代体重较小的与配公牛。

⑤优秀公、母牛采用同质选配，品质较差的公、母牛采用异质选配，但应避免相同或不同缺陷的交配组合。

3. 选配方法

（1）**个体选配** 每头母牛都要按自己的特点与最优秀的种公牛进行交配。在这样的选配中获得优良的公牛比母牛更为重要。

（2）**群体选配** 这种选配方式多应用于生产群。这种选配是根据母牛群的特点来选择2头以上种公牛，以1头为主，其他为辅。但要注意由供精液单位获得该公牛后裔测定的有关资料，以免近亲繁殖，或有遗传缺陷。

（3）**个体群体选配** 这种选配要求把母牛根据来源、外貌特点和生产性能进行分群，每群要选择比该牛群优良的种公牛进行交配。

4. 避免过度近交

（1）近交及其度量

①近交的定义　近交是指具有亲缘关系的个体之间的交配，通常将交配双方到共同祖先代数之和不超过 6 代（所生子女的近交系数大于 0.78%）的交配称之为近交。

②近交程度的度量　近交程度用近交系数表示，近交系数的定义为形成近交个体 X 的 2 个配子（精子和卵子）之间的相对关系，反映了单一个体的遗传程度。其计算公式为：

$$Fx = \sum (\frac{1}{2})^{n_1 + n_2 + 1} (1 + F_A)$$

式中：Fx 为个体 X 的近交系数；n_1、n_2 分别为个体 X 的父亲、母亲到共同祖先的代数；F_A 为共同祖先 X 的近交系数。

③常见的近交系数类型及其后代的近交系数　见表 2-3。

表 2-3　近交系数类型及其后代的近交系数

近交类型	后代的近交系数
父亲×女儿	25%
母牛×儿子	25%
全同胞	25%
半同胞	12.5%
祖父×孙女	12.5%
叔×侄	6.25%
表亲（堂兄妹）	6.25%
半同胞后代交配	3.125%

（2）近交的负效应　近交将产生近交衰退，具体表现为生活力和繁殖力下降，遗传缺陷增加，死胎、畸形增多，生长速度慢，淘汰率增加，产奶性能降低。这种近交衰退程度将随近交系数的增加而增大。不同近交程度对几个主要经济性状的影响见表 2-4。

表2-4　奶牛几个主要经济性状在3个不同近交程度下的平均效应

近交系数	产奶量	乳脂量	乳脂率	初生重	死亡率
25%	−600 千克	−18 千克	+0.12%	−3 千克	+50%
12.5%	−300 千克	−9 千克	+0.04%	−1.5 千克	+25%
6.25%	−150 千克	−4.5 千克	+0.02%	−0.75 千克	+12.5

（3）近交的正效应　近交的基本作用是使基因纯合，除使隐性有害基因暴露出来生产近交衰退外，还可使优良有利基因得以纯合，从而起到固定优良性状的作用，是选育优秀种牛的手段。当今国内外最优秀的种公牛均有一定程度的近交系数。因此，近交在奶牛育种中也是一个常用的手段。

（4）合理应用近交　在奶牛正常生产中应合理利用近交，避免过度近交，在正常生产中近交系数应控制在6.25%以下。种牛选择工艺流程如图2-2所示。

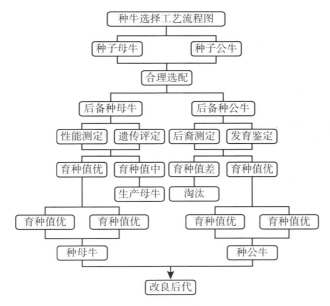

图2-2　种牛选择工艺流程图

第三章

奶牛营养管理

新建规模化奶牛场时首先要考虑粗饲料的来源及成本，在奶牛集中养殖区，粗饲料相对不足，价格较高，不具优势，所以，新建场必须考虑粗饲料来源、价格和牛奶销售问题。

一、奶牛饲料的传统分类方法

（一）按物理化学性状分类

1. 粗饲料　一般把容积大、纤维含量高、可消化养分少、营养价值低的饲料称为粗饲料。如秸秆、荚壳、干草等。

2. 青绿多汁饲料　包括天然含水量高的绿色作物、蔬菜等。

3. 精饲料　与粗饲料相对应，容积小、纤维含量少、可消化养分含量高的饲料。如谷类子实、豆类子实、饼粕、糠麸等。

4. 添加剂　用于补充饲料中矿物质、维生素、蛋白质等微量含量的饲料。

（二）按饲料来源分类

1. 植物性饲料　如谷物子实、青绿饲料、饼粕、豆类等，是畜禽饲料中来源最丰富、用量最多的饲料。

2. 动物性饲料　是利用动物性产品加工而成的饲料，如奶粉、鱼粉、蚕蛹、肉骨粉、羽毛粉等，该类饲料的营养价值一般高于植物性饲料。

3. 微生物饲料 利用微生物包括酵母、霉菌、细菌及藻类等生产的饲料。

4. 矿物质饲料 包括天然和工业生产的矿物质，如石粉、食盐、硫酸铜等，能补充奶牛对矿物质的需要。

5. 人工合成饲料 利用微生物发酵、化学合成等方法生产的饲料，如合成氨基酸、尿素、维生素、抗生素等。

（三）按营养价值分类

1. 全价配合饲料 能满足畜禽所需要的全部营养，是由能量饲料、蛋白质饲料、矿物质饲料、维生素、氨基酸及微量元素添加剂等，按饲养标准配合而成的饲料，是一种质量较好，营养全面、平衡的饲料。这类饲料可以直接饲喂奶牛。

2. 浓缩饲料 它是由蛋白质饲料、矿物质饲料、添加剂预混料按一定比例混合而成。由于浓缩饲料一般含粗蛋白质25%～40%，矿物质和维生素的含量也高，因此这类饲料不能直接饲喂，而要加入玉米或其他能量饲料混匀后方可饲喂。

3. 添加剂预混料 它是由一种或多种微量的添加剂原料和载体及稀释剂拌和均匀的混合物。微量成分经预混合后，有利于其在大量的饲料中均匀分布。添加剂预混料是配合饲料的半成品，可供中小型饲料厂生产全价配合饲料或浓缩饲料，可以单独在市场上出售，但不能直接饲喂畜禽。添加剂预混料生产工艺一般比配合饲料生产要求更加精细和严格，产品的配比更准确，混合更均匀，多由专门饲料厂生产。

4. 精料混合料 用于牛、羊等反刍家畜的一种补充精料，主要由能量饲料、蛋白质饲料和矿物质饲料组成，用于补充草料中不足的营养成分。

（四）按形状分类

1. 粉状饲料 是配合饲料的基础型，浓缩饲料、添加剂预混料、精料补充料一般都是粉状饲料。

2. 颗粒饲料 将配合好的粉状饲料在颗粒机中加蒸汽或水高压压制而成的颗粒状饲料。它粉尘小、营养全、消化率高，是犊牛的好饲料。

3. 膨化饲料 由挤压机生产，加工时物料经由高温、高压、高剪切处理，使物料结构发生变化，使饲料质地疏松，能较长时间地漂浮于水面。

4. 碎粒料 颗粒饲料经破碎机破碎成直径 2～4 毫米的碎粒料。适合犊牛采食。

5. 块状饲料 为奶牛补充微量元素及其他矿物质的块状饲料，俗称盐砖。

（五）按生产应用分类

分为粗饲料、精饲料、多汁饲料、动物性饲料、矿物质饲料和饲料添加剂 6 大类。

二、奶牛常用粗饲料

（一）粗饲料的定义

粗饲料是指自然状态水分在45%以下，容积大，粗纤维含量高（干物质中含量 ≥ 18%），可消化养分含量低（能量价值低）的一类饲料。

粗饲料的主要作用是促进反刍和唾液消化，维持瘤胃 pH 值稳定，维持瘤胃健康等；它是奶牛日粮中非常重要的一类饲料。

粗饲料是奶牛主要的营养物质来源之一，借助瘤胃微生物的发酵作用，粗饲料中的纤维类物质被降解为挥发性脂肪酸（VFA），VFA 为奶牛提供能量并为产奶提供乳糖和乳脂的合成原料，并对瘤胃的吸收功能提供能量支持，同时纤维素又能刺激瘤胃的蠕动、反刍和唾液分泌。因为粗饲料的品质决定了 VFA 的产量和比例，所以奶牛生产中对粗饲料品质非常关注。

优质粗饲料是养好奶牛的先决条件。在经历了户养奶牛到规模化大型牧场的转变过程中，奶牛产奶量几乎翻了一番。成年奶牛的单产从 5 吨提高到 10 吨以上，除了种质资源外，第二位影响因素就是粗饲料。由于玉米带穗青贮和优质苜蓿的使用，我们深切地感觉到，优质粗饲料是奶牛性能提高的最关键的因素，甚至是决定因素。我们平时常说，提高奶牛产量的唯一手段是提高奶牛每天的干物质采食量。但是，一味地提高精饲料喂量是导致奶牛加速死亡的罪魁祸首，增加优质粗饲料喂量，才是奶牛健康、延长寿命的最佳出路。

粗饲料是奶牛健康的必需饲料，奶牛通过对粗饲料的咀嚼，可促进唾液的分泌，有效地控制奶牛瘤胃中的酸碱度，避免酸中毒发生。

（二）粗饲料的种类

奶牛粗饲料主要包括干草、秸秆、青绿饲料、青贮饲料 4 种。

1. 干草　指水分含量小于 15% 的野生或人工栽培的禾本科或豆科牧草。如杂草、羊草、黑麦草、燕麦草、苜蓿等。

优质干草的感官指标鉴定：外观均匀一致，无霉烂、结块，有草香、无异味；颜色青绿或浅绿，气味芳香，质地柔松，叶片不脱落或脱落很少，无杂质；鲜草中的绝大部分蛋白质、脂肪、矿物质和维生素被保存下来。

主要化学分析指标为 NDF、ADF、粗蛋白质。

2. 秸秆　为农作物收获后的秸、藤、蔓、秧、荚、壳等。

如玉米秸、稻草、小麦草、大麦草、谷草、花生藤、甘薯蔓、马铃薯秧、豆荚、豆秸等,有干燥和鲜样两种。

3. 青绿饲料 水分含量大于或等于45%的野生或人工栽培的禾本科或豆科牧草和农作物植株。如野青草、青大麦、青燕麦、青苜蓿、三叶草、紫云英等。

4. 青贮饲料 是指以青绿饲料或青绿农作物秸秆为原料,通过铡碎、填入窖内、压实、密封后,经过微生物(如乳酸)的发酵作用,调制成柔嫩多汁、芳香可口的饲料。这种调制饲料的方法称为青贮。

含水量一般在65%～75%,即干物质25%～35%,pH值4.2左右,如全株玉米青贮。

含水量45%～55%的青贮饲料称低水分青贮或半干青贮,pH值4.5左右,如苜蓿青贮。

(三)全株玉米青贮加工与调制

1. 全株玉米青贮定义 是将商品粮用玉米或专用青饲玉米在乳熟期带穗收割制作的青贮饲料,含30%左右的玉米籽粒,淀粉含量较高。全株玉米青贮是性价比最高的粗饲料,也是解决奶牛粗饲料的最佳有效途径,应科学制作,合理使用。

2. 全株玉米青贮的特点(优点) 全株玉米青贮是营养价值最高的粗饲料,其营养价值比单纯的玉米秸秆加玉米面(干玉米籽粒破碎)营养价值高出30%～50%。加工调制及贮存方便,可以长期保存,营养损失小。占地面积小,在完全压实的情况下,每立方米可以贮存600～700千克全株玉米青贮。全株玉米青贮是奶牛TMR日粮必备的粗饲料,是奶牛目前最廉价、优质的粗饲料。

3. 青贮窖的设计 青贮窖的容积是根据牧场牛群规模的大小来确定,窖的底部做水泥硬化处理,目前为便于饲料搅拌车取料方便,建议新建青贮窖一律采用地上窖或青贮平台,其优点是排水性能良好、取用方便,防霉变效果好。

（1）**青贮窖高度**　一般青贮窖高度为 3.5～4 米。

（2）**青贮窖长度**　青贮窖长度根据养牛场规划的场地面积来设计，通常青贮窖的适宜长度在 80～100 米，如场地长 100 米。根据 13～14 个月青贮的存量，计算需要几个青贮池。

（3）**青贮窖宽度**　需要考虑以下因素：

①**牛群规模**　存栏奶牛 1 000 头规模的混合牛群，需保证 13～14 月的饲喂量。

②**每日饲喂量**　混合群每头牛平均饲喂 18～20 千克，1 年需要 7 000 千克，按全株玉米青贮窖重每立方米 600～800 千克（平均 700 千克/米^3）计算，每天青贮用量向前推进 0.5～1 米，那么每头牛每年需要青贮 10 米^3。按照高 4 米，向前推进 1 米计算，则每头牛每年需要青贮窖的面积为 2.5 米^2，1 000 头牛场需要 2 500 米^2 青贮窖。

（4）**青贮窖容积**　必须满足全场 6 月龄以上牛群 13～14 个月的饲喂量。

一般干物质在 30%～32% 的全株玉米青贮，压实密度 700 千克/米^3 条件下，成母牛需要 7 吨，后备母牛（6 月龄以上）3～3.5 吨，贮存时按照混合群每头牛 7 吨/年计算，高度 4 米，面积 2 500 米^2 那么 1 000 头混合牛群需要的青贮窖容积＝4 米×2 500 米^2＝10 000 米^3，长 100 米，宽 12.5 米，高 4 米的青贮窖 2 个。

4. 全株玉米青贮的制作方法

（1）**青贮窖的准备**

①**清洁**　清洁的青贮窖是成功制作青贮饲料的先决条件。

②**密封**　经常检查青贮窖的密封状况，及时修补损漏。把整张的干净塑料布沿着窖墙体铺开，尽可能紧贴青贮窖的底部，以起到密封作用。

③**消毒**　在原料收获之前，必须用高压水枪清理青贮窖，同时用 10%～20% 石灰水进行消毒，以减少窖内原料在青贮过程中被各种有害菌污染。

（2）**掌握适时收割期** 目的是控制青贮水分和营养价值，收割时间以干物质为标准。

做青贮玉米最适宜的收割期为蜡熟期（颗粒乳线达到 1/2 处）；入窖时全株玉米的水分控制在 65%～70% 为最佳，水分过高或过低都会影响青贮饲料的品质。

水分较高时可适当晾晒，添加秸秆或麸皮等吸收水分，切碎要相对长一些。

水分较低时，不易压紧，容易霉变，应细切，加水，压实。

（3）**留茬高度** 收割高度越高，产量就越低，但是品质会越好，合理的留茬高度为 25～30 厘米。

留茬过低会夹带泥土，泥土中含有大量的梭状芽孢杆菌，易造成青贮饲料腐败；留茬过低粗纤维含量过高，奶牛不易消化；青贮中的硝酸盐含量增高。留茬过高，青贮产量低，影响农户的经济效益。

（4）**切割长度** 根据干物质含量确定切割长度及籽粒破碎。

干物质 <30% 时切割长度约 2.2 厘米；干物质 30%～32% 时切割长度约 1.7 厘米；干物质 33%～35% 时切割长度约 1.2 厘米；干物质 >36% 时切割长度约 0.9 厘米；当干物质含量超过 30% 时需使用籽粒破碎功能。

（5）**填装与压实** 目的是创造厌氧条件，减少与空气接触时间。青贮窖装料时应快速装满，边填料边用装载机或链轨推土机层层压实，装填时间一般不超过 1 周。对于容积大的青贮窖，在制作时可分段装料、分段封窖。有效的压实是使青贮饲料迅速达到厌氧状态以减少干物质的损失的必要条件。

（6）**封窖与保存** 目的是创造厌氧条件，减少与空气接触时间。封窖前用装载机反复全方位压 5～8 次，表面喷洒乳酸菌制剂和商品青贮添加剂，用防老化的双层塑料（黑白膜）覆盖密封，密封程度以不漏气、不渗水为原则，黑白膜表面用土或废旧轮胎覆盖压实，窖口及四周最好用土封实。在青贮饲料的贮藏期应经常检查黑白膜的密封情况，破损处及时修补。

（7）保存与使用　青贮一般在制作后 21 天就可以使用，生产中为了保证青贮的充分发酵，一般在封窖后 30～45 天开始使用。密封完好的青贮原则上以 14 个月使用完毕为宜。青贮使用过程中，应使青贮截面保持整齐，避免二次发酵。

品质较差的玉米秸秆（原料）制作青贮时，可适当添加乳酸菌或青贮酶制剂，每装料 0.5～0.6 米高喷洒 1 次，依层喷洒直到顶部，以改善青贮品质。

取料时使用青贮采料机尽量减少青贮暴露时间和暴露面积，减少与空气接触的时间。

5. 青贮的基本原理　青贮发酵是一个复杂的微生物活动和生物化学变化过程。在这个过程中参与活动和作用的微生物种类很多，主要以乳酸菌为主，青贮的成败，主要决定于乳酸菌发酵的程度。乳酸发酵分 3 个阶段。

（1）**发酵初期**　通常为 2 天左右。当玉米青贮装入、压实和封存在青贮池后，附着在玉米秸秆上的各种微生物开始生长繁殖。初期青贮原料之间存在着空气，有利于各种需氧性和兼氧性细菌的繁殖，这些细菌包括腐败菌、酵母菌和霉菌及乳酸杆菌群等，其中以乳酸杆菌群占优势。各种细胞呼吸作用、各种酶的活动以及微生物的发酵作用使得青贮原料间的氧气很快被完全耗尽，形成厌氧环境；发酵过程中产生大量的二氧化碳、氢和一些有机酸（醋酸、琥珀酸和乳酸等），使青贮饲料变为酸性，不利于腐败菌等继续生长繁殖，形成有利于乳酸菌生长繁殖的环境，使乳酸菌快速繁衍，当有机酸积累到 0.65%～1.3%、pH 值下降至 5 以下时，绝大多数微生物的活动被抑制。

（2）**发酵中期**　一般需 17～21 天。由于乳酸杆菌的大量繁殖，乳酸进一步积累，青贮料 pH 值不断下降，细菌全部被抑制，无芽孢的细菌逐渐死亡，有芽孢的细菌则以芽孢的形式存活下来，另外还有少量耐酸的酵母存活下来。中期青贮发酵趋于成熟。

（3）**发酵末期**　当乳酸积累到一定程度时乳酸菌的活动受到抑制，并开始逐渐消亡。当乳酸的积累达到最高峰（1.5%～2%）、pH值为3.8～4.2时，青贮饲料在厌氧和酸性环境中得以长期保存，也就是说21天后基本达到稳定状态，各类细菌繁殖都基本停止，青贮窖内温度、pH值不再变化。

6. 青贮制作和使用过程中常见的问题

（1）**切碎长度**　青贮原料水分太大，切断长度可适当长一些，以减少汁液流失。

（2）**气候**　如果青贮窖破损原料受雨淋，会带走青贮中的营养物质；造成发酵失败；气温过低可延长发酵时间。

（3）**贮存过程中的损失**　因装填速度慢、压实程度低、封窖时间推后或密封状况不好，造成有氧微生物的繁殖，使原料发酵。

（4）**使用过程中的损失**　主要是由于取用方法不正确，造成青贮二次发酵。

（5）**青贮窖设计不合理**　例如地下、半地下窖受雨水浸泡，青贮截面长期暴露在空气中等。

7. 影响青贮品质的因素

（1）**青贮营养物质的含量**　受青贮品种、收割期、水分及土壤条件的影响。

（2）**发酵品质**　主要是青贮制作技术关键点的控制，避免贮存和取用过程中的二次发酵。

（3）**青贮的物理性状**　如切断长度和玉米颗粒的碾碎程度也会影响青贮品质。

8. 青贮品质鉴定标准

（1）**感官鉴定**

①颜色　青贮饲料的颜色越近似于原料颜色，则说明青贮过程是好的。品质良好的青贮饲料颜色呈黄绿色；中等品质呈黄褐色或褐绿色；劣等的为褐色或黑色。

②气味 正常青贮有一种酸香味，略带水果香味者为佳。凡有刺鼻的酸味，则表示含有醋酸较多，品质较次。霉烂腐败并带有丁酸味（臭）者为劣等，不宜饲喂奶牛。换言之，酸而喜闻者为上等，酸而刺鼻者为中等，臭而难闻者为劣等。

③质地 品质好的青贮饲料在窖里压得非常紧实，拿到手里却是松散柔软、略带潮湿、不黏手，茎、叶、花仍能辨认清楚。若结成一团，发黏，分不清原有结构或过于干硬，都为劣等青贮饲料。

（2）青贮品质的实验室鉴定 可根据需要而定。

①干物质检测 优质全株玉米青贮的干物质 30%～35%，其中谷物占干物质的 40%～45%，秸秆占干物质 50%～55%。

②pH 值测定 pH 值在 4～4.5 为上等（pH 值＝4.2）；4.5～5 为中等；5 以上为劣等。如果 pH 值超过 4.5，说明全株玉米青贮发酵过程中腐败菌活性较强，造成异常发酵。

③氨量的测定 正常青贮饲料中蛋白质仅分解到氨基酸。如有氨存在，表示有腐败过程。

④营养成分的测定 如淀粉（淀粉平均含量占干物质的 28%，范围为 23%～35%，消化率为 80%～98%，淀粉的消化率由谷物成熟度、谷粒大小和胚乳特性决定）、NDF（平均含量占干物质约 45%，消化率为 40%～70%，NDF 的消化率由品种、气候条件、收获时的成熟度、留茬高度、NDF 含量以及青贮的发酵质量决定）、泌乳净能值在 5.5～6.2 兆焦／千克。

9. 牧场全株玉米青贮使用

（1）常见问题 因各种原因（如青贮窖顶部破裂）导致氧气渗入，各种需氧菌如酵母菌、霉菌等开始发酵，产生毒素，破坏蛋白质，引起青贮品质下降。青贮的使用速度是由牧场牛群规模大小及青贮窖的宽度来决定的，一定要保证每天至少向里（前）推进 0.3～0.5 米，至少 2 天要打开 1 个新的纵向断面。

（2）使用方法 在纵向断面必须整齐切下，而不可随意掏取；现取现用，不能提前取好，滞后使用；当班取料后，剩余的青贮必须用完，不得堆积到下一班次或隔天使用，防止二次发酵；雨雪天及时清理积水及污物，保证青贮窖底部青贮不渗水及场地干燥、干净；注意挑拣出发霉青贮并丢弃，不得饲喂奶牛。

（四）苜蓿干草

苜蓿属于多年生豆科牧草，营养价值高，可制成青贮和干草。进口苜蓿干草的含叶量较高，粗蛋白质含量一般高于19%，杂草含量很少。苜蓿干草质量评价主要考虑粗蛋白质、中性洗涤纤维、酸性洗涤纤维和相对营养价值。

我国苜蓿干草的评价标准只有粗蛋白质、粗纤维和粗灰分。国产苜蓿的质量要求粗蛋白质 >18%；酸性洗涤纤维 <35%；中性洗涤纤维 <45%；相对饲用价值 >125。

1. 苜蓿干草质量的感官评价 影响苜蓿干草品质的因素包括收割期、成熟度、含叶率、颜色、异物、风味等。

（1）适时收割 判定苜蓿草适合于收割的成熟期，需观察其花蕾及茎的质感和木质化程度。苜蓿草的收割应在含苞期，也就是在茎的顶端有花苞，但没有紫色花瓣。可以从是否富含花蕾、茎的大小、粗细、质感，以及叶片的多寡进行观察。推迟收割将极大地降低牧草的营养成分。收割后要及时摊开晾晒，避免发霉变质，同时要避免打捆之前淋雨。当苜蓿草的水分降到15%以下时及时打捆，此时青干草保持绿色、茎叶柔软、叶片多，营养成分得以最大限度的保存。

（2）含叶率 指叶和茎的比例，是一项重要的干草质量指标，对苜蓿干草质量而言尤为重要。因为苜蓿干草的总可消化养分（TDN）的75%、粗蛋白质的70%、维生素的90%存在于叶子中。优质苜蓿干草含叶率为60%～70%，差的只有10%～15%。

（3）颜色 一般为绿色或浅绿色，草捆外层草的颜色受日晒呈黄绿色；日晒为淡金黄色；雨淋、露水过多或浓雾影响为深褐色或黑色。

（4）**异物** 伤害性异物包括有毒植物、铁线、铁钉、塑料制品等；非伤害性异物包括杂草、作物秸秆、树枝、泥土块等。

（5）**风味** 有草香味，适口性好，胡萝卜素含量高，营养价值高。

2. 近红外光谱仪化验系统评价苜蓿干草质量标准 目前已有快速检验方法评定苜蓿干草的品质，近红外光谱仪化验系统的化验结果既快速又准确。美国农业部苜蓿干草市场评价标准见表3-1。

表3-1 美国农业部苜蓿干草市场评价标准

	粗蛋白质 （CP%）	酸性洗涤纤维 （ADF%）	中性洗涤纤维 （NDF%）	总可消化营养 （TDN%）	相对饲用价值 （RFV）
特 级	大于22	小于27	小于34	大于62	大于185
高 级	20～22	27～29	34～36	60～62	170～185
优 质	18～20	29～32	36～40	58～60	150～170
普 通	16～18	32～35	40～44	56～58	130～150
适 用	小于16	大于35	大于44	小于56	小于130

3. 苜蓿使用注意事项 用紫花苜蓿饲喂配种前的育成奶牛易致不发情，7月龄至配种阶段的奶牛应控制紫花苜蓿饲喂量。开花前的苜蓿饲喂奶牛时易引起臌气病，而泌乳母牛又较一般牛容易发生。原因是紫花苜蓿属于豆科牧草，含有皂角素，奶牛采食大量鲜嫩苜蓿后，可在瘤胃中形成大量泡沫样物质不能排出，因而引起死亡或产奶量下降。臌气病的防止方法：在饲喂苜蓿前投喂干草；露水未干不饲喂；控制每天喂鲜苜蓿的数量，每头奶牛饲喂鲜苜蓿每天不超过20千克。

（五）燕麦干草

燕麦干草属于1年生植物，产量高作为国产化的优质禾本科干草。目前，在泌乳母牛日粮中粗饲料组合主要是全株青贮玉米＋优质苜蓿＋燕麦干草（或黑麦干草）。同时，在干奶牛（特别是围产期母牛）日粮中饲料组合为6～8千克燕麦干草＋全株青贮玉米＋少量的精饲料。

1. 优质燕麦草的特点　粗蛋白质含量在10%～14%；含糖量高，燕麦干草能量在4.60～5.85兆焦（进口一级苜蓿为5.85兆焦），TMR饲料中的泌乳净能为6.90～7.19兆焦，燕麦干草能达到5.85兆焦，如果燕麦草（禾本科牧草）和苜蓿干草在同一个生育期收割的话，能量是相同的。

纤维素的质量优于苜蓿（NDF 55%～60%，ADF<40%，NDF消化率不低于45%）；低钾（2%以下），低钙。适口性好，采食量大，燕麦NDF消化率比苜蓿干草高出10个百分点，过瘤胃速度会很快，过瘤胃快奶牛吃的干物质就多，所以产奶量就会提高。

禾本科牧草的蛋白质消化率很高，过瘤胃蛋白质占的比例很高。而苜蓿的过瘤胃蛋白质少与禾本科牧草搭配使用，可增加瘤胃蛋白质，提高牛奶的品质。

2. 燕麦干草饲用价值　营养成分和适口性与牧草的收割期、晾晒方式有密切关系。禾本科牧草如东北羊草、燕麦草、小黑麦等应于抽穗期收割，收割之后玉米及时摊开晾晒，避免发霉变质，避免打捆前淋雨。当牧草的水分降到15%以下时及时打捆，此时燕麦干草保持绿色、茎叶柔软，营养成分得以最大限度的保存。

（六）冬牧70黑麦干草

冬牧70黑麦又名冬长草、冬牧草，是禾本科黑麦属冬黑麦的一个亚种，是1年生或越年生草本植物。干草粗蛋白质含量高，平均为 15%，接近苜蓿的粗蛋白质含量（18%）。粗蛋白质、粗脂肪比本地杂草高出 3 倍。

1. 适时收割 黑麦草长至 35～40 厘米时刈割（抽穗期收割），留茬高度 5～7 厘米。

2. 饲喂方式 青贮或青干草。冬牧 70 黑麦青贮，在抽穗期收割，水分控制在 65%～70%；冬牧 70 黑麦干草，在抽穗期收割，收割后经晾晒，在水分低于 14% 时打捆堆垛。

3. 颜色 一般为浅绿色，日晒后呈金黄色并泛白色。

（七）其他干草（混合干草）

奶牛可用其他干草包括芦苇草、羊草和杂草苜蓿（新种植的苜蓿在第一年出苗率低，混有其他杂草）。这些干草营养价值低但可以起到瘤胃填充作用并对反刍和唾液分泌有较好的作用。

1. 青干草 青干杂草，如芦苇草和一些青干草的混合物。干草的质量评价如下：

感官指标：外观均匀一致，无霉烂、结块，有草香、无异味，色泽浅绿或暗绿，无杂质；

化学分析：主要指标为中性洗涤纤维、酸性洗涤纤维、粗蛋白质。

2. 稻草 检测水分及是否霉变。

（八）牧场粗饲料质量验收和使用

奶牛场粗饲料除了青贮外，还有苜蓿、燕麦草、黑麦草、稻草、玉米秸秆、羊草、谷草等当地盛产的农作物秸秆等。

1. 粗饲料进场前感官检测要求和流程 牧场有负责饲料监控的人员，饲料到场后首先需要查看粗饲料的颜色、气味、杂草率，并存有标准样，用于比对，感官检测合格后才能卸货。

2. 粗饲料营养指标的实验室测定 牧场一般会检测粗饲料的水分、粗蛋白质、粗纤维、相对饲用价值、灰分等。水分检测一般 8 小时后出结果，灰分需要 24 小时，粗蛋白质 2 天后出结果，检测结果符合标准，才容许进场使用。在检测过程中如果出现不合格产品，应重新采样复检。如果没有发现严重质量问题，只是水分超标 1%～2%，牧场可以近期使用完，要求供应商做降价处理，入场使用。在使用中，如果发现质量问题，应立即重新检测，如果检测后发现有质量或贮存不当等情况，须停止使用。

3. 粗饲料的贮藏 粗饲料堆垛码放在草棚里面，以防止雨雪、水灾，一般要求距离牛场 60 米以外，距离精料库要近。草棚必须分类堆放，取用方便。草场必须配备灭火设备和水源接口。

4. 粗饲料的使用 粗饲料的使用需严格按照日粮配方准确切割采挖和称重，添加于 TMR 搅拌车内进行搅拌。

5. 饲料库存管理流程 定期进行粗饲料库存量的计算，可以准确评估粗饲料在采挖过程的准确量，对精准饲喂有重要作用。

粗饲料质量验收、检验、库存、使用、盘库流程：玉米青贮、苜蓿、燕麦草、秸秆等粗饲料检测、验收、进仓库存；库存饲料定期质量检测；粗饲料精准采挖；库存粗饲料的定期盘库。

三、精 饲 料

（一）精饲料的概念

精饲料一般指容积小、粗纤维成分含量低，可消化养分含量高的饲料，即干物质中粗纤维含量小于 18% 的饲料统称精饲料。主要包括能量饲料、蛋白质饲料。

1. 能量饲料 指每千克饲料干物质中消化能大于等于 10.45 兆焦的饲料，其粗纤维小于 18%，粗蛋白质小于 20%。能量饲料可分为禾本科子实、糠麸类加工副产品。能量饲料在动物日粮中所占比例最大，一般为 50%～70%，对动物主要起着供能作用。

2. 蛋白质补充料 干物质中粗纤维含量小于 18%，粗蛋白质含量大于或等于 20% 的饲料。

（二）精饲料的种类

精饲料主要有谷实类、糠麸类、饼粕类 3 种。

1. 谷实类　粮食作物的子实，如玉米、高粱、大麦、燕麦、稻谷等为谷实类，一般属能量饲料。

2. 糠麸类　各种粮食加工的副产品，如小麦麸、玉米皮、高粱糠、米糠等，属能量饲料。

3. 饼粕类　油料的加工副产品，如豆饼（粕）、花生饼（粕）、菜籽饼（粕）、棉籽饼（粕）、胡麻饼、葵花籽饼、玉米胚芽饼等为饼粕类。以上除玉米胚芽饼属能量饲料外，均属蛋白质补充料。带壳的棉籽饼和葵花籽饼干物质中粗纤维量大于 18%，可归入粗饲料。

奶牛常用饲料营养成分见表 3-2。

表 3-2　奶牛常用精饲料原料营养成分表

饲料原料	DM 含量（%）	NEL（兆卡/千克）	CP	Ca	P	NDF	ADF
玉　米	86.00	1.83	7.50	0.14	0.19	9.40	3.50
豆　粕	87.8	1.78	43.2	0.24	0.59	8.8	5.3
棉籽粕	89.4	1.56	40.5	0.33	1.02	28.4	19.4
双低菜粕	88.97	1.39	39.6	0.72	0.81	20.7	16.8
DDGS	89.52	1.74	29.8	0.06	0.58	27.6	12.2
棕榈粕	93	1.6	16.3	0.27	0.64	60.6	38.7
喷浆玉米	96	1.69	20	0.12	0.93	23	10
小麦麸	89.1	1.61	17.3	0.13	0.18	42.5	15.5

（三）精饲料的加工方法

1. 粉碎　是一种简单实用的饲料加工调制方法。主要用于玉米的粉碎，粉碎颗粒宜粗不宜细，筛孔直径以 3～4 毫米为宜。

2. 混合 根据饲料配合比例，使用混合搅拌机械把各饲料组分均匀搅拌的过程。

3. 制粒 饲料通过加热、机械力作用等处理将粉料制成颗粒状。可避免简单混合后饲料组分的分离。

4. 膨化 利用膨化机械通过高温、高压处理，改善饲料营养结构，从而达到提高其消化率和适口性的目的。

（四）奶牛常用的能量饲料

奶牛常用能量饲料有玉米、大麦、麸皮。

1. 玉米 玉米是最常用的能量饲料，是提高产奶量的主要营养措施，也是产奶量的主要"驱动力"。但是玉米应用不当是瘤胃酸中毒的主要诱因。

（1）**玉米的营养特点** 产奶净能 7.69 兆焦 / 千克。碳水化合物含量 >70%，主要是淀粉，单糖和二糖少。

蛋白质 7%～9%，其特点是氨基酸不平衡，瘤胃降解率低。

粗脂肪 3%～4%，主要是甘油三酯。

粗灰分小于 1.2%，钙少磷多。

维生素含量少，但维生素 E 含量较多，为 20～30 毫克 / 千克。

（2）**我国《饲料用玉米》国标 GB 规定**

色泽黄色至白色；气味正常；杂质 ≤ 1%；水分 ≤ 14%。

不完善粒 1 级 ≤ 5%、3 级 ≤ 8%；容重 1 级 ≥ 710，3 级 ≥ 660。

蛋白质 1 级 ≥ 10%，3 级 ≥ 8%。

（3）**现场评价** 现场主要从颜色、不完善粒有无虫害和霉变几方面评价。

（4）**使用注意事项** 玉米用作牛、羊饲料时不应粉碎过细，宜磨碎或破碎。注意防止黄曲霉污染而造成黄曲霉毒素中毒。泌乳期精饲料中玉米所占比例为 45%～65%。

2. 其他常用能量饲料 粗蛋白质主要有以下几种。

高粱，粗蛋白质 8%～12%。

小麦，粗蛋白质 12%～16%，瘤胃降解率高，可以部分代替玉米。

大麦，粗蛋白质 11%～15%，氨基酸品质较好，可以替代部分玉米。

小麦麸，粗蛋白质 12%～17%，无氮浸出物 60% 左右，粗纤维 10%；灰分较多，所含灰分中钙少（0.1%～0.2%）磷多（0.9%～1.4%），极不平衡；铁、锰、锌较多；B 族维生素含量很高；小麦麸容积大，每升容重为 225 克左右，可用于调节饲料比重；小麦麸还具有轻泻性，可润肠通便。

玉米胚芽粕，是以玉米胚芽为原料，经压榨或浸提取油后的副产品，又称玉米脐子粕。粗蛋白质 18%～20%，其氨基酸组成与玉米蛋白饲料相似；粗脂肪 1%～2%；粗纤维 11%～12%；日粮中添加量可达 10%。

（五）奶牛常用蛋白质补充料

奶牛常用蛋白质补充料有豆粕、棉籽粕、菜籽粕、胡麻饼、葵花饼等。

1. 大豆饼粕 大豆饼粕是以大豆为原料取油后的副产物，由于制油工艺不同有 2 种副产物，即大豆饼和大豆粕，粗蛋白质含量高，为 40%～50%，必需氨基酸含量高，组成合理，但是蛋氨酸含量不足。玉米和大豆饼粕为主的日粮中，一般要额外添加蛋氨酸才能满足奶牛的氨基酸营养需求；粗纤维含量较低，主要来自大豆皮。无氮浸出物主要是蔗糖、棉籽糖、水苏糖和多糖类，淀粉含量低。胡萝卜素、核黄素和硫胺素含量少，烟酸和泛酸含量较多，胆碱含量丰富。矿物质中钙少磷多，磷多为植酸磷（约占 61%），硒含量低。

大豆粕，含粗蛋白质 40%～44%，是优质蛋白质饲料，幼牛和成年牛均可使用，添加量为 20%～25%。

大豆粕与大豆饼相比，具有较低的脂肪含量，而蛋白质含量较高、质量较稳定。含油脂较多的豆饼对奶牛有催乳效果。

（1）豆粕质量控制

①颜色　呈浅黄褐色或淡黄色；正常加热时为黄褐色，加热不足或未加热时颜色较浅或灰白色，加热过度呈暗褐色。

②外观　不规则的碎片状，无发酵、霉变、结块、虫蛀及异味、异嗅。

③水分含量　不得超过 13%。

④实验室分析项目　蛋白质、粗纤维、粗灰分。

（2）大豆饼粕的质量影响因素　大豆饼粕生产过程中的适度加热可破坏大豆饼粕中抗营养因子，还可使蛋白质展开，氨基酸残基暴露，易于被动物体内的蛋白酶水解吸收。但加热温度过高、时间过长会使赖氨酸等碱性氨基酸的 ε – 氨基与还原糖发生美拉德反应，减少游离氨基酸的含量，从而降低蛋白质的营养价值；而加热不足，大豆饼粕中的胰蛋白酶抑制因子等抗营养因子的活性破坏不够充分，影响豆粕蛋白质的利用效率。

在奶牛日粮中直接使用大豆粕性价比较低，因为 60%～65% 的大豆粕会在瘤胃中降解；

使用豆粕时最好热处理，可提供优质的过瘤胃蛋白质，氨基酸平衡性较好。在使用大豆粕时，高产奶牛要限制使用。

2. 菜籽粕　菜籽粕是一种良好的蛋白质饲料，因含有毒物质，其应用受到限制。

菜籽粕的粗蛋白质含量为 36%，瘤胃降解率低，含有硫葡萄糖苷、芥子碱等抗营养因子，影响奶牛的适口性。菜籽粕中主要的有毒物质是硫葡萄糖苷，在芥子酶的作用下降解为异硫氰酸酯和噁唑烷硫酮等有害物质，添加量小于 15%。

菜籽粕含以下两种毒素：异硫氰酸酯，噁唑烷硫酮。

这 2 种有害物质影响牛的适口性，降低采食量，长期过量使用会引起甲状腺肿大，影响生长，奶牛精饲料中使用 10% 以下，产奶量及乳脂率均正常。目前乳企禁止在泌乳牛精饲料中使用。

菜籽粕质量感官评价标准：颜色为黄色或浅褐色、碎片或粗粉状（菜籽粕）。气味具有菜籽油的香味。目测无发酵、霉变、结块及异嗅。水分含量不得超过 12.0%。

3. 棉籽粕 棉籽粕是棉籽脱壳取油后的副产品。棉籽粕粗蛋白质含量较高，一般为 44%～46%，是品质较好的蛋白质饲料，但氨基酸平衡性稍差，赖氨酸、蛋氨酸含量较低，精氨酸含量较高；棉籽粕粗纤维含量较高，为 >13%，主要取决于棉籽脱壳程度；有效能值低于大豆饼粕；矿物质中钙少磷多，含硒少。维生素 B_1 含量较多，维生素 A、维生素 D 少。一般用量以精饲料中不超过 20% 为宜。喂幼牛时，以低于精饲料的 20% 为宜，且应搭配含胡萝卜素高的优质粗饲料。

棉籽粕中的抗营养因子有棉酚、环丙烯脂肪酸、单宁和植酸，主要影响繁殖性能。

动物棉酚中毒表现为生长受阻，生产能力下降，贫血，呼吸困难，繁殖能力下降，甚至不育，有时发生死亡。

棉籽粕质量感官评价标准：颜色，加工过度，颜色变深；注意色素含量，色素越多，品质越差；棉酚变性导致变红。形状，浸提容易成团，存在较少颗粒；此时要关注水分和是否霉变。气味，棉籽粕特有香味，无酸、腐、焦、发酵味及其他异味，出现焦糊味为加工过度。成分，绒壳比例越少越好，结合化学分析粗蛋白质含量。

注意事项：奶牛饲料中添加适量棉籽饼粕可提高乳脂率，若用量超过精饲料的 50% 则影响适口性，同时乳脂变硬，影响母畜发情和受胎。

一般用量以奶牛精饲料中占 10% 左右为宜；喂幼牛时，不建议使用。

此外，葵花粕的粗食蛋白质 28% 左右，对瘤胃有缓冲作用，

用量 <20%；花生粕的粗蛋白质 42% 左右，瘤胃降解率高，需预防黄曲霉毒素；胡麻粕食粗蛋白质 32% 左右，含有生氰苷，用量 <10%。

4. DDGS 是用玉米子实与精选酵母混合发酵生产乙醇和二氧化碳后，剩余的发酵残留物通过低温干燥形成的共生产品。由于这些共生产品蛋白质含量高，故称为蛋白质饲料。

DDGS 由 DDG（干酒精糟）和 DDS（可溶性酒精糟滤液）组成，其中含有约 30% 的 DDS 和 70% 的 DDG。DDGS 主要成分为糖类、粗蛋白质、粗脂肪，微量元素，氨基酸，维生素等，粗蛋白质含量 23%～35%，粗纤维含量较高，维生素 B_1、维生素 B_2 均高，同时由于微生物的作用，DDGS 含有发酵中生成的未知促生长因子。

DDGS 中能量、蛋白质和磷的含量较高，是性价比高的原料之一，能提供过瘤胃蛋白质，但氨基酸平衡性稍差，可作为主要原料大量使用，使用时注意检查黄曲霉毒素污染。

DDGS 感官质量评价标准

颜色：为黄褐至深褐色，可溶物（DDS）含量高，烘干温度高颜色会加深；优质的 DDGS 呈黄褐色碎屑状，含有较多玉米皮状物；相反，质量次的 DDGS 结成块状或有粘连，有虫蛀的痕迹，或掺拌杂物。

玉米酒糟在干燥过程中如果加热过度会使得蛋白质不能被动物消化利用；100℃烘干，随着烘干时间的延长，颜色会加深。如饲喂热损坏的蛋白，奶牛生产会下降。

味道：有发酵的气味，含有机酸，有微酸味。质量好的玉米酒糟颜色为金黄色；颜色接近深咖啡色，表示干燥过程加热过度，可能会导致 ADIN（酸性洗涤不溶性蛋）增加。ADIN 是检测饲料中不可利用蛋白质含量的较好指标。

DDGS（美国）赖氨酸 0.96%，颜色为金黄色；DDGS（美国）赖氨酸 0.68%，颜色为黑褐色；

DDGS 在奶牛日粮推荐添加量：犊牛期（精饲料）≤ 8%；青年期（精饲料）≤ 18%；产奶期（日粮）≤ 20%；

（六）非常规精饲料

奶牛饲料中需要一定比例的品质较好的纤维素成分，但在饲草品质较差的饲养方式下，有效纤维的含量往往不能从饲草中获得足够的补充，为保证瘤胃发酵的正常，有必要向精饲料中添加品质较好的精饲料辅料（短纤饲料）。

1. 膨化大豆　膨化大豆主要提供优质过瘤胃蛋白质和脂肪，当瘤胃菌体蛋白合成不能满足蛋白质需求时添加，一般用在泌乳早期、高产奶牛日粮中。

2. 全棉籽　全棉籽与全脂膨化大豆相似，提供过瘤胃脂肪和蛋白质，一般用在泌乳早期、高产奶牛上。

棉籽仁（精饲料）含有高脂肪、高蛋白质（粗蛋白质 30% ～ 50%），并且棉籽壳（属于粗饲料）可以提供过瘤胃脂肪和过瘤胃蛋白，奶牛采食棉籽后能够通过第一个胃直接达到第四个胃或小肠中，很好地被吸收应用。全棉籽的用量控制在总日粮干物质的 15% 以内。

3. 甜菜颗粒　甜菜粕是制糖生产中的副产品（甜菜丝）经压榨、烘干、制粒而成。甜菜粕含有丰富的纤维和蛋白质以及其他微量元素，粗蛋白质含量为 10.3%，粗脂肪 0.9%，粗纤维 20.2%，无氮浸出物 64.4%，钙 0.9%，磷 0.1%，是一种优质饲料。

质量评价指标：总糖 ≤ 8%，水分 ≤ 14%，灰分 ≤ 6%，颗粒粕直径 6 ～ 10 毫米；颗粒粕长度 1.5 ～ 3.5 厘米；

作用：甜菜粕含有丰富的可溶性纤维、果胶质，利用效率和性价比较高，可保持瘤胃健康，可缓解瘤胃酸中毒，预防奶牛消化及代谢疾病，减少奶牛蹄病发生，有解暑降温的功效，可以预防热应激。

4. 大豆皮 大豆皮是大豆外层包被的物质，是大豆制油副产品，占大豆体积的10%，重量的8%。米黄色或浅黄色，大豆皮含有大量的粗纤维，主要成分是细胞壁和植物纤维，粗纤维含量为32%～38%，粗蛋白质约12.2%，NDF约63%，ADF约47%，木质素含量低于2%。

大豆皮含有大量的粗纤维，可代替草食动物粗饲料中的低质秸秆和干草。

大豆皮含有适量的蛋白质和能量，它能有效补充短纤维，纤维利用率较高，可代替反刍动物部分精料补充料。

在低质粗料中加入谷物类能量饲料，由于谷物类饲料中含有大量的淀粉。淀粉在瘤胃中快速发酵，瘤胃液pH值下降、微生物区系紊乱，导致酸中毒，从而影响饲料干物质和粗纤维的消化。用大豆皮代替部分谷物饲料，不仅可减少因为高精饲料日粮导致的酸中毒，形成有利的瘤胃pH值，而且大豆皮能刺激瘤胃液中分解纤维的微生物快速生长，增强降解纤维的活力。

大豆皮在奶牛日粮中所占比例不宜过大，大豆皮颗粒小，容重大，过瘤胃速度快，不利于日粮干物质和纤维素的消化吸收。豆皮用于高粗料日粮时可防止和降低纤维和谷物淀粉消化产生的瘤胃酸中毒。产奶初期的3～4周不要喂豆皮，容易发生真胃移位。

5. 苹果渣 苹果渣是鲜苹果经破碎榨汁后所剩果皮、果核及部分果肉，含有丰富的可溶性糖（62.8%左右）、维生素、矿物质及纤维素等，含5.2%左右的粗蛋白质、5%的粗脂肪。此外，苹果渣中还含有丰富的维生素B_1、维生素B_2和铁、镁、锰、赖氨酸、精氨酸。赖氨酸含量是玉米含量的1.7倍，精氨酸含量是玉米含量的2.75倍。整体而言，0.75～1千克苹果渣营养价值相当于0.5千克玉米粉的营养价值。

苹果渣的酸度较大，pH值为3.5～4.8，独特的果香气味，适口性好。

6. 麦芽根 麦芽根是麦芽厂或啤酒厂麦芽车间的副产品，是大麦浸水发芽后 3 毫米左右的芽根，占成品麦芽产量（干重）的 2%～3%。

麦芽根水分含量低（4%～7%），颜色呈淡金黄色，营养物质丰富，粗蛋白质含量高达 24%～28%、粗脂肪 0.5%～1.5%、粗灰分 6%～7%、粗纤维 14%～18%。另外，还含有丰富的淀粉酶、麦芽酶、果糖酶及蛋白酵素。具有浓厚的香味，是反刍动物的优良蛋白饲料来源；具有良好的吸收特性，是液体原料其佳的吸附材料。但麦芽根含有 N- 甲基大麦芽碱，具有苦味，适口性差；奶牛饲料用量不宜超过 20%，否则所产牛奶有苦味；吸潮性强，贮存时应防潮、防霉；久贮后会产生氨味。

四、多汁饲料

（一）多汁饲料的分类

干物质中粗纤维含量小于 18%、水分含量大于 75% 的饲料称为多汁饲料，主要有块根、块茎、瓜果、蔬菜类和糟渣类两种。

块根、块茎、瓜果、蔬菜类包括胡萝卜、萝卜、甘薯、马铃薯、甘蓝、南瓜、西瓜、苹果、大白菜、甘蓝叶等，均属能量饲料。

粮食、豆类、块根等湿加工的副产品为糟渣类。如淀粉渣、糖渣、酒糟属能量饲料；豆腐渣、酱油渣、啤酒渣属蛋白质补充料。甜菜渣因干物质粗纤维含量大于 18%，应归入粗饲料。常用的有啤酒糟、糖蜜、甜菜渣。

（二）常用多汁饲料

1. 糖蜜 糖蜜属于多汁饲料中的能量饲料，性价比较高，适口性好，能提供快速降解的糖分，提高 NPN 利用和纤维的消化率。

糖蜜是工业制糖过程中，蔗糖结晶后，剩余的不能结晶但仍含有较多糖的液体残留物。是一种黏稠、黑褐色、呈半流动的物体。其组成因制糖原料、加工条件的不同而有差异，在工业生产中通常作为发酵底物使用。糖蜜含有少量粗蛋白质，一般为 3%～6%，多属于非蛋白氮类，蛋白质生物学价值较低。糖蜜的主要成分为糖类，以蔗糖为主，此外无氮浸出物中还含有 3%～4% 的可溶性胶体，主要为木糖胶、阿拉伯糖胶和果胶等。糖蜜的矿物质含量较高，为 8%～10%，但钙、磷含量不高，钾、氯、钠、镁含量高，因此糖蜜具有轻泻性，维生素含量低。在奶牛 TMR 日粮调制过程中，利用糖蜜的黏稠特性，将粉状精饲料黏附于粗饲料表面，防止分层。

2. 湿啤酒糟　啤酒糟是啤酒工业的主要副产品（下脚料），是以大麦为原料，经发酵提取子实中可溶性碳水化合物后的残渣。含有丰富的粗蛋白质、磷、多种微量元素、B 族维生素、大量生育酚（维生素 E）和酵母菌等，赖氨酸、蛋氨酸和色氨酸含量也很高。

（1）干啤酒糟　干物质 90%、总能 3.92 兆卡/千克、牛消化能 2.7 兆卡/千克、粗蛋白质 25.67%、粗纤维 24.4%、钙 0.32%、磷 0.28%、赖氨酸 0.9%、蛋氨酸 0.46%。

（2）鲜啤酒糟　干物质 24%～25%、总能 1.14 兆卡/千克、粗蛋白质 29%、非蛋白氮 75%、粗纤维 4%、钙低 0.12%、磷高 0.12%、赖氨酸 0.2%、蛋氨酸 0.1%。微量元素含量不足。

啤酒糟粗蛋白质含量虽然丰富，但由于其中所含有机酸可与钙形成不溶性钙盐而影响钙的吸收，所以饲喂酒糟时应补钙。建议添加一定量的石粉；其次要注意在精饲料中添加维生素 A、维生素 D，防止维生素 A、维生素 D 缺乏症，以保证牛体的快速生长；再次饲喂啤酒糟的奶牛日粮中，应相应增加小苏打的添加量，每头每日可额外添加小苏打 70～80 克。

适宜喂量：每头奶牛日喂量以 5～7 千克为宜，生产性能明显提高，对牛无不良影响。要防止喂量过大，一般情况下，饲喂鲜酒糟，不超过牛日粮的 10%～12%，超过日粮的 20% 会造成奶牛酸中毒；饲喂干酒糟，不超过牛日粮的 8%，以防导致牛酸中毒等疾病的发生。

啤酒糟含有一定量的酒精，饲喂后能够使牛安心趴卧和反刍。但过量饲喂也有害，因酒精对早期胚胎有损害作用，故不适合大量饲喂妊娠母牛，应限量饲喂。妊娠前期日喂量不可超过 3 千克，后期禁喂，以防流产。对新产牛应尽量不喂或少量喂，以免加剧营养负平衡状态和延迟生殖系统的恢复，对发情配种产生不利影响。

啤酒糟含水量大，变质快，因此饲喂时一定要保证新鲜，发霉变质和冰冻的都应弃掉。

饲喂啤酒糟出现慢性中毒时，要立即减少喂量并及时对症治疗，尤其对蹄叶炎必须作为急症处理，否则愈后不良。饲喂中，若发现牛体表出现湿疹、膝部红肿、腹部膨胀等症状，应暂停饲喂，及时调剂饲料，适量增加干草和优质青绿饲料，以调整消化功能，待症状消失后再恢复正常喂量。

五、动物性饲料

来源于动物的产品及动物产品加工的副产品称动物性饲料。如牛奶、奶粉、鱼粉、骨粉、肉骨粉、血粉、羽毛粉、蚕蛹等，干物质中粗蛋白质含量大于等于 20%，属蛋白质补充料；如牛脂、猪油等干物质粗蛋白质含量小于 20%，属能量饲料。如骨粉、蛋壳粉、贝壳粉等以补充钙、磷为目的的归属矿物质饲料。在奶牛生产中动物性饲料几乎不用或禁用。

六、饲料添加剂

为补充营养物质、提高生产性能、提高饲料利用率，改善饲料品质，促进生长繁殖，保障奶牛健康而掺入饲料中的少量或微量营养性或非营养性物质，称饲料添加剂，包括营养性添加剂和非营养性添加剂。

（一）营养性添加剂

1. 矿物质饲料添加剂

（1）矿物质饲料的定义 可供饲用的天然矿物质称矿物质饲料或矿物质饲料添加剂，以补充钙、磷、镁、钾、钠、氯、硫等常量元素（占体重 0.01% 以上的元素）为目的。如石粉、碳酸钙、磷酸钙、磷酸氢钙、食盐、硫酸镁等。

矿物质饲料在各种粗饲料、精饲料中均含有少量、微量的矿物质饲料，在奶牛生产中，一般以预混料的形式添加，个别的矿物质饲料，如有机硒、有机锌在精补料或 TMR 日粮中可以额外单独添加。

（2）奶牛常用的矿物质饲料

①石粉 又称石灰石粉，为天然的碳酸钙，一般含纯钙 35% 以上，是补充钙的最廉价、最方便的矿物质原料。

②磷酸氢钙 又称磷酸二氢钙或过磷酸钙，纯品为白色结晶粉末，本品含磷 22% 左右，含钙 15% 左右。由于本品磷高钙低，在配制饲粮时与石粉等其他含钙饲料配合，易于调整钙磷平衡。

③食盐 精制食盐含氯化钠 99% 以上，粗盐含氯化钠为 95%。纯净的食盐含氯 60.3%，含钠 39.7%，此外尚有少量的钙、镁、硫等杂质。食用盐为白色细粒。植物性饲料大都含钠和氯的数量较少，相反含钾丰富。为了保持生理上的平衡，对以植物性饲料为主的畜禽，应补饲食盐。食盐除了具有维持体液渗透压和

酸碱平衡的作用外，还可刺激唾液分泌，提高饲料适口性，增强动物食欲，具有调味剂的作用。一般奶牛精饲料中食盐添加比例为1%。

④小苏打 学名碳酸氢钠，由于可以在水中电离出碳酸根（HCO_3^-），既可以结合酸性的 H^+，也可以结合碱性的 OH^-，使它成为很好的缓冲物质。在粗饲料质量较差、依靠精饲料提高产奶量的饲喂方式下，小苏打的添加对于调节瘤胃内环境，预防酸中毒有很重要的作用，而作为提供 Na^+ 源则显得不那么突出。

氧化镁、小苏打在精粗比过高的时候可缓解瘤胃酸中毒。小苏可打调节瘤胃 pH 值，缓解瘤胃酸中毒；氧化镁可保持细胞内外渗透压的平衡，缓解奶牛对冷热应激反应。

2. 维生素添加剂 维生素是动物正常生长和繁殖所需要的微量有机化合物，具有多种生物学功能，它参与许多代谢途径，具有免疫细胞和基因调控的功能，是保持动物健康的重要活性物质。奶牛与其他物种一样，需要维生素来维持最佳的生产性能（维持正常生长、生产、繁殖）和健康，但需要量很小。奶牛一般只添加脂溶性维生素添加剂。

3. 氨基酸添加剂 主要是过瘤胃蛋氨酸和过瘤胃赖氨酸，平衡机体氨基酸水平的作用。如保护性赖氨酸、蛋氨酸，也称限制性赖氨酸、蛋氨酸。

4. 脂肪酸钙 高产奶牛泌乳早期采食量降低，能量处于负平衡，添加脂肪酸钙可缓解体重下降，提高产奶量，缓解代谢疾病。一般添加量 <5%。

使用过瘤胃脂肪产奶的成本是最高的，每生产1千克牛奶的成本可能要2元多。其实，过瘤胃脂肪对产奶量没有直接作用，它对体膘的贡献更直接。奶牛泌乳前期能量负平衡阶段，过瘤胃脂肪使奶牛节省大量用于维持体膘的淀粉，使更多的淀粉生成乳糖来提高产奶量。但在泌乳后期，增加过瘤胃脂肪，会储存在奶牛体内，造成奶牛过肥。因此，过瘤胃脂肪主要解决能量负平衡问题，一般用于泌乳早期高产奶牛和热应激期间，可增加奶牛维持需要。

在奶牛日粮中加适量油脂，或用高脂饲料，可使奶牛摄入较多能量，满足其需要，油脂用于泌乳的效率高。油脂由于热增耗少，故给热应激牛补饲油脂有良好作用；用油脂给奶牛补充能量的同时，还能保证粗纤维摄入量，提高繁殖功能，维持较长泌乳高峰期，降低瘤胃酸中毒和酮病的发生率。补饲油脂不当时，会出现不良后果：①一些脂肪酸（如 C8-C14 脂肪酸和较长碳链不饱和脂肪酸）能抑制瘤胃微生物，这种抑制作用降低纤维素消化率，改变瘤胃液中挥发性脂肪酸比例，并能降低乳脂率。②奶牛总采食量可能下降。③乳中蛋白质含量可能下降。奶牛日粮中油脂的含量最多不能超过日粮干物质的 7%，在正常情况下，奶牛基础日粮本身就含有 3% 左右的油脂，因此，补充量应为 3%～4%。

（二）非营养性添加剂

1. 瘤胃缓冲调控剂　包括碳酸氢钠、氧化镁、脲酶抑制剂等；酶制剂如淀粉酶、蛋白酶、脂肪酶、纤维素分解酶等。

应用缓冲剂的条件：高比例玉米青贮日粮（pH 值 5.6）、湿度大的日粮（50%）；低纤维日粮（NDF 低于 19%，易发酸中毒）、干草采食量低；高精饲料采食量、精饲料颗粒小、高比例易发酵碳水化合物饲粮、精饲料喂给量过大（一次超过 3 千克）；热应激环境。

2. 活性菌（益生素）制剂　主要是酵母培养物对优化瘤胃发酵，充分挖掘动物生产性能方面具有显著作用。如乳酸菌、曲霉菌、酵母制剂等。

另外，还有饲料防霉剂或抗氧化剂及初乳、常乳和代乳粉等。奶牛常用添加剂见表 3-3。

表3-3　奶牛常用添加剂的作用及使用范围

添加剂名称	作　用	适宜使用阶段
阴离子盐	减少产后疾病的发生具有良好的效果	产前3周～产犊
小苏打	调节瘤胃pH值，缓解瘤胃酸中毒	产奶牛
氧化镁	保持细胞内外渗透压的平衡，缓解奶牛对冷热飞反应	产奶牛
胆　碱	在脂肪代谢中起重要作用	产奶牛和干奶牛
氨基酸	提高蛋白质利用率	育成牛、青年牛、产奶牛
烟　酸	有助于提高脂肪代谢率，防止酮体蓄积	产奶牛和干奶牛
酵母培养物	优化瘤胃发酵，充分挖掘动物生产性能方面具有显著作用	产前2周～产后16周
活菌制剂	调节瘤胃微生物、提高免疫力和产奶性能、预防疾病等	产前2周～产后8周

七、牧场饲料贮备与计划

（一）奶牛饲料的组织原则

根据牛群规模，制定年度饲料计划，保证稳定供应。注重饲料品质，分析市场行情，确定饲料价格。了解饲料来源、品质、安全性及实际使用效果。及时检测饲料营养成分。季节性饲料如苜蓿、干草、青贮、全棉籽等应有计划地集中贮备，以保证常年均衡供应。

（二）饲料的采购

饲料应具有一定的新鲜度、具有该品种应有的色、嗅、味和组织形态特征，无发霉、变质结块、异味及异嗅。饲料中水分含量达到相应品种的含量要求。饲料中各种营养成分含量达到相应品种的含量要求。饲料中有害物质及微生物允许量应符合相关标准要求。配合饲料、浓缩饲料和添加剂预混料中不应使用任何药物。配合饲料、浓缩饲料和添加剂预混料中禁止使用肉骨粉、骨粉、血粉、血浆粉等动物源性饲料。

（三）奶牛常用饲料原料的贮备计划

1. 粗饲料贮备计划

（1）全株玉米青贮　按照总存栏数 85% 的比例换算成成母牛数量，每头成母牛年需要全株玉米青贮 7 吨，计划全年贮备量。

（2）苜蓿干草　按照总存栏数 90% 的比例换算成成母牛数量，每头成年母牛年需要苜蓿干草 1.5～1.8 吨，计划全年贮备量。

（3）燕麦干草　按照总存栏数 90% 的比例换算成成母牛数量，每头成年母牛年需要苜蓿干草 0.4～0.7 吨，计划全年贮备量。

2. 精饲料贮备计划　各个品种应做到常年均衡供应，其中矿物质饲料应占饲料量的 2%～3%

库存精饲料的含水量不得超过 14%，谷实类饲料喂前应粉碎成 1～2 毫米的小颗粒，一次加工不应过多，夏季以 10 天内喂完为宜。保证矿物质饲料，应有食盐和一定比例的常量和微量元素，并定期检查饲喂效果。应对每批配合饲料常规营养成分进行测定，结合高产奶牛的营养需要，科学配制不同日粮。饲喂商品配合饲料时，必须了解其营养价值、保质期、使用说明等。应用化学、生物活性等添加剂时，必须了解其作用与安全性。严禁饲喂霉烂变质饲料、冰冻饲料、农药残毒污染严重的饲料、被病菌或黄曲霉菌污染的饲料和未经处理的发芽马铃薯等有毒饲料，严格清除饲料中的金属异物。

八、奶牛 TMR 日粮管理

（一）全混合日粮（TMR）概述

TMR 技术是据奶牛不同生长发育及泌乳阶段的营养需要和饲养目的，依据营养调控技术和各种饲料原料搭配原则而设计出的奶牛全价日粮配方，并按照配方把各种饲料原料充分混合后得到的一种营养相对平衡的日粮。

1. TMR概念 TMR，全混合日粮（Total Mixed Ration）。TMR 技术是将反刍动物日粮的形态转化成最适合瘤胃发酵的形态，最大程度提高日粮消化率和动物体抵抗消化道疾病的能力，提高生产力。

2. TMR优点

（1）提高牛场工作效率 TMR 技术以一台 TMR 机为核心，根据牛群营养需要进行电脑配方，自动计量和进料，自动混合和饲喂，是高度机械化、自动化的必然产物，同时，制作好的 TMR 采用发料车自动发料，降低了饲养人员的工作强度，减少了工作量。降低饲料成本 4%～5%，提高了奶牛的产奶量和乳脂率和乳蛋白率。

（2）增加牛群采食量，提高生产性能 TMR 日粮制作过程要求把饲料原料充分切短，切短的粗饲料再与精料均匀混合的过程中使物料在物理空间上产生互补作用，从而提高干物质的采食量，减少饲料浪费，同时还能减少偶然发生的微量元素供应不足或中毒现象。一般认为，干物质采食量的增加能提高产奶量。

（3）提高适口性，保证营养均衡 用 TMR 技术制作日粮时，各种物料经过搅拌机充分混合后，呈匀质状态，改善了饲料的适口性，一致的口感使奶牛对饲料无选择性，避免了挑食现象。

TMR 技术的运用使原料的选择更加灵活，可以充分利用廉价饲料资源如玉米秸、尿素、菜籽粕等，把这些原料同青贮料、糟渣饲料充分混合后，可以掩盖不良气味，提高适口性。

（4）维持瘤胃内环境稳定，保持牛群健康　TMR 饲喂能够保持奶牛的均衡营养摄入，减少瘤胃 PH 波动，为瘤胃微生物提供良好的生长环境，有利于瘤胃微生物的生长、繁殖，从而减轻消化代谢疾病。使用 TMR 能够使成年母牛的瘤胃酸中毒、乳热症等营养代谢疾病的发病率明显降低，使前胃弛缓、真胃移位等消化系统疾病的发病率也显著降低。

（5）降低养殖成本，提高经济效益　通过 TMR 技术能把部分适口性差的非常规饲料原料和非蛋白氮用于奶牛日粮中，既可从一定程度上缓解蛋白资源的供需不平衡，又可明显降低饲料成本，具有明显的经济效益，同时人工费的节省和生产性能的提高又可以带来巨大的经济利润。

3. TMR 日粮的制作要点

（1）奶牛合理分群　对于大型奶牛场，泌乳牛群根据泌乳阶段分为早、中、后期牛群，干奶早期、后期牛群。对处在泌乳早期的奶牛，不管产量高低，都应该以提高干物质采食量为主。对于泌乳中期的奶牛中产奶量相对较高或很瘦的奶牛应该归入泌乳早期牛。对于小型奶牛场，可以根据产奶量分为高产、低产和干奶牛群。一般泌乳早期和产量高的牛群分为高产牛群，中后期牛分为低产牛群。在制作 TMR 时，要对牛群做到精细化管理，根据不同阶段奶牛对营养的不同需求制作不同饲料配方，以此提高奶牛采食量和饲料利用效率，最大限度的满足大部分牛群的营养需求，降低养殖成本。

（2）预测干物质采食量　可以根据下面公式推算出理论值，结合生产实际，依奶牛不同年龄、胎次、产奶量、泌乳期、乳脂率、乳蛋白率、体重推算出预测采食量。

初产牛 DMI ＝ -2.12＋0.882 × 泌乳周 -0.031 × 泌乳周 2＋

0.0003 × 泌乳周 3 ＋ 0.016 × 体重（千克）＋ 0.351 × 4% 脂肪校正奶（千克/天）–1.51 × 乳脂肪率 ＋ 0.752 × 乳蛋白率。

经产牛 DMI ＝ 0.959 ＋ 1.051 × 泌乳周 –0.042 × 泌乳周 2—0.0005 × 泌乳周 3 ＋ 0.012 × 体重（千克）＋ 0.354 × 4% 脂肪校正奶（千克/天）–1.966 × 乳脂肪率 ＋ 0.941 × 乳蛋白率。

（3）原料添加顺序及混合时间　一般是按照先粗后精、先干后湿、先长后短、先轻后重的原则添加饲料原料，可以按干草、精料、精料辅料、青贮和液体饲料（糟渣类和水）顺序添加。搅拌时间的长短会影响混合均匀度及有效纤维含量，搅拌时间过长TMR 太细，导致有效纤维不足；时间太短，原料混合不均。所以要边加料边混合，原则上确保 TMR 中 20% 粗饲料长度 ＞ 4～6 厘米，一般情况下加入最后一种饲料后搅拌 5～8 分钟即可。

（4）水分含量　含水量 50% 的 TMR 饲料对瘤胃发酵及饲料的表观消化率方面有良好的表现。测定 TMR 含水量最简单的方法就是从 TMR 搅拌车里抓起一把料，用力捏成团，如果能捏出水，而且饲料成团状，不能复原，说明水分含量大；如果不能捏出水，手松开后，饲料复原，手上有一定的潮湿感，这说明水分比较合适。

（5）粗饲料长度　TMR 原料的切割长度会影响奶牛的采食和消化从而影响 TMR 饲喂的效果，如果切割过长，日粮搅拌不均，奶牛会挑食，影响瘤胃发酵以及产奶量。如果过短，会影响有效纤维含量摄入量，使奶牛反刍的时间不足，唾液分泌量下降，导致瘤胃 pH 值下降，最终会影响奶牛的干物质采食量和生产性能。1～1.5 厘米稻草长度可有效地保持瘤胃内环境稳定，保证提高饲料利用率。

（6）TMR 中的添加物　对于青贮料含量较高的日粮来说，还应有适量足够长度的青干草来促进动物的反刍咀嚼行为，提高瘤胃缓冲能力以维持瘤胃 pH 稳定。

（7）TMR 的精粗比　在全混合日粮饲养技术下，日粮精粗比增加，奶牛干物质采食量显著降低；奶牛的产奶量、4% 标准奶产量、乳糖、乳总固形物、总非脂固形物产量均随日粮精粗比增加而显著增加。随着 TMR 中精料比例减少，产奶量降低；随着 TMR 中粗料比例增加，乳脂率增加；随着 TMR 中精料比例减少，乳蛋白率降低；随着 TMR 中精料比例减少，能量水平和蛋白含量降低，10 天日均采食量（千克 / 天）增加。

（8）喂料量及料槽管理　在 TMR 加料时，TMR 车要尽量匀速运动，使饲料均匀投放到饲槽中，且每只牛应有 50～70 厘米的采食空间。每天投料 2～3 次，以确保饲料新鲜程度。此外，经常翻料和推料可以提高牛群采食量和饲料利用率。在群饲情况下要随时观察奶牛饲槽中剩料情况，既要保证每只牛吃到足够的饲料又尽量减少饲料浪费，每次料槽中要有一定比例的剩料，但也不能剩料过多，若料槽中有剩料要及时清理，防止饲料变质。

（9）搅拌车容量的限制　TMR 搅拌车或混合机不能装得过满，否则容易出现机械故障、机器磨损加快，影响使用年限。更重要的是，过度装满的搅拌车或混合机，其混合均匀度往往不够，从而影响母牛的采食量和营养水平、影响奶牛生产性能和奶品质、甚至因微量元素搅拌不匀使部分日粮中微量元素超标，而引起奶牛中毒。

（二）奶牛 TMR 饲喂管理技术

奶牛 TMR 日粮饲喂管理主要包括奶牛的分群 TMR 日粮的种类、TMR 日粮的加工与饲喂、TMR 日粮的质量监控、TMR 日粮的效果评价。始终都围绕着牛的活动而进行，图 3-1 为泌乳牛的24 小时，图 3-2 为奶牛 TMR 饲喂与管理流程图。

1. 奶牛的分群　奶牛的分群是将生理条件和生产性能等条件一致的牛，集中在一群进行饲养，目的是让每一头牛都能采食到足够营养来满足生理和生产需要，同时能够有效地挖掘个体牛

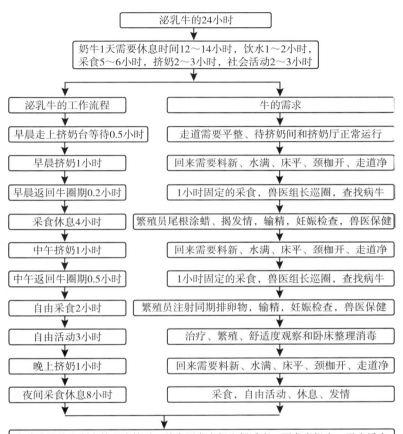

图 3-1 泌乳牛的 24 小时

的生产性能。生产中为了便于管理，将奶牛群分为泌乳牛、干奶牛是指分娩日前60天的妊娠母牛，分为干奶前期和围产前期（又称干奶后期）。有时习惯性将干奶前期牛简称为干奶牛。围产期是指产前21天至产后21天，共42天。青年牛、育成牛、犊牛。

（1）泌乳牛　泌乳牛是指分娩以后开始泌乳直到停止泌乳这

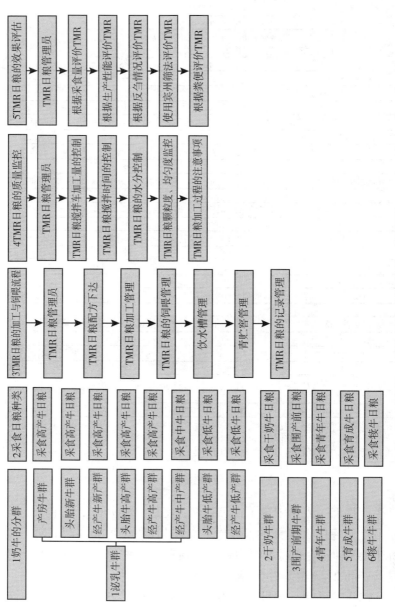

图 3-2　奶牛 TMR 饲喂与管理流程图

一阶段的牛。根据各阶段特点分为初产泌乳牛和经产泌乳牛。

初产泌乳牛是指第一次产犊的牛，也称头胎牛，初产牛分娩时的体重较成年母牛少约 100 千克，为了精准饲喂，常常单独组群饲喂。头胎牛饲喂分为 4 个阶段：产房阶段（即产后 0～5 天）；新产阶段（即出产房至产后 30 天）；高产阶段（即产后第 31～150 天）；低产阶段（即产后 151 天至干奶日）。日粮种类分为 3 种：新产牛 TMR 日粮、高产牛 TMR 日粮、低产牛 TMR 日粮，其中产房阶段和新产阶段喂给新产牛 TMR 日粮，高产阶段饲喂高产牛 TMR 日粮，低产阶段饲喂低产牛 TMR 日粮。牛场规模小，初产牛少，不便于组群饲喂，可以将初产牛与经产牛合并饲喂。

经产牛是指 2 胎以上的泌乳牛，饲喂分为 5 个阶段：产房阶段（即产后 0～5 天）；新产阶段（即出产房至产后 30 天）；高产阶段（即产后第 31～150 天）；中产阶段（即产后 151～250 天）；低产阶段（即产后 251 天至干奶日）。日粮种类分为 4 种：新产牛 TMR 日粮，高产牛 TMR 日粮，中产牛 TMR 日粮，低产牛 TMR 日粮，其中产房阶段和新产阶段喂给新产牛 TMR 日粮，高产阶段饲喂高产牛 TMR 日粮，中产阶段饲喂中产牛 TMR 日粮，低产阶段饲喂低产牛 TMR 日粮。泌乳期奶牛每周都要进行转群，即将产房中经过抗生素检查合格的健康牛转入新产牛群，新产牛群健康牛转入高产牛群，高产中的低产泌乳牛转入中产泌乳群，中产泌乳牛群转入低产泌乳群，低产泌乳牛转入干奶牛群。干奶牛转入围产前牛群，围产前牛转入产栏，分娩后牛从产栏转入产房泌乳牛群，产房泌乳牛经过抗生素检查合格牛转入新产牛群。

（2）干奶前期牛　干奶前期牛是指妊娠第 210±5 天至 255±5 天母牛。一般为 30～45 天，不能低于 30 天，也不能高于 55 天。干奶前期牛饲喂干奶牛 TMR 日粮。

（3）围产前期牛　围产前期牛是指妊娠 260±3 天至出现分

娩征兆的待产母牛。奶牛出现分娩征兆以后，立即赶进产栏，等待分娩。围产牛饲喂围产期专用 TMR 日粮。

（4）青年牛　青年牛是指育成牛经过妊娠检查确定受胎之后至第一次分娩的后备母牛。青年牛饲喂青年牛 TMR 日粮。

（5）育成牛　育成牛是指第 180 天至配种后待妊娠检查阶段的母牛，育成牛饲喂育成牛 TMR 日粮。

（6）犊牛　犊牛是指出生至 180 日龄的牛，分为初生阶段 0～3 天，哺乳阶段 4～60 日龄，断奶阶段 61～180 日龄。

初生阶段主要喂初乳和灭菌常乳，哺乳阶段主要采食灭菌常乳，或代乳粉、酸化乳和犊牛颗粒料。

犊牛同样也要定期转群，即刚出生犊牛进入保育舍，夏天可以直接进入犊牛岛。刚出生犊牛一般在犊牛保育舍寄养 3～5 天，冬天可以寄养 15 日龄转入哺乳犊牛群，哺乳犊牛转入断奶犊牛群，断奶犊牛转入育成牛群。

在转群时，为了减少应激，一般 1 周转群 1 次，每次转牛的数量不少于 5 头，产房牛多了的时候可随时转入新产牛群。转牛时，要组织足够人员配合，禁止打牛，尽可能减少惊吓应激。

（7）奶牛分群的注意事项

①头胎牛与经产牛分开饲养，即新产牛舍分为头胎牛和经产牛两个牛舍。头胎牛进入新产牛舍可以保留 180 天，不用调圈，饲喂高产牛 TMR 日粮。

②泌乳早期牛群（新产牛）设计的日粮营养要满足至少 36 千克 / 头的产奶量，以诱导泌乳潜力发挥。

③泌乳中期奶牛日粮应以该群平均产量 +3 千克产奶量日粮。

④泌乳后期牛群饲养管理重点应为调整体况，以便为下胎次蓄积体能，要尽量避免让奶牛在干奶期复膘，同时要防止奶牛过肥，以防肥牛综合征产生的脂肪肝、胎衣不下、酮病、乳热症、能量负平衡、胎儿过大等弊端。

⑤后备牛要分阶段培育，不同阶段根据其生理特点设置不同的日粮。7～12月龄要限制能量过度，此期要设置高蛋白低能量日粮，以满足体高、体长的生长需要。

⑥除了产奶量，分群也应考虑体膘、年龄、妊娠阶段。

⑦处在泌乳后期但体膘较差的奶牛仍要在高产群饲养，以使其恢复体膘。

⑧每次转群的奶牛越多越好，一般5～8头，并且最好在晚上转群，能减少应激。

⑨一群内的奶牛其产奶量差异不应超过10千克。

2. TMR日粮的加工

奶牛饲养过程中必须科学饲喂，精准管理，在合理分群的条件下，做好TMR日粮的加工与饲喂管理工作。

（1）粗略估算奶牛干物质采食量

①泌乳牛干物质采食量　对泌乳牛而言多采食1千克干物质，可多产奶2～2.5千克。奶牛平均干物质采食量（千克）的估算公式如下：

$$泌乳牛干物质采食量 = 1.8\% × 体重（千克）+$$
$$产奶量（千克）× 0.305$$

举例：泌乳牛平均体重680千克，平均单产30千克，估算泌乳牛干物质采食量 = 0.018 × 680 + 30 × 0.305 = 21.39千克。预留剩料5%，实际需要饲喂的TMR日粮干物质为22.52千克（= 21.39千克/0.95）。①产奶量不同，日粮的采食量也不同；②如果实际采食量高，产奶量低，意味着长膘了。③如果配方采食量高，产奶量低，也没有长膘，那就意味着加工出了问题（准确度的问题）。

②干奶牛干物质采食量　粗略估算计算公式为：

$$干奶牛干物质采食量 = 1.8\% × 体重（千克）$$

（2）TMR日粮配方下达　日粮管理员下达日粮配方前一定

要完成巡圈观察，配方操作，统计分析。

①巡圈观察

看采食量：在不同的时间段，观察奶牛的采食情况，奶牛采食量每天是不一样的，天气条件和环境温度、湿度对奶牛采食量影响很大。

剩料情况：保证剩料比例在 3%～5%，不得出现空槽。根据清料的时间安排，提前半小时去察看剩料，结合各个时间段的采食情况以及前一天的配方实际采食牛头数，确定下料数量；要求制定巡圈观察负责人制、观察注意事项流程或日程表。

②配方下达

配方下达的及时性：按照规定的时间将 TMR 日粮配方单交到饲料加工组，一般前 1 天晚上 8 时之前下达第二天早上的配方单，中午 1 时下达当天下午的配方单。要求加工人员在规定的时间必须拿到日粮加工单。

配方操作：熟练掌握牛只的分群情况，日粮单下发时修改加工日期、各牛舍实际存栏及实际采食的牛头数，随后及时将当天的配方单独存为当天的日期并保存，以备统计日粮成本及干物质的采食量。

要求保证配方数据的准确性；熟悉 TMR 日粮的组成（饲料的种类、营养成分）并验证计算公式的准确性；配方存栏牛头数必须与牛群管理系统中各牛舍牛头数一致；已保存的日粮单各原料数量与加工人员的加工单一致；

统计分析：掌握各牛舍牛群平均采食 TMR 日粮的数量及干物质采食量。掌握日粮成本的核算方式，统计当天 TMR 日粮总数量，估算饲料成本，统计各圈舍牛只 TMR 日粮的平均采食量并做简单的分析。重点关注：配方成本、精粗比、原料检测，建立饲料原料数据库，记录准确。

（3）TMR 日粮的加工管理

①稳定性 饲料原料种类、数量、养分稳定；各种饲料原料

的配比（百分比）稳定；投料（均匀度，即料不能放偏）、推料及清料的时间固定。日粮变异越小，日粮稳定性越好，采食量也能够长时间保持在恒定的范围。

②日粮加工的准确度检测　包括 TRM 搅拌车称重系统的检测和日粮组成的饲料原料的准确装入。

TRM 搅拌车称重系统的检测：就是校正饲料搅拌车的精度，每月检测 1 次，保证 TMR 日粮的准确性。以满载或 1/3 或 2/3 三种负荷情况下，每个角落（四个角）放置已知重量的物体（如 50 千克饲料袋），对 TMR 搅拌车计量秤进行校正，校正工作应覆盖整个 TMR 混合机的容积范围，以检测搅拌车称量的准确性。

日粮组成的饲料原料的准确装入：准确知道每天每群牛的头数，牛舍牛头数一旦变更，应及时变更 TMR 数量。可根据日粮配方核算 TMR 搅拌车每种原料的总量，用量大的饲料原料（精饲料、青贮、苜蓿等）控制误差在 ± 2% 的范围，依次装入搅拌车，边加料边混合。用量小的饲料原料（每车料用量在 100 千克之内，如精饲料辅料、微量元素矿物质和添加剂等）必须用电子秤事先准确称取，然后一次性装入搅拌车中，计量误差为 0。

使用 TMR 监控系统、小的辅料提前称好备用。

（3）TMR 日粮的混合

①饲料原料装入顺序　卧式混合机一般先加入谷物或混合精料，然后是青贮饲料，最后干草，干草在加入之前最好先粗铡（含水量比较大时）。立式混合机装料顺序：干草→然后谷物或精料或精饲料辅料→青贮饲料→液体饲料或水。

②加料方法　饲料加工人员根据管理人员的配方单，将各种饲料原料依次加入 TMR 搅拌车进行充分混合。

要求在 TMR 配方中所有辅料（如全棉籽、甜菜颗粒、脂肪粉、小苏打等）必须用电子秤称重后，一次性加入搅拌车，计量误差为 0；精料补充料整袋的按袋添加，不是整袋的用电子秤称重后添加；粗饲料尽量按照搅拌车计量秤称重，降低误差。

③TMR 混合时常见的错误

加料不当：饲料原料少加或多加。

搅拌车装填过满：出现混合不均匀、饲料原料类聚、日粮不平衡，搅拌车负荷过大损坏而耽误加工日粮，或缩短搅拌车的使用寿命。

混合时间不当：过长或过短。

计量不准确：磅秤不准确和搅拌车的加料器不能正确称重饲料原料。

3. TMR 日粮的饲喂管理

（1）目　标

①干物质采食量最大化　是确保奶牛采食新鲜、适口和平衡的 TMR 日粮来获取最大的干物质采食量，保证日粮最大的消化效率，从而有效保持牛群高产，这是养牛过程中尤其是饲养部门的最终目标。

②饲喂日粮稳定　饲喂管理最重要的是保证每天饲喂的日粮稳定，不要轻易变更配方和原料。

③减少浪费　每日的剩料量应小于3%，最大限度减少浪费。

（2）措　施

①足够的采食时间　良好的饲喂首先要保证奶牛每天 24 小时能吃到饲料；并且保证奶牛在挤奶完成后，能吃到新鲜的 TMR 日粮。如果不能保证，至少每天 18～20 小时有料，不空槽。现在的观点是允许凌晨 1～3 时空槽，以保证清晨采食量的最大化。

②足够的采食空间　良好的饲喂管理必须保证每头奶牛应有一定的采食槽位，饲槽一定要平整，有利于采食和清扫，做到让奶牛自由采食。饲喂密度为占牛舍采食槽位的85%。同时，良好的饲喂管理必须保证奶牛有适当的饲槽宽度，泌乳牛 45～60 厘米，干奶牛或过渡期牛 60～90 厘米；小育成牛 45 厘米。

③控制分料速度　因为奶牛采食都是固定的，如果奶牛站定

的位置 TMR 料投得少，奶牛采食完了就认为没有料可以采食了，因此，使用 TMR 车投料，控制行车速度、放料速度，保证整个饲槽的饲料均匀。

④合理投料（饲喂）次数 良好的饲喂管理必须有合适的饲喂次数，饲喂次数越多，瘤胃 pH 值变化越小，越有利于瘤胃稳定。

大规模牛群，一般可投料 7～9 次，重点在三班挤奶前后，即挤奶前 1～1.5 小时和挤奶后料已经放好，最后在晚间 10～11 时，最好在三班挤奶间隔各追加 1 次投料。投料时间最好是奶牛挤奶后返回牛舍时料已经投好，这样奶牛可以站立采食，减少卧地乳房污染的机会。

小规模牛群，一般每天投料 2～3 次。热应激阶段每天投料 4～6 次，并加大早、晚投放量。

（3）及时推料 每天至少推料 9 次以上。

①推料时间 发完料 30 分钟至 1 小时第一次推料，以后每 1 小时推料 1 次。

②推料顺序 根据 TMR 投料顺序依次推料。

③推料要求 在挤奶前 1 小时推料 1 次，清理剩料。保证从挤奶台下来的牛第一时间采食到新鲜日粮，要求饲喂道的日粮宽度不小于 70 厘米，日粮均匀、薄厚一致。晚班 11 时推料 1 次。

④注意事项 在推料过程中对日粮中的杂物进行挑拣、匀料、禁止鸣笛、缓慢运行。

（4）剩料管理 泌乳牛管理过程中要保持 24 小时不空槽，尽可能保证牛最大干物质的采食量。

①空槽的判定 剩料小于 2%；推料不及时，牛采食不到料；只剩下秸秆。

②剩料清理 饲喂通道每天上午或下午投料前清理剩料，每天清理 1 次。

③清理流程 按照投料顺序，在投料前 10～20 分钟内清理

该饲喂通道的剩料，并彻底清扫饲槽。

④剩料的处理　清理出的剩料直接饲喂育肥公牛或低产母牛、育成牛。

⑤剩料评分　营养师每天在剩料清理前要对泌乳牛舍的剩料进行检查，同时记录剩料情况，并对投料量进行调整。

评分为 1：牛群饲料投放量不足。评分为 2：比较理想，即新产牛剩料 5%～7%，高产牛剩料 2%～3%。评分为 3：饲料投放量太多。评分为 4 以上，饲料投放量严重过量，造成浪费。

⑥注意事项　每次投料前要保证每头牛每天至少有 1～1.5 千克剩料。剩料的原因认为是 TMR 搅拌不好，奶牛有挑食行为。观察采食前后 TMR 日粮的一致性，有无分层、发热、发霉、杂物、挑食等。

防止挑食的措施：TMR 越是干燥，奶牛越容易挑食，所以要将 TMR 的水分控制在 49%～51%；铡短草至 1～2 厘米；增加发料、推料次数。

（5）饮水槽管理　奶牛必须喝入足够的水才能产出最多的牛奶。

①水槽设计　牛舍设计时两水槽间距为 15～25 米，每头牛水槽位为 10～20 厘米，水位深度 10～25 厘米，距离水槽上缘 10 厘米，始终保持足够、干净的水量。水槽四周铺设 3 米左右的硬化地面，水槽下设置渗水口、排水管道。

②水槽清洗与检查　每天用刷子对水槽清洗 1 次，每 7 天消毒 1 次。

要求 24 小时水槽有清洁、充足的饮水，保证水槽浮球、开关等设备正常。冬季每天检查水槽及上水管道，防止结冰，如有异常及时维修。

③牛饮水不足的原因　断电停水，水源不足或污水，水槽不够，水槽周围环境恶劣、有积水，不方便牛走到水槽边，水槽结冰。

④提高奶牛饮水的措施　首先是提供清洁、足量的饮水，定

期清洗水槽，及时维修损坏的水槽，在挤奶返回的走道上增加水槽等。夏季水槽上搭凉棚，冬季提供温水饮用。

（6）**青贮窖管理** 每天检查青贮窖封闭情况，及时维修青贮膜的破损；清理青贮窖顶层发霉的青贮；使用青贮取料机采挖青贮，要求表面平整，减少青贮干物质和营养物质的损失。

（7）**TMR 日粮的记录管理** 统计饲喂各牛群的牛头数；记录饲喂次数、推料次数、清粪时间、剩料数量；各群实际牛头数与配方牛头数的饲喂量的差异；各群牛每天理论上干物质采食量与实际采食量差异；宾州筛的检测记录；日粮和各原料的水分检测记录；TMR 日粮统计汇总，核算成本、奶料比等。

4. 奶牛饲槽管理技术 奶牛的饲槽管理目标是确保奶牛采食到新鲜、适口、平衡的 TMR 日粮。饲槽管理的关键点是饲料管理、剩料管理和奶牛舒适度管理。

规模化奶牛场管理首先是给奶牛提供足够量的饲料，其次是考虑日粮配方，全混日粮（TMR）的组成，饲喂方式，分群，饲槽管理，饲养技术，搅拌车及自由采食，奶牛的舒适度，所占空间，遮阳棚面积，地面降温设施，奶牛健康等。

（1）**饲料管理** 奶牛场内共有 3 类 TMR：调配好的 TMR；投放于饲槽的 TMR；奶牛采食的 TMR。要尽可能保持 3 种 TMR 的一致性。为了使奶牛采食到新鲜、适口、平衡的 TMR 日粮以获得最大的干物质采食量，就要从 3 种 TMR 日粮上下功夫，同时管理好料槽的剩料。

①调配好的 TMR 根据牧场情况和 TMR 机器的不同，TMR 每天调配的次数不同。目前国内很多牧场使用固定式 TMR 混合机或者也有在尝试 TMR 配送的模式，每车混合后，用送料车分 2 次或 3 次投放到料槽中。此时应注意，混合 TMR 日粮应存放在有遮挡和通风条件好的环境中，尤其是夏季为了抑制霉菌的生长繁殖，减少霉菌毒素对奶牛的危害，最好在调制 TMR 日粮的过程中添加 TMR 专用的防霉剂和广谱性的脱霉剂。

②投放于饲槽的 TMR　TMR 的投放应该保持在每天 2～3 次，投料次数越多越有利于提高奶牛干物质采食量。整个饲槽饲料的投放应该保持均匀（分群良好的基础上），尤其要兼顾牛舍头尾的奶牛，避免有因为投放不到位而空槽的情况出现。投放于饲槽的 TMR 要保持和刚配制好的 TMR 一致，粗料、颗粒料应不分层，无霉变，不发热，闻起来、看起来都和刚生产时的一样。

③奶牛采食的 TMR　发料时观察奶牛的食欲，来判断所配制的 TMR 的适口性。观察奶牛在采食过程中是否有挖洞挑食的情况，定期评估饲料颗粒的分级（秆、块、大颗粒和小颗粒）。定期推动饲料可以刺激奶牛采食，每隔一定时间，应该有专门的饲养人员将食槽周围的饲料向奶牛可够到的位置推动 1 次。建议每天至少推料 9 次，在此过程中还能了解奶牛的食欲，观察剩料情况。

（2）**剩料管理**　饲槽中剩料应该控制在 3%～5%。如果料槽中没有剩料就要观察奶牛的空槽时间，重新评估奶牛的干物质采食量；如果剩料过多，应该检查饲料是否新鲜，是否有发霉变质的情况，监测饲料营养成分，及时找出采食量不足的原因。奶牛应在吃饱后停止采食并休息，而不应是因为饲料适口性变差拒绝采食。应每天清槽，剩料应及时出槽。还应该评估饲料分层及剩料情况，尤其是粗料、颗粒料应不分层，剩料外观及组成应与刚配制好的 TMR 相近。发现发霉的剩料，清除后应该及时补饲新鲜的饲料。

（3）**采食环境**　奶牛只有在舒适的环境中采食才能保证干物质采食量的最大化，因此要提高奶牛采食环境的舒适度。采食环境的舒适度包括足够的饲槽空间、采食时间和环境卫生 3 个主要方面。

①饲槽空间　奶牛的采食槽位要充足，平均每头牛至少有 76 厘米宽的采食槽位，实践中为了防止拥挤，特别是夏季为了能有

效通风散热，提高奶牛的舒适度，颈颊式槽位间的距离应该在1米左右。饲槽的高度要适宜，料槽底部要比奶牛站立地面高15～25厘米。尽量符合牛自然采食高度，以便能保持奶牛低头采食的良好习惯。低头采食便于唾液吞咽，不仅可达到最佳采食量，还可避免甩料。要观察奶牛在采食槽位是否站立舒服。如果地面比较光滑，由于害怕，奶牛一般不愿意靠近，许多牛场通过放置橡胶垫，以确保奶牛站立舒服。

②采食时间　奶牛一天至少要保证在5小时以上的采食，奶牛在想吃料的情况下能够采食到足够新鲜的饲料，做到自由采食，不空槽，24小时都会有新鲜饲料供给，才能够做到奶牛干物质采食量的最大化，提高奶牛的产奶量，进而使奶牛场的效益最大化。

③环境卫生　要保证饲槽周围的空气流通，给奶牛的采食提供有利环境。尤其是在炎热的夏季，要在料槽周围做好防暑降温的物理措施（风扇、喷淋、遮阳等）。饲槽中的饲料要保证新鲜，无污染物。饲槽表面应光滑，有利于采食和清扫，不残留饲料，防止霉菌毒素的滋生，不污染新添加的饲料。

5. TMR日粮的质量监控

（1）TMR搅拌车加工量的控制

①要求　装填总容量为TMR车总容量的80%。

②TMR日粮密度　典型密度为258千克/米^3，一般为250～350千克/米^3。最佳混合功率为最大功率的70%～80%。

③调节TMR日粮采食量的方法　按2%上调或下调每头牛的采食量或每天所投的TMR日粮的重量来调整。增加或减少吃TMR日粮的牛头数。最大调节量为每头牛每天3千克TMR日粮或者饲料总重量的8%。

（2）TMR搅拌时间的控制　最佳搅拌时间应该是在加完原料后4～8分钟内完成搅拌。为了达到搅拌均匀，可对长草预先铡切，遵循正确的装料顺序，选用干物质含量高的牧草，尽量避免草料分离的机会。

①先放入长干草或长的粗饲料，混合 3～4 分钟，切短粗饲料，青贮饲料切成 1～1.5 厘米，青干草 2～4 厘米。根据长干草和长的粗饲料自身水分的大小来确定混合的时间。

②依次装入其他饲料原料，混合 4～8 分钟。

一般情况下，边加料边混合，在最后一种饲料加入后搅拌混合 3～5 分钟就可以均匀，并且长纤维含量占总日粮的 10%～15%。一般采用宾州筛进行验证搅拌时间的合理与否。

③搅拌时间过长或过短均不利均匀。

过度混合导致日粮变细的后果：消化太快，短时间内，对产奶量有利，长期则会引起瘤胃酸中毒，产奶量下降；乳脂肪和乳蛋白比例倒挂；牛反刍减少；小苏打采食量上升；异食癖增多；蹄病增加；干物质采食量忽高忽低；腹泻；泌乳后期真胃变位增多；母牛拒食增多。

混合不足常见到干草、青贮原料聚集在一起；挑食严重；过多采食精饲料；腹泻；拒食；跛行增多；乳脂率下降。

④调整日粮混合不足的措施有检查混合时间，如果混合搅拌时间不足 6 分钟，可以增加搅拌时间；干草含水量超过 15% 不好混合均匀，可以先铡短再混合；更换刀片或增加刀片；先加入干草或太粗糙的干草先进行磨碎。

（3）TMR 日粮的水分控制

①测定 TMR 日粮干物质含量

工具：备 1 台微波炉和计量秤。

取样：新加工出来的 TMR 日粮 100 克；采食 2 小时左右的 TMR 日粮 100 克；采食 4 小时左右的 TMR 日粮 100 克，三样混合。

计算：将样品混匀、称重、记录后，将样品平摊放入微波炉中烘烤直至干燥不煳为止，取出称重，为末重。样品干物质 % ＝末重 / 初重。样品水分 % ＝（初重 － 末重）/ 初重。

TMR 日粮水分冬季 49%～51%，夏季 50%～52%。TMR 过

干，粉料不能很好地附着在粗饲料上，容易发生草料分离，造成奶牛挑食。过湿则易造成奶牛干物质采食量不足，最终导致瘤胃功能降低。

②做到 TMR 日粮合适水分的措施　固定水分测定时间，每周至少 2 次。配方改变，包括配比变化、数量变化、原料种类变化，必须连续测量水分 3～5 天，直到稳定。青贮每 7 天测定 1 次，苜蓿入场时检测和每月检测。液体饲料主要是啤酒糟和糖蜜，必须每 7 天检测 1 次。特殊时间的检测，比如当天采食量、产奶量比前 1～2 天急剧减少，需要及时检测日粮水分。剩料过多或过少都需要测量日粮含水量。再就是下雨、下雪、饲草没有草棚时，需要及时检测日粮水分。

③现场检测水分　训练自己的手对 TMR 日粮干湿度的感觉，方法是用前一天的检测结果和手感与今天的手感对照，初步确定日粮干湿度，再结合精确地测量结果，来确认手感的准确度。

④要点　根据日粮与饲料原料的水分含量来确定青贮饲料的使用量，作为指导 TMR 日粮配方的依据。每次检测水分后，和日粮加工人员沟通，对照配方的理论水分和实际水分的差异调整配方的含水量。

（4）TMR 日粮颗粒度、均匀度的监控　使用宾州筛检测 TMR 日粮的粒度与均匀度，从饲喂通道的不同位置采集至少 10 个样品并对颗粒大小分布进行分析，保证长纤维的含量占到日粮比例的 10%～15%。

① TMR 日粮粒度、均匀度的判定　大于 0.8 厘米以上颗粒能够促进反刍、唾液分泌、调整瘤胃的酸度、防止奶牛挑食。颗粒度小于 0.8 厘米，说明 TMR 日粮过细，就会出现瘤胃通过速度快、采食量增加、反刍减少、瘤胃酸度增加、微生物生长减少，最终导致瘤胃功能下降，产奶量降低。粗饲料的长度、硬度对瘤胃酸度、挥发性脂肪酸、采食量、产奶量和乳脂率都有影响。

生产中，日粮配方固然重要，但 TMR 加工人员的操作也非常重要，两者结合才能发挥最佳营养功能。

②检查均匀度　取 3 个样品：一个是刚加工出来的新鲜日粮，一个是采食 2～3 小时的日粮，一个是清理剩料时的日粮，要求样品来自同一个牛舍，用宾州筛分别检测 3 个样品，如果差异控制在 7% 以内，说明搅拌均匀度、颗粒度做得很好。

另外，混合均匀与否主要看牛采食后的剩料量和剩料状态，剩料量为饲喂量的 3%～5% 说明不存在浪费和不够吃的现象；如果剩料状态和搅拌后 TMR 差不多，说明混合均匀、适度。

（5）TMR 日粮加工过程注意事项

①青贮的干物质测定　每周检测 1 次粗饲料水分，每次采 2 个样，取平均值，测定数据用于日粮配制，并根据干物质随时调整添加量。当青贮干物质变化在 ±2% 时，应该调整干草的数量。

青贮水分微波炉测定步骤如下。

取样：青贮窖上中下、左中右 9 个点采样混合均匀，从混合样中取 200 克新鲜青贮样品，称取托盘重量（托盘重量）。

烘干：把样品放置微波炉托盘中，平铺均匀，调整微波炉为高火，5～8 分钟。戴手套将托盘拿出，翻动样品，火力仍调至高火、5 分钟。戴手套将托盘拿出，翻动样品，火力调至中高火、3 分钟。戴手套将托盘拿出，翻动样品，火力调至中火、2 分钟。戴手套将托盘拿出，翻动样品，火力仍调至低火、1 分钟。拿出托盘称重。

称重：重复低火、1 分钟 3 次左右，直至托盘和样品重与上次重量相差小于 1 克，把最后一次重量记录下来（最终重量）。

干物质含量 ＝（最终重量 − 托盘重量）/ 鲜样重量 × 100%。

②TMR 日粮的干物质测定　经常测定，以减少各车饲料之间差异，确保日粮平衡。及时检查日粮数量、水分及粒度三者一致性，应与配方日粮的理论数据接近。

6. TMR 日粮的饲喂效果评估

（1）根据奶牛的采食量评价

①实测干物质采食量 只有让奶牛采食到更多的饲料干物质才能生产更多的鲜奶。而实际中，奶牛并没有采食到按配方所给的干物质的量，它会因粗饲料品种和质量而变化。因此，在做奶牛配方前，要对饲喂的饲料，特别是水分含量大的粗饲料和副产品进行干物质检测，随时检测粗饲料的采食量，确保粗饲料质和量的供应。

②采食量的评价 一般圈舍牛的头数相对固定，投料量及剩料量也稳定，剩余 TMR 干物质控制在 1% 以内，说明 TMR 制作合理，也较为稳定，采食量变化非常小。剩料量较多原因一般是TMR、天气变化、转群、疫苗注射、停电缺水、送料、推料延迟等因素。

（2）根据奶牛的生产性能评价

①产奶量的检测 一般好的饲料和精细的管理可以保证产奶量变化很小，变化超过 3%～5% 就要检查各生产环节。

②牛奶中的脂肪、蛋白质含量及比值 牛奶脂肪和蛋白质比例在 1.21～1.36。

乳脂率低：原因是瘤胃功能异常，表现为牛只体重增加过快，采食精饲料超过体重的 2.5%，乳脂率逐渐降低表明瘤胃酸中毒等。

乳蛋白质降低：原因是干奶牛日粮不合理，造成产犊时膘情太差，乳蛋白含量小于 2.75%；泌乳期碳水化合物不足，即精饲料喂量不足，非结构性碳水化合物（玉米淀粉）小于 35%；日粮蛋白质含量低；日粮中瘤胃活性脂肪过高，粗脂肪过量（大于日粮干物质的 7%）。

脂肪蛋白比倒挂：小于 1 是典型的瘤胃酸中毒，说明精饲料过多，日粮中的精饲料不得超过 70%。脂肪蛋白比发生变化，如果配方没有问题，则需要观察 TMR 加工过程。

③牛奶中尿素氮（MUN） 牛奶中尿素氮含量能够反映日粮配方中粗蛋白质水平和能量利用情况，按照各个阶段粗蛋白质需要量设计配方。乳蛋白率低并伴随着MUN低，可能是饲料蛋白质或能量缺乏；乳蛋白率高并伴随着MUN高，说明日粮蛋白质过高或者能量偏低。

MUN较理想的范围是11～16。如果MUN值接近下限或低于11，可以增加日粮中蛋白质含量；MUN值大于16，一方面日粮蛋白质浪费，造成经济损失，另一方面受胎率降低，出现繁殖障碍。

（3）根据奶牛的反刍情况评价

①现场检查日粮纤维性饲料的含量 观察日粮是否松软，未受挤压，干物质含量是否在50%～52%，纤维性饲料是否占到10%～15%？长草的长度是否在4～6厘米，苜蓿和燕麦草是被切断还是磨断？

观察奶牛反刍，每次吞咽前的咀嚼次数是否为60次，是否有50%牛在反刍，反刍动作是否有力，反刍无力说明瘤胃pH值下降，需要增加饲料纤维含量。

②观察卧床情况 如果只有70%～80%牛躺下，其余牛站着或者游荡，说明牛舍拥挤或者不卫生，或牛只存在健康问题。正常情况下，奶牛每天要躺下12～14小时，其中30%的时间用于睡眠。足够睡眠的奶牛比睡眠不足的奶牛多产20%的鲜奶，并且蹄病较少。

（4）宾州筛法评价

①用途 分离粗饲料和TMR日粮中的饲料颗粒，分析不同颗粒的分布情况。

②意义 了解青贮和TMR颗粒大小及分布。

③简介 宾州筛是奶牛专家根据奶牛的消化结构设计的由3层不同孔径的筛和一层没有孔径的实层组成（图3-3）。从上到

下，第一层的孔径为 19.8 毫米，第二层的孔径为 8 毫米，第三层的孔径为 1.18 毫米（新版筛 4 毫米）。通过宾州筛，结合原料和机器的特点，给 TMR 制定合理的投料顺序和搅拌时间，从而获得长短合适、均一的 TMR 日粮。

传统三层筛　　　　旧版四层筛　　　　新版四层筛

图 3-3　宾　州　筛

④使用方法　首先将宾州筛按孔径从小到大、从下到上拼接好，置于平坦的地面上。接着从饲槽新添日粮中随机从 3～5 个点采 500～700 克样品置于宾州筛的最上层。身体正对宾州筛的某一个面，下蹲，两手手心朝下分别抓住宾州筛左右两边的上沿，向下压住，每个方向沿水平方向来回摆动 5 次，幅度为 17 厘米，频率为每秒钟 1.1 次。再换一个方向，来回摆动 5 次，如此重复 8 次，共 40 次。直到不同粒度的原料掉落到相应的筛层上。用电子称称每一层剩料的重量，计算比例。

⑤宾州筛结果推荐标准及结果判定　宾州筛筛分结果第一层推荐比例为 8%～10%，根据粗饲料情况，最高比例为 15%；第二层比例为 30%～50%，一、二层比例加起来不低于 45%（表3-4、表 3-5）。

表 3-4　TMR 粒度（宾州筛）推荐标准

层　数	传统三层筛	旧版四层筛	新版四层筛
第一层	8%～10%（15%）	8%～10%（15%）	2%～8%（15%）
第二层	30%～50%	30%～50%	30%～50%
第三层	—	30%～50%	10%～20%
第四层	40%～60%	<20%	30%～40%

表 3-5　不同泌乳阶段 TMR 的宾州筛各层标准（2002 版）

推荐比例	宾州筛各层推荐比例（%）			
	上层（%）	中层（%）	下层（%）	底层（%）
	10～15	30～50	40～60	
初产泌乳牛	8～12	36～42	30～38	10～20
高产泌乳牛	8～12	36～42	30～38	10～20
中低产泌乳牛	10～15	35～45	35～45	10～15
干奶牛	50～55	15～30	20～25	4～7
育成牛	50～55	15～30	20～25	4～7

备注：TMR 日粮水分 49%～51%。以上推荐值适合于精饲料以粉料为主的全混合日粮。

⑥日粮均匀度的测定　从饲槽的 5 个不同位点，分别采样，用宾州筛测定每个位点的日粮，记录结果。对比每个结果每层比例的差异。当每层变异系数超过 5%，可认为日粮混合不均（表 3-6）。

表 3-6　TMR 日粮均匀度标准

	样品 1	样品 2	样品 3	样品 4	样品 5	变异系数
第一层	A1	B1	C1	D1	E1	≤ 5%
第二层	A2	B2	C2	D2	E2	≤ 5%
第三层	A3	B3	C3	D3	E3	≤ 5%
第四层	A4	B4	C4	D4	E4	≤ 5%

可通过 EXCEL 表格计算变异系数，公式＝标准偏差 /［（A1+B1+C1+D1+E1）/5］× 100%。

（5）根据粪便评价 TMR制作的好坏最主要的是看奶牛采食后的原料消化情况及瘤胃功能的影响，换句话就是TMR的可利用程度＝瘤胃消化率。

①粪便分级筛的应用 粪便分级筛就是检测TMR消化情况及奶牛瘤胃功能的有效工具。粪便筛标准见表3-7。

表3-7 粪便筛各层标准 （%）

上 层	中 层	下 层
10	20	50

粪便筛的使用步骤：对所要检测的牛群粪便分别取样，按每群头数的10%取样，每样取牛粪2升放入筛中用水冲洗，直至水清。冲洗完毕后，干湿分别称重、记录、拍照；最后根据筛上物颗粒种类判断问题，改善措施。

粪便筛结果分析：粪便分离筛分析牛对饲料的吸收情况，根据其物理检测结果反映出奶牛胃肠的健康状况。要求每周进行1次粪便筛检测。

筛的上层和中层物总量超过50%，说明瘤胃健康、饲料消化存在问题：上层和中层的大颗粒过多，比如纤维、棉籽、玉米颗粒过多，说明加工不当、饲料消化存在问题引起纤维消化率低。

②奶牛粪便评分标准 常用5分前标准。

1分：粪便水分含量高，不成环状，能像泥一样流动。导致原因：一是食入过多蛋白质、青贮、淀粉、矿物质或者缺乏有效的NDF；二是TMR搅拌过细；三是日粮蛋白质含量太多，瘤胃降解蛋白会使粪便稀薄，瘤胃酸中毒时，粪便稀薄、黏稠、有光泽、带有气泡。

2分：松散、飞溅、少量成形、不成堆，高度低于2.5厘米，有可识别环状。导致原因：一是缺乏有效的NDF，精饲料、青贮和多汁饲料喂量过大；二是中低产牛TMR日粮搅拌过细。

3分：粥样黏稠度，堆高3～4厘米，3～6个环，中间有欠窝。日粮精粗比合适，TMR搅拌效果好，为健康粪便。干奶牛多为此类粪便。

4分：浓稠粪便、厚，堆高大于3.8厘米，中间无内陷。导致原因：一是食入质量差的饲料，日粮纤维含量高，精饲料低或缺乏蛋白质；二是搅拌较粗。

5分：粪球样、干硬，堆高5～10厘米。导致原因：一是日粮基本以低质粗饲料为主；二是搅拌过于粗糙，奶牛挑食严重，个别牛只采食粗饲料过多。

第四章
后备奶牛饲养与管理

后备牛包括犊牛、育成牛和青年牛。只有养好了后备牛，才能有成年牛的高产，才能有最大的经济效益。所以，在后备牛阶段要舍得喂最好的粗饲料和平衡的日粮。

一、犊牛饲养管理概述

犊牛是指出生至 180 日龄，其中出生后 0～24 小时是新生犊牛，2～60 日龄为哺乳期犊牛，61～75 日龄为断奶保育期犊牛，76～180 日龄为断奶犊牛。

（一）饲养目标

犊牛饲养目标是健康，瘤胃发育良好，使犊牛在一定年龄阶段达到理想的体高、体重；使犊牛死亡率 <5%，犊牛发病率 <10%；断奶体重达到初生重的 2.5 倍。犊牛饲养目标见表 4-1。

表 4-1　犊牛饲养目标

生长目标	初　生	断　奶	6 月龄
目标体重（千克）	35～38	77～95	180～220
目标高度（厘米）	70～73	85	102～105
体重 / 高度	0.5	0.9～1.12	1.76～2.1

续表 4-1

生长目标	初　生	断　奶	6月龄
平均日增重（千克）		0.75～0.95	0.8～1.1
体况评分		2.5	2.75
日粮搭配			
颗粒料（千克/天）	0	自由采食	4.5～5.5
粗饲料（千克/天）	0	自由采食或适当限制	0.5～1.0

（二）营养需要

新生犊牛的营养主要来自初乳，哺乳期犊牛营养主要来源是巴氏奶、酸化乳代乳粉和颗粒料，断奶后犊牛营养主要是颗粒料和粗饲料。犊牛的营养需要见表4-2，参考日粮配方见表4-3。

表 4-2　犊牛的营养需要

月龄	达到体重（千克）	奶牛能量单位（NND 个）	干物质 DM（千克）	粗蛋白质（克）	钙（克）	磷（克）
0	35～40	4.0～4.5		250～260	8～10	5～6
1	50～55	3.0～3.5	0.5～1.0	250～290	12～14	9～11
2	70～72	4.6～5.0	1.0～1.2	320～350	14～16	10～12
3	85～90	5.0～6.0	2.0～2.8	350～400	16～18	12～14
4	105～110	6.5～7.0	3.0～3.5	500～520	20～22	13～14
5	125～140	7.0～8.0	3.5～4.4	500～540	22～24	13～14
6	155～170	7.5～9.0	3.6～4.5	540～580	22～24	14～16

表 4-3　犊牛的参考日粮组成

日　龄	牛奶（千克）	精饲料（千克）	干草（千克）	青贮（千克）
0～30	210	0.0～0.1	自由采食	
31～60	150	0.1～0.2	自由采食	

续表 4-3

日　龄	牛奶（千克）	精饲料（千克）	干草（千克）	青贮（千克）
61～90	37	0.2～0.6	自由采食	0.00～1.10
91～120		0.6～1.5	自由采食	1.10～3.75
121～180		1.5～2.0	自由采食	3.75～6.00
合　计	397			

（三）饲养管理流程

养好犊牛就是要养好犊牛的瘤胃，犊牛的饲养要遵守瘤胃发育规律，即"14285"原则。

"1"是指犊牛出生后 1 小时内必须吃足初乳；"4"是指犊牛 14 日龄瘤胃开始发育；"2"是指犊牛 20 日龄前不能消化植物蛋白质；"8"是指犊牛 28 日龄瘤胃达到快速发育期；"5"是指犊牛 45 日龄可以断奶。

犊牛饲喂管理流程：犊牛出生后 30 分钟灌服初乳 4 升；犊牛出生后 6～8 小时再喂给初乳 2 升；犊牛出生后每天开始每天喂牛奶 3 次，每次 2 升，或者酸化乳，或代乳粉，自由饮水；犊牛出生后 72～80 小时静脉采血测定血清初乳抗体＞50 毫克／升为合格；犊牛出生后 96 小时每天喂牛奶 8 升，或者酸化乳自由采食，或代乳粉，自由饮水，并开始添加颗粒饲料进行诱食；犊牛出生后 35 日龄，开始限制牛奶喂量，迫使增加颗粒料采食自由饮水；犊牛出生后 55 日龄，开始减少牛奶喂量，颗粒料自由采食，自由饮水；犊牛出生后 60 日龄断奶、称重，连续三天每天平均采食 1.5 千克颗粒料就停止牛奶；犊牛出生后 61～65 日龄，适当限制颗粒料采食量实行过渡饲喂，少量添加苜蓿和燕麦草，自由饮水；犊牛出生后 67～75 日龄驱虫，组群，颗粒料、苜蓿和燕麦草自由采食，自由饮水；犊牛 76～180 日龄为断奶后犊牛，主饲颗粒料自由采食，苜蓿和燕麦草自由采食但应限饲，自由饮水。

二、新生犊牛饲养管理技术

（一）犊牛饲养目标

犊牛饲养目标是犊牛健康，并且要让犊牛在一定年龄阶段达到理想的数值：使犊牛死亡率 <2%，好的饲养管理死亡率 <0.85%～1%；发病率 <10%；日增重平均大于 800 克 / 天，断奶体重达到初生重的 2.2 倍以上。

（二）新生犊牛饲养管理流程

新生犊牛饲养管理流程：新生犊牛第一时间清理、鼻腔、口腔、气管内羊水；结扎、断脐，用 5%～10% 碘酊消毒；称重；隔离至保育栏；灌服初乳 4 升，6～8 小时再灌服 2 升，禁食 16～18 小时；佩戴双耳标；建档立卡记录、输入电脑；保温、通风、消毒、干净、干燥；24 小时后 6 升 / 天巴氏奶；72 小时检测犊牛血清含量。

1. 确保初生犊牛呼吸　发现初生犊牛在出生后不呼吸，首先尽快清除口、鼻中的黏液，或者倒提起犊牛控几秒钟使黏液流出，注意倒提不宜过久，因为内脏的重量压迫膈肌会阻碍呼吸。待呼吸道畅通后采用人工方法诱导呼吸，即交替挤压和放松胸部。也可注射尼可刹米 2 毫升兴奋呼吸中枢。

2. 擦干小牛　用手或毛巾清除犊牛气管中的黏液，然后再刺激犊牛呼吸。擦拭黏液后，如果呼吸道内还残留黏液，就必须抬起犊牛的后腿反复摆动几次。窒息严重的可输氧。如果犊牛在出生后几小时里反应迟钝，兽医就应该采用静脉注射碳酸氢钠来纠正酸中毒。

3. 脐带消毒　犊牛呼吸稳定后检查脐带。如果脐带在流血，可以用镊子、止血钳夹紧，或者用细线扎紧。接下来，用10%碘酊或蜂胶外伤灵消毒脐带。每天1次，连续3天，每日观察3遍，直到其变干为止，此后应检查小牛脐带是否感染，是否有脐疝。

4. 吃足初乳　出生后的1小时内吃不少于4千克初乳。体弱小牛，需要人工胃管投服。

5. 小牛登记　新生犊牛应打上永久的标记，出生资料必须永久存档。标记小牛的方法包括：戴刻有数字的颈环；金属、塑料的双耳标或电子耳标；拍照。

6. 隔离犊牛　出生后应立即将小牛从产房内用担架转移走或用车运走。研究表明，初生犊牛在干燥、清洁的环境中，并立即喂以初乳，其成活率显著提高。一些母牛在分娩后会拒绝哺乳甚至伤害自己的小牛，同时增加由母牛传来的传染病的风险。

7. 单圈喂养　犊牛岛饲养可降低疾病传播的危险性，易于饲养人员监测小牛对固体饲料的摄入量，对判断断奶时间十分重要；可以减少犊牛的互相舔舐引起的脐尖和脐疝。

8. 培养良好的卫生习惯　饲喂用具（如奶瓶）在每次饲喂后必须清洗干净。如用同一奶瓶饲喂几头小牛，应先饲喂年幼的小牛。犊牛转栏后必须彻底清洁消毒，空置3～4周后才可转进下一批犊牛。

9. 疾病前兆的观察　必须牢记健康的小牛通常处于饥饿状态，容易采食岛内泥沙等异物形成异食癖习惯。食欲缺乏是不健康的第一征兆，一旦发现小牛有食欲缺乏、虚弱、精神委顿等应立即停喂牛奶1～2顿，并测量体温，进行对症治疗。

10. 注射疫苗　犊牛出生后会接触到致病微生物，因此必须对犊牛注射当地多发疾病，如大肠杆菌病，传染性牛鼻气管炎，黏膜病毒病、布鲁氏杆菌病，冠状病毒病等疫苗。

（三）初乳饲喂

1. 初乳功能　初乳必须在犊牛出生后立即哺喂。乳中带血、乳房炎初乳不能用；头胎牛或 5 胎以上经产牛的初乳抗体少最好不用；产前漏奶或产犊前挤过奶的牛初乳不喂；干奶期超过 90日龄或少于 40 日龄的牛初乳为不合格初乳。

初乳富含抗体和初生犊牛必需的营养物质（表 4-4）。

表 4-4　初乳与常乳营养成分的组成

项　　目		乳固形物（%）	乳蛋白（%）	抗体（毫克/毫升）	乳脂肪（%）	乳糖（%）	矿物质（%）	维生素 A（微克/分升）
初　乳	第一次挤奶	23.9	14.0	32.0	6.7	2.7	1.1	295.0
	第二次挤奶	17.9	8.4	25.0	5.4	3.9	1.0	190.0
	第三次挤奶	14.1	5.1	15.0	3.9	4.4	0.8	113.0
常　乳		12.9	3.1	0.6	4.0	5.0	0.7	34.0

初乳 IgG 浓度用初乳仪或糖度折射仪测定。初乳正常读数的温度为 20℃～25℃；0℃～5℃ 显示数减去 10 个单位，必须是绿色标记；35℃～40℃ 显示数应加 10 个单位。合格初乳指标见表 4-5。

表 4-5　合格初乳指标

IgG 浓度（毫克/毫升）	初乳仪标记
≥ 50	绿　色
22.1～49.9	黄　色
≤ 22	红　色

初乳保存与使用：优质初乳的冷冻保存温度为 -18℃～-20℃，解冻使用水浴锅温度为 45℃～55℃。

2. 初乳饲喂　犊牛初乳饲喂采取 "4+2" 模式或 "3+2+2"的模式，即犊牛出生后 1 小时灌服 3 升优质初乳，6 小时后灌服

2 升，再过 6 小时后灌服 2 升。如果犊牛出生后 1 小时内不能自行饮奶，采用初乳灌服器灌服。

（1）**原理**　以犊牛体重 40 千克计算，血液容量（约占体重 10%）4 千克，血液中 IgG 的浓度必须达到 15 克 / 千克，则通过初乳至少吸收 IgG 60 克。而犊牛对初乳中 IgG 的吸收率仅 30%，所以至少需要从初乳提供 IgG 200 克。初乳中 IgG 的浓度为 50 克 / 千克，因此第一天饲喂初乳量至少为 4 千克。

（2）**初乳饲喂效果的评价**　犊牛出生后 72 小时，逐头尾根静脉采血或颈静脉采血，利用糖度折射仪监测血清总蛋白，血清总蛋白 ≥ 50.0 毫克 / 千克为合格。

（3）**初乳饲喂量和时间**　犊牛出生后 12 小时内，应该喂给犊体重 8%～10% 的初乳。如犊牛体重为 41 千克，需喂 4.1 千克。并在出生后 30 分钟内喂初乳可确保有效的吸入量。新生犊牛对初乳抗体的吸收率平均为 20%（6%～45%）。出生 24 小时后小肠封闭，犊牛无法吸收完整的抗体。犊牛血液中的 IgG 浓度至少应为 10 毫克 / 毫升血清才有足够的抵抗力。

饲喂初乳前，应在水浴中温热至体温，使用配有清洁奶嘴的奶瓶或奶桶饲喂，哺乳容器在使用前后应彻底清洗；直接用奶桶饲喂初乳可导致小牛消化紊乱；初乳应放入干净的有盖容器中贮存在低温环境中；虚弱无法吸奶的小牛可用胃导管强迫饲喂；饲喂初乳前不应喂给其他食物。

3. **初乳的冷冻保存与饲喂**　冷冻贮存可长期保存初乳并避免免疫功能的丢失，按 1.5～2 千克分装并冷冻贮存，这一单位量正好是一次饲喂量。可解冻并温热初乳喂给初乳质量差的母牛所产犊牛。

下列情况应使用冷冻初乳：初乳稀薄和水样；初乳含血；患乳房炎母牛的初乳；新购进或头胎年轻母牛所产的初乳；产犊前挤奶或有严重初乳遗漏母牛所产的初乳。

初乳贮藏方法：将剩余优质初乳贮存在 2 升的容器中，封口，4℃冷藏下，可保存1周；在-20℃保存1年。贴好标签，注明采集日期、母牛编号以及测量质量。

初乳解冻方法：将冻存初乳容器放在4℃冷藏箱中慢慢解冻后，将容器直接置于50℃温水中水浴融化，至38℃～40℃饲喂。

初乳饲喂稍大犊牛时应稀释至12%～15%干物质水平，即2份初乳加1份温水，避免导致消化紊乱。也可将初乳发酵形成酸初乳。酸初乳的pH值为4，每天搅拌发酵的初乳，使其保持均质；饲喂时将2份酸化初乳和1份温水混合，可加入30～60克碳酸氢钠，提高适口性；如有泡沫产生，也不影响饲喂效果；添加1%丙酸（24升新鲜初乳添加250毫升丙酸），也可成为酸化初乳而无须发酵。

（四）犊牛舍管理

小型、轻便的犊牛栏规格为1.2米×1.8米，犊牛栏之间距1米左右，单栏饲养。

冬季产犊应全部放入全封闭牛舍，每7～10头一小组，分栏饲养，保证良好的通风。犊牛舍温度为15℃～21℃；夏季，注意犊牛舍通风换气，降低温度。

保持犊牛舍适当的通风换气有助于疾病的控制。在许多犊牛舍里，高湿环境中的潮气能吸附微生物，然后聚集到犊牛毛层。毛层在潮湿的环境中会失去热绝缘性，结果使得犊牛很容易受冷，处于应激状态，还容易感染腹泻和肺炎等疾病，尤其是没有从初乳中获得充足抗体的犊牛。因此，要把犊牛舍设置在远离牛群的宽阔地，用麦秸等作垫草；犊牛舍要紧邻建筑物，并作为天然防风设备；在犊牛舍周围竖起成堆的秸秆用来保温，也可将犊牛岛放入犊牛保育舍，舍内配备加温设施；热带地区把犊牛拴在排水顺畅的树荫下，相互之间不得接触，定期灭蝇。

三、哺乳犊牛饲养管理技术

犊牛2～60日龄阶段为哺乳期犊牛，哺乳期犊牛多数在犊牛岛饲养，也有先在犊牛岛饲养2周，待脐带完全愈合后出犊牛岛，按30头一小群饲养。

（一）饲养目标

促进瘤胃发育，健康生长，确保营养供给和各个器官发育。0～2月龄生长指标为日增重0.75～0.85千克，28日龄体重56千克，断奶标准是60日龄颗粒料采食量1.5千克以上、体重75千克以上，体重达到初生重的2.2倍以上。

（二）营养需要

犊牛哺乳期营养来源主要是牛奶或者代乳粉和颗粒饲料。哺乳期犊牛喂奶量见表4-6。

表4-6　犊牛哺乳期喂奶量

日　龄	喂奶量（千克/日）	总量（千克）
0～7	6	42
8～15	7	56
16～35	9	180
36～50	5	75
51～60	3	30
合　计		383

（三）饲养技术

哺乳犊牛饲养可分两个阶段，即2～30日龄为牛奶期；尽可能让犊牛采食最大量的牛奶，30～60 日龄为过渡期，应逐减少牛奶饲喂量，增加颗粒料的喂量，促进瘤胃的快速发育。

犊牛出生第二天开始饲喂巴氏奶或代乳粉、酸化乳，犊牛 4 日龄开始提供优质颗粒饲料，自由采食。

巴氏奶温度不低于 20℃，不高于 35℃，要求定量、定时饲喂。

酸化乳饲喂是指在常乳中添加 0.1% 甲酸，在发酵罐内发酵后，自由采食。

酸化乳的制作流程：①将 1 份 85% 浓度甲酸与 9 份水均匀混合制成 0.1% 甲酸稀释液。②添加甲酸稀释液前应该确保牛奶温度在常温（20℃～24℃）勿超过 24℃，低温 10℃较佳，较不易奶水分离或结块。奶温低较时无须常搅拌。③每升全奶或代乳粉奶添加 30 毫升甲酸稀释液，每升初乳添加 40～45 毫升甲酸稀释液。④甲酸稀释液加入奶中后充分搅拌，1 小时后再搅拌 1 次，每日至少搅拌 3～4 次，10～48 小时可达到杀菌效果。⑤奶的 pH 值在 4.5 以下，即可饲喂犊牛。

代乳粉饲喂方法：选取定量代乳粉，以 8～9 倍 38℃～39℃温水稀释后饲喂。

颗粒饲料饲喂方法：犊牛 3～7 日龄添加优质颗粒饲料开始诱食，随着日龄的增加，颗粒饲料喂量增加，直至 60 日龄每天采食 1.5 千克以上即可断奶。

哺乳期犊牛饲养管理流程：犊牛出生第二天开始饲喂巴氏奶或代乳粉，每天喂 3 次，每次 2 千克；犊牛出生第三天开始单独给水，水温 >10℃，自由饮水；犊牛出生第四天开始添加优质颗粒饲料，自由采食；犊牛岛每 7 天清理 1 次并消毒；8 日龄开始增加牛奶喂量，巴氏奶每天 9 千克或酸化乳自由采食；35 日龄开始逐渐减少牛奶喂量，而增加颗粒料喂量；55 日龄开始每天减少牛奶喂量；60 日龄停止饲喂牛奶或代乳品，只饲喂颗粒料和水。

（四）管理技术

1. 犊牛饮水 犊牛第 2 日龄开始需要提供清洁饮水；设水槽并与投料容器分开；寒冷季节水温不低于 15℃；犊牛每日需水量一般在 2.5 升左右，过多饮水可造成水腹，应限制饮水量；监测饮水量可以提供疾病的早期预兆。

2. 犊牛颗粒饲料的饲喂 犊牛 4 日龄开始训练采食颗粒饲料，自由采食；每天饲喂前清理剩料，记录剩余量和给料量；30 日龄，饲料采食量达到 600～800 克 / 头·天；30 日龄后逐渐降低液奶饲喂量；犊牛连续 3 天饲料采食量达到 1.5 千克即可断奶。

3. 犊牛代乳粉饲喂 与全乳相比，代乳粉有几个优点：节约鲜奶经济合算；强化了矿物质和维生素；添加了控制疾病的抗生素；为防止球虫病而加入了抗球虫药；可避免传统病传播的风险。

犊牛代乳粉含有 26%～28% 的粗蛋白质和 15%～20% 的脂肪；每日喂给 1.5～2 千克的代乳粉。犊牛开食料含有 20%～22% 的粗蛋白质，可使犊牛日均重达 1.5 千克。不要购买便宜的代乳粉，其中常含有较多的纤维，因为犊牛在 3 周龄前不能消化吸收纤维。代乳粉组成应该是全价牛奶或者牛奶加工副产物，粗蛋白质水平在 20% 以上，脂肪含量在温暖地区应 15%，寒冷地区 20%，粗纤维含量应在 0.5%。

使用代乳粉最主要的优点是可以降低饲养成本；调配营养满足不同时期犊牛的营养需要；避免全乳携带疾病问题，比如副结核杆菌病以及牛白血病。

代乳粉的缺点是不如全乳更有益于犊牛健康；不能满足某个时期犊牛对高能量的需求，尤其是在非常寒冷的冬季。人们在致力于研制出更符合犊牛的代乳粉。

判断优质犊牛代乳粉的要领：速溶，奶粉易溶解易混合；添加的油脂与水不分层；营养成分均匀分布，沉淀少；所含蛋白质适当（一般含18%～20%粗蛋白质）；含有足量优质的脂肪（10%～22%）。冬季脂肪含量高，能提供能量、减少腹泻。

乳腺炎奶和次奶不可哺喂犊牛。次奶与全乳或代乳粉等量混合饲喂。含有血液或呈水样的次奶以及治疗乳腺炎的第一次挤的牛奶不得饲喂；如果犊牛已经喂给含抗生素的次奶，就不能按肉用犊牛出售；乳腺炎奶也不能喂给2日龄以下的犊牛，这是因为肠道对有些物质的吸收没有完全关闭。

4. 饲喂青干草，促进反刍　哺乳期间最好只采食灭菌常乳或酸化乳和犊牛开食料，不饲喂或少喂青干草。生产中青干草主要是优质苜蓿和燕麦草各一份均匀混合饲喂犊牛。

犊牛出生8天后应诱导犊牛采食优质青干草，训练犊牛自由采食，以促进瘤网胃发育，并防止舔食异物，如垫草。每日添加一次，每次不得超过20克，第二天早上清理剩余青干草后，重新添加。随着日龄和采食量的增加，逐渐增加投给量，但应该限制饲喂，尽量留出瘤胃足够的空间，用于采食高品质的颗粒料（高蛋白），有利于犊牛肌肉和骨骼的发育。6月龄前不喂青贮和秸秆饲料。

5. 犊牛断奶　断奶天数控制在55～60日龄。犊牛饲料采食量连续3天达到1.5千克后就可以断奶。断奶方法：预定断奶前3天，减少喂奶量或次数，刺激犊牛采食饲料；选择适宜的天气断奶，称重；断奶后，继续饲喂犊牛料，并开始饲喂优质干草，减少饲料变化的应激；断奶后1周加料量，不要超过2千克/天；断奶后小群饲养（7～10头），给予换料过渡期；保证充足饮水。

6. 犊牛低温环境饲喂　在寒冷季节，犊牛采食代乳料后12小时内可能会引起腹泻。事实上，在寒冷的石棉瓦犊牛舍中的犊牛需要比在温暖牛舍中的犊牛采食的能量多1倍，因此在寒冷气候中，保暖措施不好的犊牛舍在饲喂频率上提高1倍是有必要的。如果忽略这一因素的影响，犊牛会很快形成能量负平衡，并且动员体脂和体组织来产热保暖。由于血糖浓度过低形成低血糖症，低血糖症的第一个表征是在严寒天气中腹泻不止。解决这个问题的最好方法是静脉输葡萄糖液，大部分犊牛有立竿见影的治疗效果，但也有一些犊牛在后期死亡，因为它们已经几乎耗尽了体内储存的能量，它们耗竭了体脂之后，便开始利用肌肉组织的糖原，直至最后不能站立。临床上多见犊牛瘤胃内积存有大块塑料异物时，出现以上典型的低血糖症。

北方冬季，犊牛饲喂的首要原则是逐渐增加饲喂量达到夏天饲喂量的 1 倍，一些动物营养学家推荐在犊牛代乳料中额外添加脂肪。当然让犊牛进入保温牛舍是最有效的措施。

7. 犊牛添加剂　为了预防球虫病，所有的犊牛在它们的液状饲料和或犊牛开食料中给予抗球虫药。要确认犊牛是否喂给了足够量的控制原虫的添加剂。离子载体可以改善饲料效率，还能够预防球虫病。益生素（直接饲喂微生物产品）可以喂给犊牛促进犊牛开食料的采食数量和犊牛生长。酵母培养物也有效。

四、断奶犊牛饲养与管理技术

断奶犊牛指断奶至 180 日龄犊牛。

（一）饲养目标

继续促进犊牛瘤胃发育，保证足够量的优质蛋白质饲喂量杜绝断奶应激的影响，减少疾病发生，保证营养物质的消化和吸收；保证犊牛在这 2 周内平均日增重 850 克以上；确保 100% 成活，快速生长；6 月龄体高达到 118 厘米，体重 213～228 千克。小母牛各阶段生长目标见表 4-7。

表 4-7 犊牛 2～6 月龄生长目标

月 龄	2 月	3 月	4 月	5 月	6 月
体高（厘米）	84	93	100	106	118
体重（千克）	70	97	122	148	213

（二）营养需要

此期的营养来源主要依靠精饲料供给。随着月龄的增长，逐渐增加优质粗饲料的喂量。选择优质经过鞣制的干草、苜蓿供犊牛自由采食，6 月龄前禁止饲喂青贮、黄贮等发酵饲料和湿草，干物质采食量达到 4.5 千克 / 日以上。

断奶后至 3 月龄犊牛的营养需要：干物质采食量 ≥ 2 千克，粗蛋白质 ≥ 20%，代谢能 1.75～1.8 兆卡 / 千克，中性洗涤纤维 ≤ 25%，酸性洗涤纤维 ≤ 15%，钙 0.8%～1%，磷 0.4%～0.5%。日粮配方：犊牛颗粒料 2～2.5 千克。

3～4 月龄犊牛的营养需要：干物质采食量 ≥ 3.5 千克，粗蛋白质 ≥ 18.5%，代谢能 1.65～1.75，中性洗涤纤维 ≤ 30%，酸性洗涤纤维 ≤ 20%，钙 0.8%～1%，磷 0.4%～0.5%。日粮配方：犊牛颗粒料 3 千克，苜蓿 1 千克。

4 月龄体重：日增重 ≥ 800 克；120 日龄体重 ≥ 140 千克；体高 ≥ 95 厘米。犊牛颗粒料中添加了易消化的纤维、易吸收的玉米蛋白粉，还有增加抗病能力的瘤胃素等营养因子。犊牛自由采食情况下不发生腹泻。4 个月内犊牛平均日增重达到 900 克以上。日粮配量：颗粒料 3.5 千克，苜蓿自由采食。1.2～1.5 千克。

5～6 月龄犊牛的营养需要：干物质采食量 ≥ 5 千克，粗蛋白质 ≥ 17.5，代谢能 1.6～1.65 兆卡 / 千克，中性洗涤纤维 ≤ 30%，酸性洗涤纤维 ≤ 20%，钙 0.8%～1.0%，磷 0.4%～0.5%。日粮配方：犊牛颗粒料 1 千克，犊牛混合料 2.5 千克，苜蓿 1 千克，青贮 4 千克。5～6 月龄饲养目标：日增重 ≥ 900 克；180

日龄体重 ≥ 190 千克；体高 ≥ 100 厘米，95% 以上犊牛达标。

断奶结束至 75 天继续饲喂断奶前的开食料不少于两周，颗粒料的采食量达到断奶时的两倍以上；

2.5～4 月龄犊牛生长期颗粒料保证不少于 3～3.5 千克，粗蛋白 20%，青干草限制饲喂，每天 0.1～0.2 千克/头，增加颗粒料的采食量，来促进犊牛"长个"，4 月龄时体重达到 120 千克以上；

5～6 月龄犊牛生长期颗粒料保证不少于 4.5～5 千克，粗蛋白质大于 18%，颗粒料和青干草自由采食；

犊牛阶段（6 月龄之前）禁止饲喂青贮等发酵型饲料，如玉米青贮、苜蓿青贮、湿啤酒糟和湿果渣等；

犊牛阶段（6 月龄之前）结束，体重达到 200 千克以上比较理想。

精饲料的营养浓度要高，养分要全面、均衡，喂量不能太大，要保证日粮中中性洗涤纤维含量不低于 30%，同时适当增加优质牧草的喂量，以促进瘤、网胃的发育；4 月龄以前，精粗比例一般为 1:1～1.5，4 月龄以后调整为 1:1.5～2。

犊牛断奶后生活发生剧烈改变，断奶最初 1～2 天多数处于饥饿状态，因为多数犊牛还想着吃奶，采食颗粒不多。由于饥饿，在第三天会忽然采食过量的颗粒饲料造成消化不良、瘤胃臌气、腹泻、肠炎等疾病，严重的会造成胃肠功能紊乱、营养不良、毛色变红、发育不良等恶病质状态。

犊牛经过断奶过渡期，瘤胃功能迅速转变为消化植物性饲料的状态，对颗粒料和粗饲料消化能力增强，采食量加大，生长加快，此时禁止饲喂湿的粗饲料，如青贮，黄贮、青草。100 日龄以后可以采食全混合日粮和青贮饲料。

（三）饲养管理流程

犊牛断奶后的饲养管理流程：60 天断奶，断奶结束（61 天）至 75 天为断奶过渡期，可以在犊牛岛，也可以重新组群饲喂，适当限制颗粒料饲喂量，颗粒料的采食量控制在断奶时的两倍以下，同时加酵母；2.5～4 月龄为犊牛断奶前期，颗粒料自由采食，限制青干草（苜蓿和燕麦草）饲喂量，充足饮水；5～6 月龄为犊牛断奶后期，继续自由采食颗粒料、青干草（苜蓿和燕麦草）和充足饮水，但是禁止饲喂青贮等发酵型饲料。150 日龄第一次注射布鲁氏菌疫苗，180 日龄再次注射鲁氏菌疫苗。6 月龄以上转入育成牛群，重新组群，饲喂育成牛 TMR 日粮。检查 TMR 日粮的适口性和剩料，同时进行粪便筛评定和体况评分。

（四）饲养管理技术

做好断奶牛保育期（过渡期）的饲养管理，减少过渡期的应激影响；断奶后犊牛按月龄、体重分群饲养；饲养方式采取散放饲养、自由采食；保证充足、新鲜、清洁卫生的饮水，冬季饮温水；保持圈舍清洁卫生、干燥、定期消毒。

1. 断奶后期犊牛的特点　断奶后，犊牛要完成从依靠乳品和植物性饲料到完全依靠植物性饲料的转变，瘤、网胃继续快速发育，容积进一步增大，6 月龄时瘤、网胃体积占到总胃容量的 75%，而成年牛瘤、网胃容积仅占到总胃容积的 85%。同时，各种瘤胃微生物的活动也日趋活跃，消化利用粗饲料的能力逐步完善。断奶期犊牛的体重和体尺快速增长，必须加强培育，使其达到合理的体重，初步形成理想的泌乳牛体型。

2. 断奶后期犊牛的饲养　犊牛保育期（断奶后 2 周）容易发生瘤胃臌气、腹泻、水中毒、发育受阻等现象。所以，要以新的理念，创造理想的条件来做好护理工作，这一点往往被人忽视。一旦犊牛已经成功断奶，并进入 3 月龄后，它们就可以逐渐进入小母牛的饲喂体系。将小母牛分为 7 阶段，包括小母牛营养需要和干物质采食量之间的差异、竞争和个体大小之间的差别、人工授精配种和妊娠护理的需要。应该对生长小母牛设计和分发

3种不同的日粮。6月龄以下的小母牛不应喂给玉米青贮、牧草青贮（含水量在60%以上），或在草场放牧。

　　第一阶段和第二阶段需要谷物补充料1.4～2.3千克，蛋白质补充0.25～0.5克。饲喂第一种日粮。第三阶段和第四阶段小母牛应根据饲草的类型和质量，补充谷物料0.5～1.5千克。饲喂第二种日粮。第五阶段和第六阶段小母牛除了饲草来源的营养外，可能不需要另行的谷物和蛋白质补充。饲喂第三种日粮。第七阶段，日粮可以与第五阶段和第六阶段相似，但应补充高水平的微量元素、维生素以供胎儿的营养，也可以喂干奶母牛日粮（表4-8）。

表4-8　按饲料配合的小母牛分群

阶　　段	月　　龄	原因或目的	饲喂策略
1	3～4	因争食而分成较小群体（2个月龄范围）	犊牛颗粒料
2	5～6	因争食而分成较小群体（2个月龄范围）	犊牛颗粒料
3	7～9	因争食而分成较小群体（2个月龄范围）	育成牛料
4	10～12	因争食而分成较小群体（2个月龄范围）	育成牛料
5	13～15	配种群	青年牛料
6	16～21	配种后	青年牛料
7	>21	按生长率调节	干奶母牛日粮

　　很多犊牛断奶后1～2周内日增重较低，同时表现出消瘦、被毛凌乱、没有光泽等现象，这主要是由于断奶应激造成日粮中优质蛋白不足等因素引起。

　　根据断奶犊牛的特点，精料颗粒料要兼顾营养和瘤胃发育的需要。精饲料的营养浓度要高，养分要全面、均衡；喂量不能太大，同时适当增加优质牧草的喂量，以促进瘤、网胃的发育；4月龄以前，精粗比例一般为1∶1～1.5；4月龄以后，调整为1∶1.5～2。

所有的小母牛均应饲喂矿物质和维生素制品（不予自由选食），混合于精饲料中；所有的小母牛应该喂给离子载体；微量元素化食盐和某种矿物质可以按自由选择分别提供，但不能替代强制饲喂的数量；监测采食量以避免采食过量和增加饲料成本；恶劣的环境因素可能增加正常需要的能量需要量。

3. 断奶后期犊牛的生长监测　每月称重，并做好记录，对生长发育缓慢的犊牛要找出原因。定期测定体尺，根据体尺和体重来评定犊牛生长发育好坏。

目前已有研究认为，体高比体重对后备母牛初次产奶量的影响更大。荷斯坦母犊 3 月龄的理想体高为 92 厘米，体况评分 2.2 以上；6 月龄理想体高为 118 厘米，胸围 124 厘米，体况评分 2.3 以上，体重 200 千克以上。

我们很容易忽视对不产奶的犊牛的饲养，因为它们并不产奶，且需要消耗饲料、劳力和医药费等，并且往往通过减少管理，降低饲养水平来节约成本。实践证明，只有高标准养好后备牛，也是现代牧场盈利的法宝。

五、育成牛饲养管理技术

育成牛是指 7 月龄至配种阶段，多数是指 7～14 月龄或 15 月龄。犊牛配种后经过妊娠检查确认，就变为青年牛。育成牛根据生长发育及生理特点可分为小育成阶段（7～12 月龄）和大育成阶段（13～15 月龄）。

（一）饲养目标

育成牛 12 月龄理想体重为 300 千克，体高 115～120 厘米，胸围 158 厘米。14 月龄体高 ≥ 130 厘米，体重 ≥ 380 千克。配种前，中国荷斯坦牛的理想体重为 350～400 千克，体高 122～126 厘米，胸围 148～152 厘米。青年牛饲养目标见表 4-9，配种最佳指标见表 4-10。

表 4-9　育成牛、青年牛饲养目标

	体成熟（12月龄）	配种阶段 （13～14月龄）	初产阶段 （24～26月龄）
目标体重（千克）	330～350	380～400	550～580
目标高度（厘米）	125	127～130	135～140
体重/高度	2.64～2.80	3.00～3.10	4.07～4.14
平均日增重（千克）	0.85～0.95	0.95	0.75
体况评分	2.75～3.00	2.75～3.00	3.25～3.50

表 4-10　配种最佳指标

项　目	最佳指标	项　目	最佳指标
体　重	380～400千克	体重/体高	3.0
体　高	127～130厘米	年　龄	13～14月龄

（二）营养需要

制定合理的饲养方案，保证合适的日增重，能够在 13～14 月龄参加配种。

控制日粮中能量饲料的含量。如果能量过高会导致母牛过肥，大量的脂肪沉积于乳房中，影响乳腺组织发育和日后的泌乳量。

控制饲料中低质粗饲料的用量。如果日粮中低质粗饲料用量过高，有可能导致瘤、网胃过度发育，而营养供应不足，形成"肚大、体矮"的不良体型，因此要选择优质苜蓿、燕麦草、玉米青贮饲喂。

育成牛 13～15 月龄消化器官的容积进一步增大，发育接近成熟，消化能力日趋完善，可大量利用粗饲料。同时，母牛的相对生长速度放缓，但日增重仍要求高于 800 克，以使母牛在

14～15月龄达到成年体重的70%左右（380～400千克）。因此，此期，只提供优质粗饲料基本能满足其营养需要，少量补饲精饲料促进瘤胃黏膜的发育即可。营养过高会导致母牛配种时体况过肥，造成不孕或难产；营养过差会使母牛生长发育受阻，发情延迟，13～14月龄无法达到配种体重，从而影响配种时间。青年牛的营养需要见表4-11，育成牛与青年牛的日粮见表4-12。

表4-11　青年牛的营养需要

月　龄	达到体重千克	奶牛能量单位NND（个）	干物质DM（千克）	粗蛋白质（克）	钙Ca（克）	磷P（克）
7～12	280～300	12～13	5～7	600～660	30～32	20～22
12～16	370～400	13～15	6～7	640～720	35～38	24～25
17～初产	500～520	18～20	7～9	750～850	45～47	32～34

表4-12　育成牛与青年牛的日粮

牛群饲料	月　龄		妊娠日龄		
	7～12	13～初配	0～180	180～220	220～初产
精料（千克）	1.5～2.5	2.5～3.0	2.5～3.0	3.0～3.5	3.5～4.0
青贮（千克）	5～8	8～12	10～12	12～14	12～14
苜蓿干草（千克）	1.5～2.0	1.0	0	0	0
燕麦干草（千克）	1.5～2.0	2.0～3.0	2.5～3.5	4.5～5.5	4.5～5.5
稻草（千克）	0.5～1.0	1.0～2.0	1.0～2.0	0.5～1.0	0.5～1.0
饲喂模式	TMR日粮	TMR日粮	TMR日粮	TMR日粮	TMR日粮

（三）饲养管理流程

1. 育成牛饲喂管理流程　犊牛7～14月龄为育成牛，妊娠至分娩为青年牛。

2. TMR 日粮制作配送流程　按照日粮配方单配制→TMR
日粮制作→TMR 日粮筛查评定→定 TMR 日粮分送次数→定
TMR 日粮分送时间→定推料次数与时间→体况评分→每天剩料
收集称重→确定增减量→适口性检查与粪筛评定。

（四）管理技术

育成母牛的性器官和第二性征发育很快，7～8 月龄卵巢开
始快速发育，12 月龄达到性成熟。瘤、网胃的体积迅速增大，
到配种前瘤、网胃容积比 6 月龄增大 1 倍多，占总胃容积的比例
接近成年牛。因此，要提供合理的饲养，既要保证饲料有足够的
营养物质，以获得较高的日增重；又要具有一定的容积，以促进
瘤、网胃的发育，特别是瘤胃乳头和黏膜的发育，以期达到后期
营养物质的最大限度的吸收。因此，要根据育成牛月龄的不同进
行分群，按照营养要求和采食量的变化采取不同的饲养措施。

育成母牛培育目标是保证母牛正常的生长发育和适时配种，
13～14 月龄，体重达到 380～400 千克，体高达到 127～130 厘米、
体况评分 2.75～3 分。

采取阶段饲养，分群管理，散放饲养、自由采食的饲养模
式。日粮以粗饲料为主，混合精料 2～2.5 千克 / 头·天；日粮
蛋白质水平达到 14%～15%；选用中等质量的干草，培养耐粗
饲性能，7～8 千克 / 头·天；保持日增重为 0.77～0.82 千克 /
头·天。保证充足、新鲜的饲料供给，清洁卫生的饮水。不能肥
胖。注意观察发情，做好发情记录以便适时配种。

育成期常见饲养问题是饲养管理不当导致母牛体躯狭浅、四
肢细高，达不到培育的预期要求，从而影响以后的泌乳和利用年
限。如长期饲喂低质粗饲料，形成"肚大、体矮"的不良体型；
分群不及时，导致母牛过肥，影响终身泌乳量；精饲料与粗饲
料混合不均，使个别牛过于肥胖，特别是 12 月龄后体况过肥造
成不孕或以后的难产。户养奶牛常见成年牛阶段的问题是营养不

足，发育不良，体重不达标，往往出现不发情，或过早配种和忽视寄生虫的驱虫工作。

1. 7～12 月龄育成牛饲养管理　是生长速度最快的时期，尤其在 7～9 月龄。此阶段母牛处于性成熟期，性器官和第二性征发育很快，尤其是乳腺系统在体重 150～300 千克时发育最快。体躯则向高度和长度方面急剧生长。前胃已相当发达，具有相当的容积和消化粗饲料的能力，但还保证不了采食足够的青粗饲料来满足此期快速发育的营养需要。同时，消化器官本身也处于强烈的生长发育阶段，需要继续锻炼。因此，此期除供给优质牧草外，还必须适当补充精饲料。精饲料的喂量主要根据粗饲料的质量确定，一般来说，日粮中 75% 的干物质应来源于粗饲料或青干草，25% 来源于精饲料，日增重应达到 700～800 克。中国荷斯坦牛 12 月龄理想体重为 350 千克，体高 120～125 厘米，胸围 158～165 厘米。

育成牛在性成熟期的饲养应注意两点：一是控制饲料中能量饲料的含量；二是控制饲料中低质粗饲料的用量，要舍得喂给优质苜蓿、玉米青贮等饲料。三是适当供给日粮蛋白质。

2. 12 月龄至初次配种育成牛饲养管理　此阶段育成母牛消化器官的容积进一步增大，接近成熟，消化能力日趋完善，可大量利用粗饲料。同时，母牛的相对生长速度放缓，但日增重仍要求高于 800 克，以使母牛在 14～15 月龄达到成年体重的 70% 左右（380～400 千克）。因此，此期只提供优质粗饲料基本能满足其营养需要，少量补饲精饲料促进瘤胃黏膜的发育即可。配种前，中国荷斯坦牛的理想体重 380～400 千克，体高 127～130 厘米，胸围 158～165 厘米。

六、青年牛饲养管理技术

青年牛是指配种妊娠至产犊前。按月龄和妊娠阶段分群管理，可分为 4 个阶段：16～18 月龄，19 月龄至预产前 60 天，预产前 60 天至预产前 21 天，预产前 21 天至分娩。

（一）饲养目标

妊娠 3～6 个月，确保体高、体长发育，促进瘤胃发育，严禁肥胖。妊娠 7 月龄，胎儿发育快，需要增加营养，保证胎儿和母体发育。预产期前 21 天进入围产前期，准备分娩。整个过程中要严格控制体况，预防肥胖。

（二）营养需要

16～18 月龄：日粮以粗饲料为主，选用优等质量的苜蓿、玉米青贮等粗饲料，混合精饲料每头每日 2.5 千克，日粮蛋白质水平达到 12%。

19 月龄至预产前 60 天：日粮干物质采食量控制在 11～12 千克，以优等质量的粗饲料为主，混合精饲料每头每日 2.5～3 千克，日粮粗蛋白质水平 12%～13%。

预产前 60 天至预产前 21 天：日粮干物质采食量控制在 10～11 千克，以优等质量的粗饲料为主，日粮粗蛋白质水平 14%，混合精饲料每头每日 3 千克。该阶段奶牛的饲养水平近似于成年母牛干奶前期。

预产前 21 天至分娩：采用过渡期饲养方式，日粮干物质采食量 10～11 千克，日粮粗蛋白质水平 14.5%。混合精饲料每头每日 4.5 千克左右。

（三）饲养管理流程

配种 60 天确定妊娠至分娩→移入青年牛群→饲喂青年牛日粮→预防流产→防止肥胖，保持体况 3.25～3.5 分→妊娠 260 天移入青年牛干奶牛群→预产期前 21±3 天注射犊牛腹泻疫苗→饲喂围产前期日粮→加大瘤胃促进剂喂量、预防难产、真胃变位。

（四）管理技术

采取散栏饲养、自由采食的饲养模式。此阶段奶牛处于初配或妊娠早期，做好发情鉴定、配种、妊娠检查等繁殖记录；根据体膘状况、胎儿发育阶段，按营养需要掌握精饲料给量，防止过肥；观察乳腺发育，减少牛只调动，保持圈舍、产房干燥、清洁，严格消毒程序；注意观察牛只临产症状，做好分娩前的准备工作；以自然分娩为主，掌握适时、适度的助产方法。

1. 妊娠前期的饲养管理　妊娠前期一般是指奶牛从受胎到妊娠 6 个月之间的时期，此时期是胎儿各组织器官发育形成的阶段。

（1）妊娠前期的饲养　妊娠前期胎儿生长速度缓慢，对营养需要量不大。但此阶段是胚胎发育的关键期，对饲料的质量要求很高。胚胎期分为胚胎前期和胚胎后期，胚胎前期是指受精卵进入子宫内的前 14 天。胚胎后期是指进入子宫后的第 15～45 天。妊娠前 2 个月，胎儿在子宫内处于游离状态，依靠胎膜渗透子宫乳吸收养分。此期如果营养不良或某些养分缺乏，会造成子宫乳分泌不足，影响胎儿着床和发育，导致胚胎死亡或先天性发育畸形。在碘缺乏地区，要特别注意碘的补充，可以适量喂加碘食盐或碘化钾片。初产母牛处于生长阶段，主要满足母牛自身生长发育的营养需要。胚胎完成着床一般在第 75 天左右，胚胎着床至妊娠 6 个月，对养分的需求没有额外增加，不需要增加饲料喂量。

舍饲时，饲料应遵循以优质青粗饲料为主、精饲料为辅的原则，确保蛋白质、维生素和微量元素的充足供应，混合精料日喂量 2～2.5 千克。

（2）妊娠前期的管理　母牛配种后，对不发情的牛应在配种后 75 天和 90 天进行妊娠检查。常用方法为直肠检查法和 B 超检查法。对于配种后又出现发情的母牛，应确定是否是假发情，防止误配导致流产。

确诊受胎后，重点做好保胎工作，预防流产或早产。妊娠母牛要单独组群饲养。对妊娠母牛保胎要做到"五不"：一不混群饲养；二不打冷鞭，不打头部和腹部；三不吃霜、冻、霉烂变质草料；四不饮冷水、冰水；五不赶，吃饱饮足之后不赶，天气不好不急赶，路滑难走不驱赶，快到牛舍不快赶。

要保证有充分采食青粗饲料的时间。饮水、光照和运动充足，每天自由活动 3～4 小时或驱赶运动 1～2 小时，以增强体质、增进食欲、保证产后正常发情、预防胎衣不下、难产和肢蹄疾病，有利于维生素 D 的合成。每天梳刮牛体 1 次，保持牛体清洁。每年春、秋各修蹄 1 次，以保持肢蹄姿势正常，修蹄应在妊娠的 5～6 个月进行。乳房按摩，每天 1 次，每次 5 分钟，以促进乳腺发育，为产后泌乳奠定基础。

2. 妊娠后期的饲养管理　妊娠后期是指奶牛从妊娠 7 个月到分娩前的一段时间，此期是胎儿快速生长发育的时期。

（1）妊娠后期的饲养　需要大量营养的时期。妊娠期最后 2 个月胎儿的增重占胎儿总重量的 75% 以上，到分娩前 20 天达到最高。此时，母体需要储存一定的营养物质，使母牛有一定的妊娠期增重，以保证产后正常泌乳和发情。妊娠期增重良好的母牛，犊牛初生重、断奶重和泌乳量均高，犊牛断奶重约提高 16%，断奶时间可缩短 7 天。初产母牛保持中上等膘情，体况 3.75～4 分即可，体况超过 4 分过肥容易造成难产，而且产后发生代谢紊乱的比例增加。

舍饲时，混合精料每天不应少于 3～3.5 千克，冬季应注意加强补饲。严禁饲喂冰冻、霉烂变质饲料和酸性过大的饲料。在分娩前 30 天增加精饲料喂量，以不超过体重的 1% 为宜。同时，增加饲料中维生素、钙、磷和其他矿物元素的含量。特别提醒，在预产期前 2～3 周不降低日粮中钙的含量。分娩前最后 1 周，精饲料喂量降低一半，但要增加精饲料营养浓度，分娩前 60 天添加瘤胃调控剂。

（2）**妊娠后期的管理**　饲养目标为产犊时体重≥ 580 千克，体高≥ 138 厘米；体况评分≤ 4.0；平均日增重 0.75 千克。管理重点是确保母牛健康，获得健康的犊牛，母牛有一个良好的产后体况为 3.7 分，预防难产、乳房水肿、真胃变位。分娩前 2 个月的初产母牛，应转入干奶群单独组群饲养。加强妊娠母牛的运动锻炼，特别是在分娩前 1 个月，可以有效减少难产。避免驱赶运动，防止早产，同时，在运动场提供充足、清洁的饮水供其自由饮用。

妊娠后期初产母牛的乳腺组织处于快速发育阶段，应增加乳房按摩次数，一般每天 2 次，每次 5 分钟，至产前 2 周停止。按摩乳房时，要注意不要擦拭乳头，乳头周围有蜡状保护物，如果擦掉有可能导致乳头龟裂，严重的可能擦掉"乳头塞"，这会使病原菌侵入乳头，造成乳房炎或产后乳头坏死。

预产期前 3 周将母牛转移至围产前牛群。预产期前 2 ～ 3 天进入产房，初产母牛难产率较高，要提前做好助产和接产准备。

第五章

成年牛分群饲养管理技术

成年牛分群为干奶期和泌乳期。干奶期又分为干奶前期和围产前期。泌乳期又分为新产牛（围产后期）、泌乳高峰期、泌乳中期和泌乳后期。泌乳牛又分为初产泌乳牛和成年泌乳牛。初产泌乳牛是指初次分娩的头胎泌乳牛；成年泌乳牛指2胎以上泌乳牛。

奶牛的饲养管理简单来说就是科学喂养，精细管理，重点是干奶前期、围产前期、分娩期、新产牛期和泌乳高峰期的饲养管理。特别是从圈舍建设，环境卫生，奶牛舒适度，原料精准添加，准确进行数字化评估分析，调动大家的积极性，按时完成流程要求。

一、泌乳期奶牛生理变化规律

泌乳阶段奶牛的生理规律可以用泌乳量、体重、干物质采食量，乳蛋白质和乳脂肪变化规律来描述。

（一）泌乳量变化规律

奶牛产后40～60天达到产奶高峰，以后的3～5个泌乳月为平衡期，每月下降7%～8%，高产牛相对要少，为3%～5%。峰值产奶量决定整个泌乳期产量，峰值每增加1千克，全期可增加200～300千克，群中头胎牛的高峰奶相当于经产牛的75%。

干奶期饲养水平、奶牛体况和产后失重程度影响峰值产奶量。

（二）干物质采食量变化规律

奶牛临产前7～10天，干物质采食量下降25%约3.0千克。由于泌乳高峰出现在产后40～60天，而干物质采食量高峰发生在产后70～90天，此阶段奶牛处于能量负平衡，表现为产后体重下降。大多数牛产后90～100天干物质采食量达到最高点，以后采食的营养物质大于泌乳需要，进入能量正平衡阶段。

影响奶牛干物质采食量的因素：①日粮水分，45%～50%为宜，高于50%，每高出1%，干物质采食量（DMI）下降约为体重的0.02%。②优质牧草可以提高DMI。③自由采食全混日粮可以提高DMI。④干净、清洁的饮水可以提高DMI。

（三）体重变化规律

奶牛产犊前体况处于3.25～3.5分，由于泌乳早期动用体内储备，造成体重下降。泌乳早期体重损失不应超过50～70千克。

产后70天平均每天减重约为500克，总减重35千克以上。前半期日减重高达1 500～2 000克，后半期相对减重少，日减重在300克以内。产后90～100天奶牛体重降到最低（体况应在2.5分），随着产奶量的变化和奶牛采食量的增加，体重开始恢复。产后100～200天体重相对稳定，增减不明显，低产牛体重增长较快，日增重100～200克。最后100天体重增加较快，日增重500克以上。停奶前达到适宜体况（3.25～3.5分），并在整个干奶期保持恒定。

（四）乳蛋白质和乳脂肪变化规律

初乳乳蛋白质（>4%）和乳脂肪（>5%）含量很高，随着泌乳量的增加，其含量迅速下降，到泌乳峰值时降到最低，乳蛋白仅有3%左右，而乳脂肪约为3.2%。随后，随着泌乳量的下降，又开始出现增加的趋势，但增加的速度很慢，幅度很小。

成年泌乳牛牛群日粮配方推荐见表 5-1。

二、干奶前期饲养管理

奶牛干奶前期是预产期前 60 天开始停奶至预产期前 21 天的母牛。常简称为干奶牛。

（一）干奶前期代谢特点

干奶前期是指牛停止泌乳至预产期前 21 天之间的时间（停奶至产前 21 天）。干奶前期长短与饲养直接关系到胎儿的发育和这一个泌乳期的产奶量。干奶前期一般为 30～45 天。奶牛从泌乳状态突然接受到人为的干预停止泌乳。在这个过程中，丘脑 - 垂体 - 乳腺要发生急剧的变化才能停止泌乳。如果奶牛在将要停奶时仍产生大量的牛奶，就面临着乳房炎的发生。所以说，干奶过程是奶牛生产周期的第一危险期。

（二）干奶期的意义

1. 保证胎儿的健康发育 干奶期奶牛正处于妊娠后期，胎儿生长非常迅速，需要大量的营养物质。但随着胎儿体积的迅速增大，占据了大部分腹腔体积，使消化系统受到挤压，奶牛食欲和消化能力都出现下降。此时通过干奶停止泌乳，将有限的养分主要供给胎儿，有利于产出健壮的犊牛。

2. 维护奶牛的健康 奶牛在长达 10 个月的泌乳期内，各个器官，特别是瘤胃一直处于高度紧张的代谢状态，在下一个泌乳期开始之前需要一段时间使所有的器官得到有效休息，才能恢复正常的功能。同时，奶牛在泌乳早期经常发生代谢的紊乱损伤脏器，在泌乳期往往不能得到有效恢复，需要在干奶期内使其恢复，且到产犊前达到理想的体况，以便为下一个泌乳期提供身体

表5-1　平均泌乳量10.5吨成年泌乳牛牛群日粮配方

牛群分类	平均产奶量	精饲料种类	精饲料	进口苜蓿	国产苜蓿	啤酒糟	稻草	全棉籽	糟粕	脂肪粉	青贮	压片玉米	燕麦草	玉米面	水
		干物质含量	90%	90%	88%	90%	88%	90%	20%	90%	30%	90%	88%		
头胎干奶牛群			3.3				2				15		2		
经产干奶牛			3.3				2.5				18		2.5		
围产期前牛群			4.5								13		4.5		
产房牛	35		4.2	2.5	1.5	4.0	0	1.6	0	0.25	18	0	0	4.2	
头胎新高产牛群			4.2	2.5	1.5	4.0	0	1.6	0	0.25	18	0	0	4.2	
头胎新产牛低峰群			4		2		2.5				18		2.5	4	
经产新产牛群	38		6	2.5	1.5	5.0		1.9		0.2	20			6.5	
经产高产牛群	40		6	2.5	1.5	5.0		1.9		0.2	23			6.5	
经产中产牛群	34		6	3.0	2.0	5.0		1.9		0.2	22			6.5	
经产低产牛群	20		4		2		2.5				18		2.5	4	
小育成牛			2.5				2.5				4				
大育成牛			2.6				4.0				7				
青年牛			4.2				3.0				10				
病牛			4		2		2.5				18		2.5	4	

储备；否则，会严重影响下一个泌乳期的泌乳量和奶牛健康。

3. 修复乳腺组织 奶牛经过长达 10 个月的泌乳，乳腺组织受到很大的损伤，乳腺上皮细胞数量下降，需要有一段时间进行修整。在干奶期内，旧的乳腺上皮细胞萎缩，产犊前新的乳腺细胞重新生成，可以使乳腺组织得到有效修复与更新，从而为即将到来的泌乳活动打下良好基础，有利于下一个泌乳期获得高产和稳产。

4. 治疗疾病 奶牛在泌乳期，由于泌乳量的增加，奶牛患隐性乳房炎和代谢紊乱等疾病的概率大大增加，而这些疾病在泌乳期很难得到有效治疗。因此，需要一个干奶期对这些疾病进行衔底治疗。实践证明，在干奶时，治疗隐性乳房炎是最佳时机，同时，干奶期也是慢性寄生虫、传染病的最佳治疗时期。

（三）干奶期目标

干奶期饲养管理的主要目标是保证胎儿的健康发育，恢复并保持奶牛的膘情，使其在分娩时达到理想的体况（3.25～3.50分），同时，促进消化系统，特别是瘤胃正常功能的恢复。故干奶牛必须单独分群，调整日粮，满足需要，促进瘤胃恢复，防治乳腺炎，防止母牛肥胖。

（四）营养需要

干奶期需要的营养物质相对于泌乳期来讲要少得多。干奶期蛋白需要量是泌乳高峰期的 60%～70%，能量需要量是泌乳高峰期的 40%～50%，常量元素是泌乳高峰期的 40%～60%，微量元素和泌乳高峰期一样。维生素需要大于泌乳高峰期（特别是维生素 E）。

干奶前期日粮设计的原则：主要是满足妊娠和乳腺修复的需要，稳定膘情。

干奶前期日粮营养的调控是以满足维持需要为立足点，限制采食，但需确保瘤胃充盈。干物质采食量占体重的 1.8%～2.5%，约为 13 千克，精饲料用量 3 千克，体况评分波动最多不得超过 0.5 分，维生素、部分微量元素必须足量添加。

日粮蛋白质、能量、镁、钾，要满足矿物质和维生素的需要量。低盐低钙，蛋白质在 12%～13%，能量在 1.32～1.35 兆卡 / 千克，体况评分控制在 3.25～3.50 分。

干奶期可以选择一定量的秸秆饲料和青贮饲料来降低饲料成本。

干奶前期与围产前期牛营养需要见表 5-2；干奶前期与围产前期牛的日粮见表 5-3；干奶牛日粮推荐配方见表 5-4。

表 5-2 干奶前期、围产前期营养需要

阶 段	DM 占体重的 %	NND（个）	DM（千克）	CF（DM%）	CP（DM%）	Ca（DM%）	P（DM%）
干奶前期	2.0～2.5	19～24	14～16	16～19	8～10	0.6	0.6
围产前期	2.0～2.5	21～226	14～16	15～18	9～11	0.3	0.3

注：DM 为干物质；NND 奶牛能量单位；CF 粗纤维；CP 粗蛋白质；Ca 钙；P 磷。

表 5-3 干奶前期及围产前期牛的日粮

阶 段	精饲料（千克）	青贮（千克）	干草（千克）	副料（千克）	维生素 ADE（克）
干奶前期	3.0～4.0	15	≥ 5.0	3.0	
围产前期	4.0～5.0	15	≥ 4.0		6

表 5-4 干奶牛日粮配方案例（泌乳 11 吨牛群日粮配方）

原料名称	添加量（千克 / 头·日）	百分比（%）
豆 粕	0.60	3.24
棉籽粕	0.60	3.24
DDGS	0.80	4.32

续表 5-4

原料名称	添加量（千克/头·日）	百分比（%）
棉籽蛋白	0.50	2.70
5%干奶牛预混料	0.20	1.08
脱霉剂（黄）	0.015	0.081
玉米面	0.8	4.32
稻　草	3	16.2
燕麦草	2.0	11.80
青　贮	10.00	54.10
合　计	18.515	
水	2	

（五）饲养技术

干奶牛饲养管理流程：每周一通过繁殖信息挑出本周需要干奶母牛号，做出标记，下台修蹄；周二对本周将要干奶牛 4 个乳区用 CMT 检测，乳汁出现 ++ 需要进行治疗；正常牛 1 次全部挤完奶后分别注射干奶针，药浴乳头后，将干奶牛赶入干奶牛圈，饲喂干奶牛日粮，每天药浴乳头 1 次，连续观察 7 天。干奶后 0～7 天发生猝死，多数是干奶过程中被毒素性大肠杆菌和梭状芽孢杆菌感染；预产期前 21 ± 3 天，将干奶牛赶入围产前期牛群，准备分娩。

（六）管理技术

干奶期管理的重点是做好保胎工作。同时，要尽量缩短干奶时间，预防乳房炎的发生，保持奶牛较理想的体况，维护奶牛健康。

1. 管理目标　干奶期 36～45 天（做好泌乳后期饲养管理，产奶量没有显著差异）；恢复瘤胃功能，保证瘤胃健康，为下次产奶做好充分准备；注重营养，增强体质，保证胎儿正常发育，防止流产；促进奶牛乳腺组织更新，重新使乳腺恢复最佳泌乳状态；恢复膘情，为产奶初期动用能量做储备。

2. 管理事项 干奶牛与泌乳牛要分群饲喂；干奶前1周减少精饲料喂量，便于停奶；干草可任其自由采食，长度为4厘米；限制富含能量的全株玉米青贮饲料用量（≤5千克/头·天），所有牛干奶时（乳房炎发病高峰期），对每个乳区进行乳房炎预防与治疗；体况评分应恢复到3.5～3.75分；进行修蹄和必要的预防接种；加强户外运动，预防难产、胎衣不下。

3. 干奶前准备工作 恢复膘情，泌乳中后期（能量利用效率高20%～25%）；防止空怀，进行第二次妊娠检查；检测乳房炎，治疗乳房炎，治愈后方可干奶；快速停奶，采用7天内停奶的方法（强制停奶）。①在预定的干奶日前7天某一班次开始改变，逐渐加大挤奶间隔，最后1次挤净牛奶后，用专用长效抗生素的油制剂封闭乳头，即完成了干奶。②使用这一方法的前提是：该牛没有乳房炎。

4. 关注焦点 观察乳腺的变化；泌乳活动逐渐停止，防止乳腺炎；分群饲养，防止早产；应激（挤奶、饲料和环境）；减少精料量增加粗饲料，减少乳腺的压力，防止奶牛过肥，饲料容积变化尽可能小。

在管理上应重点做好以下工作。

（1）合理干奶 干奶是干奶期最重要的一环，处理不好会严重影响干奶期的效果，引发乳房炎。

①乳房炎检查 干奶期前是治疗乳房炎的最佳时期。因此，在预定干奶日的前10～15天应对奶牛进行隐性乳房炎检查。对于患有乳房炎的牛及时进行治疗，治愈后再进行干奶。

②干奶的方法 奶牛在接近干奶期时，乳腺的分泌活动仍在进行，高产奶牛甚至每天还能产奶10～20千克。但不论泌乳量多少，到了预定干奶日后，均应采取果断措施实行干奶，否则会

严重影响下一个泌乳期的泌乳量。

常用的干奶方法有两种，即快速干奶法和逐渐干奶法。

快速干奶法：此法是在预定干奶日到来时，不论当时奶牛泌乳量高低，由有经验的挤奶员认真热敷按摩乳房后，采用手工挤奶将奶彻底挤净，挤完后，立即用酒精消毒乳头；然后，向每个乳区内注入一支含有长效抗生素（应用青霉素的较多）的干奶药膏，再用 3% 碘伏消毒液药浴乳头；最后，用火棉胶涂抹于乳头孔处，封闭乳头孔，以减少乳房感染的机会。对于泌乳量较高的奶牛，在干奶前 1 天应停止饲喂精饲料或少喂日粮，以减少乳汁分泌，降低乳房炎的发病率。经 4～10 天乳房内的奶可全部吸收干净。快速干奶法充分利用乳腺内压增大抑制分泌的生理现象来完成干奶工作。由于直至干奶日才停止挤奶，可最大限度地发挥奶牛的泌乳潜力。同时，由于干奶所需时间短，对胎儿发育和奶牛本身的影响较小。因此，在生产中得到较广泛应用。但此法对干奶技术要求较高，而且容易导致奶牛患乳房炎。因此，对有乳房炎病史或正患乳房炎的奶牛不宜采用，对于高产奶牛应尽量少用。

逐渐干奶法：此法是用 7～15 天的时间使奶牛的泌乳活动停止，具体所需时间须根据计划干奶时的泌乳量高低和过去干奶的难易程度确定。对于泌乳量大、干奶困难的奶牛，需要的时间要长一点；对于中低产和干奶容易的奶牛，所需要的时间则短。具体操作方法是：从预定干奶日开始停止按摩乳房，逐渐减少精饲料喂量，停喂糟渣类、块根（茎）类和多汁类饲料，增加干草喂量。除夏天外，适当控制饮水量，改变挤奶次数和挤奶时间，先由每天 3 次挤奶改为每天 2 次挤奶，再改为每天 1 次挤奶，最后改为隔日 1 次挤奶，以抑制乳腺组织的分泌活动。当泌乳量降至 4～5 千克时，将乳房内的奶彻底挤净，下面的步骤与快速干奶法一样。逐渐干奶法干奶所需时间长，加上必须严格控制营养，不利于奶牛健康和胎儿发育。所以，在生产中较少采用。但对于有乳房炎病史、正患隐性乳房炎和过去干奶困难的高产奶牛特别适合。

不论采取哪种干奶方法，乳头一旦封口后即不能再触动乳房，即使洗刷也防止触摸它。在实施干奶的10天内，每天应观察乳房2～3次，详细记录乳房的变化。最初几天乳房可能出现肿胀，这属于正常现象，千万不要按摩乳房或挤奶，经5～7天后乳房内的奶逐渐吸收，经10～14天，乳房开始收缩松软，泌乳停止，干奶工作结束。如果乳房出现过分充胀、红肿、变硬或滴奶现象，说明干奶失败，应重新挤净处理后进行再次干奶。

干奶期的长短。干奶期的长短应视奶牛的年龄、体况和泌乳性能等具体情况而定。原则上，对头胎、年老体弱和高产牛及产犊间隔较短的牛，要适当延长干奶期，但最长不宜超过70天，否则容易使奶牛过于肥胖。而对于体况良好、泌乳量低的奶牛，可以适当缩短干奶期。但最短不宜少于40天，否则乳腺组织没有足够的时间得到更新和修复。干奶期少于35天，会显著影响下一个泌乳期的泌乳量。

（2）**及时分群**　在体重基本相同的情况下，干奶牛与日产奶量13～14千克的泌乳牛相比，干奶牛所需的营养要少得多。例如，粗蛋白只相当于泌乳牛需要量的一半，能量、钙、磷需要量也只相当于泌乳牛的50%～60%。因此，应及时将干奶牛从泌乳牛群中分出来，单独饲养；否则，很难控制干奶牛的营养水平，极易导致干奶牛过肥；而且，经产妊娠母牛在生理状态、生活习性等方面比较相似，单群、单舍饲养也便于重点护理。

（3）**加强乳房护理**　奶牛完全干奶后，每天按摩乳房1～2次，每次5～10分钟，可以促使干奶期间乳腺组织的修复与更新，为下个泌乳期的高产打下良好基础。但每次按摩后要对乳头进行药浴消毒。

（4）**加强户外运动，多晒太阳**　维生素D对奶牛钙、磷的正常吸收和代谢具有重要的作用。而牛体内含有丰富的 7- 脱氢胆固醇，经阳光照射后能转化为维生素 D_3。青草中含有的麦角固醇经阳光照射后也可转化为维生素 D_2。因此，多饲喂经阳光照射晒制的青干草，可有效预防干奶牛维生素 D 的缺乏。

（七）保　健

1. 常发生的问题　①乳腺带隐性乳房炎停奶；②停奶失败，没有及时分离出来，重新治疗后干奶；③干奶前无乳牛混群饲养；④不饲喂干奶专用日粮；⑤干奶期日粮能量过剩；⑥优质蛋白质、钙、磷、微量元素、维生素供给不足，致使胎儿发育不良，母体钙储备不足；⑦不及时削蹄；⑧干奶牛过度肥胖；⑨缺乏瘤胃内环境回归本位的理念；⑩分群不细致。

2. 保健目标

（1）促进　①胎儿发育；②乳腺细胞凋亡和受损乳腺组织修复；③瘤胃微生物群系的重建，恢复瘤胃生理状态；④瘤胃黏膜修复、乳头缩短；⑤促进瘤胃消化与吸收。

（2）预防　①干奶期乳腺炎；②瘤胃生理状态恢复不佳；③胎儿发育不良，母牛骨钙储备不足；④体况过肥或过瘦；⑤流产；⑥防治蹄病。

3. 保健原则　预防乳房炎，促进瘤胃状态的生理性恢复，满足胎儿生长和母体营养储备，防止奶牛过肥。

4. 保健措施　①二次妊娠检查；②正确干奶、检测隐性乳房炎，每个乳区注射干奶针；③进行修蹄，治疗蹄病；④饲喂干奶期专用日粮，日粮特征为优质蛋白、平衡的矿物质和维生素，低能量，特别是供给丰富的硒、锌、维生素 A、维生素 D、维生素 E。⑤促进瘤胃微生物群系重建和加速瘤胃乳头和面积萎缩。

5. 干奶免疫　①常发生的问题：缺乏干奶期是奶牛免疫注射期的理念和给奶牛产前进行保健的意识。免疫注射混乱，记录不清，免疫注射时间距离分娩时间太近，造成初乳中特异性抗体产生不足。②保健原则：奶牛在分娩前第25～21天，建立免疫注射期，在此期给母牛集中注射疫苗和保健制剂；在免疫隔离栏内完成免疫注射。③具体措施：犊牛腹泻联合苗（五联苗）；大肠杆菌苗；J～5大肠杆菌乳房炎苗；注射梭菌病疫苗；注射亚硒酸钠，维生素A、维生素D、维生素E。

三、奶牛围产期饲养与管理

奶牛围产期是奶牛生产周期中的第二个危险期，是指分娩前21天至分娩后21天。可分为围产前期、分娩期和围产后期，围产期保健的目标是产后60天内奶牛死淘汰控制在8%以内。

这一阶段，一般是头胎牛和经产牛分开饲喂，也可以混群饲喂。

（一）围产期代谢特点

围产期也称过渡期，指产前21天（围产前期）至产后21天（围产后期）。奶牛经过3个不同的生理变化：干奶、分娩、泌乳。

1. 围产期奶牛的生理特性发生变化　见表5-5。

表5-5　围产期奶牛生理变化

生理指标	变　化
内分泌	催乳素、雌性激素的浓度迅速上升；孕激素的浓度在产犊前1天几乎降低到零（保胎）
采食量	雌激素水平提高，造成采食量降低30%～40%（从13.5千克降到10千克）
瘤胃功能	胎儿占据瘤胃位置，瘤胃容积减少20%，限制了奶牛的采食量，瘤胃消化、吸收功能降低
能量平衡	胎儿生长；初乳合成；产犊应激；致使奶牛对能量需求量增加
矿物质	分娩、初乳合成导致钙离子大量消耗，造成低血钙，无法维持正常的神经和肌肉收缩功能
维生素	血液维生素A和维生素E水平分别降低38%和47%，导致免疫力下降，乳房炎和子宫炎发病率增高

　　围产期牛需要从干奶到泌乳，从妊娠到分娩，从产前日粮到产后日粮的转变，生理代谢变化剧烈，内分泌紊乱会使奶牛面临很多问题。干奶牛营养措施是否得当，不仅对母牛和犊牛的健康很关键，且影响当前胎次的产奶量及繁殖率，严重的会影响奶牛一生的使用效益。围产期面临的挑战有以下四项。

　　（1）**能量负平衡**　研究表明，临产前几周，由于激素等变化的影响，奶牛日粮干物质采食量下降；临产前 3～7 天，下降幅度可以达到 30%～35%，从干奶前期 12.35～13.71 千克下降到8.172～9.08 千克。而此阶段，奶牛由于产犊应激，胎儿生长，乳腺发育，初乳生成等对能量的需求大幅度增加，导致奶牛产前能量负平衡加剧。

　　（2）**瘤胃功能的改变**　从干奶期向产奶期过渡时，瘤胃内微生物菌群、瘤胃乳头也随着高粗料日粮向高精料日粮转变。其一是瘤胃乳头的变化。在干奶期，奶牛以粗饲料为主，引起了瘤胃乳头变短；在产奶期，瘤胃乳头在高发酵的碳水化合物（谷物）作用下能够生长到 1.2 厘米。瘤胃乳头变长增加了瘤胃吸收挥发性脂肪酸的表面积，减少酸在瘤胃的滞留。瘤胃乳头的生长需要4 周左右的时间。其二是瘤胃微生物菌群的变化。瘤胃微生物的变化必须从高纤维日粮消化细菌转变为高淀粉日粮消化细菌，以适应泌乳早期牛的日粮，瘤胃微生物适应新日粮变化的时间一般需要 1 周。

　　（3）**免疫功能下降**　奶牛在分娩前，采食干物质量下降，引起中性粒细胞和淋巴细胞的减少；分娩时激素变化很大，对奶牛免疫方面是个挑战。在分娩前，血液中与免疫功能相关的维生素 A 和维生素 E 浓度逐步下降，至分娩时降到最低点。

　　（4）**矿物质代谢紊乱**　分娩及初乳的合成，需要消耗大量的钙离子，在分娩时，几乎所有的奶牛都会发生低钙血症。

　　2. 围产期的主要营养代谢病及其原因　围产期营养代谢病根本原因是低血钙和围产前期干物质采食量严重不足，骨骼肌收缩无力导致产后乳热症；运动减少，胃平滑肌收缩无力导致真胃移位；乳头括约肌收缩无力导致乳房炎风险提高 5.4 倍；子宫平滑肌收缩无力造成难产风险提高 7 倍，胎衣不下风险提高 4 倍，子宫炎风险提高 24 倍（表 5-6）。

表 5-6　围产期主要疾病及原因

产后疾病	主要原因
乳房水肿	多阳离子、高蛋白、高能量
难　产	胎儿过大、低血钙
产后乳热症	低血钙
胎衣不下	低血钙、低维生素 E、硒不足
子宫炎	胎衣不下、低血钙、感染
乳房炎	带炎干奶、低血钙、低维生素、环境不洁
酮　病	产前肥胖、产后日粮浓度不足
真胃移位	低血钙、产前干物质采食量不足、牛群密度大

3. 围产阶段适应性营养概念　采用营养和管理策略来减少变化，维持能量摄入，避免代谢应激，减少负面健康问题风险，保持正常的瘤胃充盈。围产期饲养方案目标：①促进瘤胃适应性变化，尽可能采食更多的干物质。②维持正常的血钙水平。③建立并促进免疫系统功能。④维持能量平衡，以避免体脂肪溶解及酮病的发生。⑤增加精料饲喂水平可使瘤胃微生物能够分解发酵高能日粮，并刺激瘤胃内壁乳头以拉长和增加其面积。

（二）饲养目标

围产前期牛的饲养要做到按胎次分群、扩大采食量、观察乳房充盈度、保持合理的饲养密度、监测尿液 pH 值的变化。采用营养和管理策略来减少变化，维持能量摄入，避免代谢应激，减少负面健康问题风险，保持正常的瘤胃充盈。

（三）营养需要

奶牛产后发生的营养应激、免疫抑制、能量负平衡、低血钙等问题，绝大部分代谢病的总根源。是源于围产前期的饲养管理问题。

围产前期日粮粗蛋白质在 15% ～ 16%，能量在 1.55 ～ 1.65 兆卡 / 千克，确保钙含量及（DCAD）、胆碱、烟酰胺、酵母和酵母培养物等，同样更要关注干物质采食量（DMI）的变化。

围产前期营养调控措施包括：精饲料最低饲喂量 4 ～ 6 千克，从产前 21 天开始加料，每天增加 0.3 千克，通过增加 RUP 使粗蛋白质达到 15% 以上；优质干草或秸秆的用量不低于 3 千克；可以适当使用初产牛 TMR，但比例控制在 50% 以内；停止饲喂食盐和缓冲剂；补充酵母或酵母培养物（100 ～ 120 克不等）；补充烟酸（6 克）；补充莫能菌素（250 毫克）；补充丙酸钙（150 克），随时准备灌饲丙二醇（200 毫升）。根据膘情，可以使用保护性胆碱（50 ～ 200 克不等）。当钾离子超过 1.5% 时，成年母牛必须考虑使用临产专用型饲料，头胎牛需要考虑使用临产专用型饲料。

待产后备牛日粮营养的设计原则：维持中等体况，防止过肥；适当增加日粮营养浓度；禁盐和碳酸氢钠；重点提高微量元素和维生素的水平。围产前奶牛日粮配方案例见表 5-7。

表 5-7　围产前期奶牛日粮配方案例　（泌乳 11 吨牛群日粮配方）

原料名称	添加量（千克 / 头·日）	百分比（%）
豆　粕	0.8	3.097
棉籽粕	0.7	2.71
DDGS	1	3.87
棉籽蛋白	0.5	1.935
5% 围产期预混料	0.5	1.935

续表 5-7

原料名称	添加量（千克 / 头·日）	百分比（%）
酵 母	0.01	0.039
氯化胆碱	0.056	0.217
磷酸氢钙	0.05	0.1935
脱霉剂（黄）	0.015	0.058
燕麦草	4	15.49
青 贮	17	65.812
玉米面	1.2	4.64
合 计	25.831	100
水	2	—

（四）饲养技术

奶牛在围产前期干物质采食量越高，产后干物质采食量恢复越快，产奶量越大。所以围产前期的主要任务之一就是促进瘤胃功能，促使干物质采食量最大。

围产前期饲养管理流程：预产期前 21±3 天，将干奶牛赶入围产前期牛群，准备分娩；饲喂产前专用日粮（阴离子盐），产前饲喂四天后，抽查尿液 pH 值是否在 6～6.5。做体况评分，并记录；出现分娩征兆，将母牛赶入产栏，准备分娩。

精饲料喂量从分娩前 2 周开始逐渐增加，每天增加 0.5 千克，但最大喂量不得超过体重的 1.2%，干草喂量应占体重的 0.5% 以上。适当补饲维生素 A、维生素 D、维生素 E 和矿物质元素；分娩前、后 1 周，严禁饲料突变；或者分娩前采用低钙日粮（0.4%以下），钙磷比为 1：1，分娩后采用高钙日粮（0.7% 左右），钙磷比为 1.5：1，这时奶牛对钙的吸收能力还没有减退，会增加奶牛钙的吸收量，有效地降低乳热症的发病率。或者在分娩前 21 天喂阴离子盐，DCAD 调整到 -100～-150 毫克当量 / 千克，能预防乳热症、食欲不振、胎衣滞留、酮病等。具体饲喂技术：

（1）**提高干物质采食量**　提高奶牛干物质采食量对于缓解奶牛产前能量负平衡，满足胎儿生长发育，奶牛产后食欲和产奶量都是至关重要的。可以采用适口性比较好的精、粗饲料，将粗饲料切短，随时给奶牛提供清洁的饮水，提供活性酵母等促进奶牛采食。一般干奶牛前期干物质采食量为 13 千克以上。

（2）**提供最佳日粮纤维水平，以保持瘤胃容积，避免真胃移位**　粗饲料的采食量最少应该占体重的 1% 或者日粮干物质的50%；理想的粗饲料来源是禾本科干草，玉米秸秆或者高粱秸秆可以适量添加；每天至少采食日粮 3 千克以上长度超过 4 厘米的长草以维持正常的瘤胃功能。

（3）**日粮合理过渡，使瘤胃细菌和瘤胃乳突生长能适应高精料日粮饲喂**　由于瘤胃功能对饲料转变需要时间，需要采用逐步添加精饲料的方法。一般情况下，干奶牛的前期精饲料量可以喂到 3～4 千克（根据膘情）。后期精饲料可以喂到 4～5 千克。在产前 21 天，精饲料量应该逐步增加，以使瘤胃逐步适应高精料日粮。

（4）**提供合适的蛋白、能量水平**　干奶牛前期提供 13%～14% 左右的蛋白以满足营养需要，控制能量供给，防止母牛肥胖。围产前期奶牛需提高过瘤胃蛋白比例，以满足奶牛乳腺二次发育的需要；对于脂肪的添加应该控制在每日 100 克以内。另外，中性饲料如大豆皮、甜菜粕、枣粉等能提供可消化碳水化合物，给奶牛提供能量且提高干物质采食量。

（5）**调控日粮的矿物质水平，预防低钙血症**　在干奶期采用丰富的矿物质维生素满足胎儿和母体的贮备，可以预防营养性缺钙。围产前期低钙日粮可以提高奶牛产后血钙浓度。同时要添加适当比例的磷和镁，产后镁缺乏也会引起血钙浓度降低；碳酸氢钠含有的钠离子会增加乳房水肿和乳热症的风险，禁止在干奶牛日粮中使用，如果乳房水肿比较严重，需控制食盐喂量。

（6）提供满足需要的维生素、矿物元素，提高机体的免疫力 维生素 A 和维生素 E 能提高奶牛对疾病的抵抗力。研究表明，给奶牛提供维生素 E（100 000 单位/千克）和有机硒（7～10毫克/头·日）的添加，将可降低体细胞和乳房炎风险，增加胎儿血清中维生素 E 的浓度就能有助于将发生胎盘滞留的危险性降至最低，将会使初乳中维生素 E 水平提高；与免疫有关的矿物质元素主要有锌、铜、硒等，也不可忽视。

（7）注意饲料中的霉菌毒素 由于奶牛对毒素（黄曲霉毒素）有蓄积作用，若长期使用霉菌毒素超标的饲料原料和草料，容易引起黄曲霉毒素中毒，奶牛出现流产、死胎、母牛分娩后卧地不起，腿软等症状。建议添加霉菌吸附产品，如霉可吸等对霉菌进行吸附。

（8）合理供给矿物质和维生素 要高度重视干奶期日粮中矿物质和维生素的平衡，特别是钙、磷、钾和脂溶性维生素的供给量。

避免摄入过量的钙。控制日粮中钙的含量，避免摄入过量的钙。高钙易诱发乳热症。同时，保持钙磷比在 2～1.5∶1。当粗饲料以豆科饲草为主时，应提高矿物质中磷的添加量。

注意日粮钾的水平。避免饲喂高钾日粮。如果日粮中钾的含量超过 1.5%，会严重影响镁的吸收，并抑制骨骼中钙的动用，使乳热症、胎衣滞留和奶牛倒地综合征的发生率大幅度提高。同时，可能影响奶牛分娩后的食欲，延长子宫复旧的时间。日粮中钾的推荐含量为 0.65%～0.8%。

控制食盐的用量。食盐可按日粮干物质的 0.25% 添加，也可和矿物质制成舔砖，放置在运动场的矿物槽内，让其自由舔食。

保证脂溶性维生素的供给。产后胎衣滞留与维生素 A、维生素 E 的缺乏有关。维生素 E 缺乏还会使奶牛更易患病，乳房炎发病率也大大增加。给干奶牛每天提供 2 500 单位的维生素 E，可使干奶期乳房炎的发病率降低 20%。维生素 A 供给量主要取决于青粗饲料的质量。如果日粮粗饲料以青干草和优质牧草为主，维生素 A 可不补充或少量补充；若以玉米青贮和质量低劣的干草为主，则需大量补充。维生素 D 一般不会缺乏，但当奶牛采食直接收割的粗饲料或青贮饲料，应补充维生素 D。

（9）初产奶牛应严格控制缓冲剂的使用　对初产牛应禁止在日粮中使用碳酸氢钠等缓冲剂，以减少乳房水肿和乳热症的发生。对经产牛也应降低缓冲剂的使用量。

（五）管理技术

围产前期应保持母牛为体况 3.25～3.50 分。①增加精料到 4～6 千克干物质。②粗蛋白到 15%～16%。③维持长草在 2～3 千克。④日粮 12～13 千克。⑤减少钠的添加。⑥增加阴离子盐以预防低血钙。⑦添加酵母培养物每天 100～120 克。⑧添加烟酸 6 克 / 天。⑨管理上应做好产前的一切准备工作，产房产栏保持清洁、干燥，每天消毒，随时注意牛只状况。

（六）保　健

1. 常发生的问题　①缺乏围产前期就是促进母牛分娩的理念；②缺乏促进瘤胃、乳腺、子宫再循环的意识；③缺乏有效的血钙调控技术；④在此期控制体况，进行减肥。⑤疾病频发，如分娩启动异常、妊娠期延长、乳房水肿及乳房炎、阴道脱垂、产前瘫痪、真胃变位、干物质采食量急剧减少、营养负平衡、免疫力降低等。

2. 管理目标　①促进分娩；②促进瘤胃功能，提高干物质采食量；③促进乳腺再循环；④进行血钙调节；⑤预防分娩启动失败，降低分娩应激；⑥预防难产、胎衣不下、子宫炎、胃肠功能紊乱、真胃变位、酮病等。

3. 保健原则　明确目标和风险，及时采取科学措施，确保分娩顺利，母子平安。

4. 具体措施　①改变日粮结构，增加精饲料喂量，提高日粮淀粉含量；②添加瘤胃促进剂，促进瘤胃黏膜发育和瘤胃菌群体系建立；③添加阴离子盐进行血钙调控或采取低钙日粮法；④添加有机锌、有机硒、有机铬等，促进母牛健康。

四、奶牛分娩期饲养与管理

分娩期奶牛指预产期前 3 天出现分娩征兆进入产房完成分娩到产后 4 天基本恢复健康这一时段也称产房牛。产房牛饲喂产后新产牛日粮。产房管理是很多分娩奶牛发生疾病的根源，故要提高产房的护理级别，提高舒适度管理水平。

（一）饲养目标

确保分娩顺利，母子平安，促进母牛产后各系统快速康复，尤其是产道和乳腺的恢复最为重要。

（二）营养需要

分娩奶牛饲喂分娩后初产牛日粮。

（三）饲养管理

产房昼夜设专人值班，要保持安静，环境卫生干净。设置专用的绳、盆、毛巾、消毒液（新洁尔灭、来苏儿、碘酊等），根据预产期做好产房、产间和助产器械工具的清洗消毒和产前准备工作。产前 1～6 小时进入产房，消毒后躯。正常情况下，让其自然分娩，如需助产时，要严格消毒。新生犊牛处理见犊牛的饲养管理。母牛产后自由采食酵母麸皮盐水，及时清理消毒产房，更换褥草，请兽医检查牛体。母牛产后 30 分钟到 1 小时内挤第一次奶 2～3 千克喂给犊牛。产后 24 小时内观察胎衣排出及是否完整正常，如脱落不全或胎衣不下，请兽医治疗。母牛一般在产房居住时间不少于 3 天，主要进行手工挤奶，如果没有乳房炎，可以上挤奶机。奶牛出产房前，由配种员、兽医、产房组长、挤奶员和成年牛组长对其检查、评定，正常牛于签字后转入挤奶厅（棚）。有异常的牛，单做处理。奶牛离开产房时，可视情况修整牛蹄。

分娩期饲养管理（助产员）流程：产栏清理、铺垫麦秸、消毒、准备好一切接产用具和药品；出现分娩征候，将母牛赶入产栏，准备分娩；对牛体和外阴清洁、消毒、等待自然分娩；适时助产，当羊水流出超过 40 分钟，不能顺利自然分娩，立即检查，准备助产；分娩后首先进行新生犊牛处理；母牛产后 30～60 分钟，检查母牛整体状态，灌服产后保健汤；产后 1 小时，清洁外阴，乳房，乳头药浴，挤出初乳，乳头药浴；初乳检验、分装、冷藏；饲喂初产牛日粮，观察胎衣排出，收集脱落胎衣；对 4 胎以上老牛，难产、站立不稳等严重高危病牛，采取输液处理；执行程序化保健处理：产后 4 小时，注射氟尼辛葡甲胺，促产素（前列腺素），头孢菌素；产后第二天检测体温，检查瘤胃、乳房、产道，灌服益母生化汤；正常分娩牛，产后第 3～4 天进行牛奶抗生素检查，正常牛赶入新产牛群，病牛继续留在产房内治疗，争取早日康复。

（四）保　健

分娩保健期是指分娩前 3 天至分娩后 4 天这一时间段。

1. 常发生的问题　①缺乏分娩期的理念；②分娩应激综合征发生严重；③胎儿窒息，酸中毒，肌肉撕裂，骨折等；④母牛出现难产，阴道、会阴部撕裂、骨盆骨折，髋关节脱位，子宫全脱，胎衣不下，产后发热，乳热症，真胃变位，乳房水肿，肠道痉挛，前胃弛缓，腹膜炎等，致使产后 60 天死淘率超过 8%。

常见问题及症状

①低钙血症：乳热症、胎衣不下、真胃移位、胃肠弛缓、子宫复旧不全、子宫脱垂。

②低糖血症：酮血病、脂肪肝。

③分娩酸中毒症：精神沉郁。

④虚脱：脱水虚弱、脑贫血昏迷。

⑤矿物质微量元素紊乱：低血钙、低血磷、低血钾、低血镁、硒缺乏。

⑥维生素消耗：维生素 A、维生素 D、维生素 E、维生素 C 和 B 族维生素严重缺乏。

⑦伤科感染：产道感染、乳腺感染、胃肠感染、肺部感染、蹄病。

2. 保健目标 ①建立分娩期管理制度，建立分娩栏与产后护理操作流程，降低分娩应激综合征，确保母子平安；②及时促进分娩和适时助产提高犊牛成活率；③产后及时灌服分娩应激营养汤；④促进子宫收缩，促进胃肠道功能，及时补充钙、糖、维生素、电解质和水，镇痛；⑤促进胎衣排出，瘤胃功能恢复；⑥及时消除妊娠黄体，促进子宫收缩。优化母牛免疫系统，确保牛只成功转移至生产奶牛群。控制疾病风险和死淘汰率低于 8% 以下。

3. 保健原则 ①分娩前，要组织人员巡查及时将出现分娩征兆母牛赶入产栏，做好产栏管理，合理助产；②分娩后，及时解除分娩应激综合征，促进母体整体恢复；促进子宫收缩，预防产道感染。止痛、抗炎、抗感染。

4. 保健措施 分娩后 1～4 小时及时止疼，补充水、钙、电解质、矿物质及瘤胃促进剂等抗应激制剂。具体措施：

分娩 0.5 小时灌服产后营养汤，或投喂器投服。丙酸钙 500 克，丙二醇 400 毫升，硫酸镁 150 克，氯化钾 150 克，人工盐 60 克，食盐 50 克，益康 400 克，阿司匹林 60 克，加温水 40 升。产后第二天：上方中不加阿司匹林，增加益因产化散 500 克。产后第三天：相同于第二天。牛群密度小于 85%，保证足够剩料。

在分娩后 2 小时内，挤出母牛乳房内初乳进行抗体检验，合格者，冷藏。

分娩后 4 小时，肌内注射氟尼辛葡甲胺 20 毫升。产道有撕裂者，连续注射 3 天，并配合注射抗生素青霉素或头孢 4 天，同时，清洗、消毒会阴部；如果会阴部撕裂，要及时缝合，装配塑料纸结系绷带，后海穴连续封闭 4 天。

分娩后 12 小时胎衣不下者，肌内注射缩宫素 100 万单位，连续 3 天，每天注射 1 次。

产后出血注射缩宫素，补钙，安络血、止血敏等。如果分娩后出现走路摇摆等异常情况，推荐以下处方：

处方一：产后第一次处方主要是解决低血钙和低血糖、酸中毒。

5% 氯化钙注射液 500 毫升（10% 葡萄糖酸钙注射液 1 500～2 000 毫升）；25% 葡萄糖注射液 2 000 毫升分别加氢化可的松注射液 120 毫升、维生素 B_1 注射液 50 毫升、维生素 C 注射液 100 毫升；5% 碳酸氢钠注射液 500 毫升，依次静脉注射。

处方二：第二次用药，一般间隔 8 小时，解决低血钙，提高血糖，促进电解质平衡和水平衡。

5% 氯化钙注射液 250 毫升（10% 葡萄糖酸钙注射液 1 000 毫升）；25% 葡萄糖注射液 1 000 毫升分别＋氢化可的松注射液 120 毫升＋维生素 B_1 注射液 50 毫升＋维生素 B_{12} 注射液 30 毫升；10% 氯化钠注射液 500 毫升；复方氯化钠注射液 500 毫升分别＋20% 樟脑磺酸钠注射液 40 毫升＋呋塞米注射液 40 毫升；5% 碳酸氢钠注射液 500 毫升；复方氯化钠注射液 500 毫升＋氯化钾注射液 8 克，依次静脉缓慢注射。

处方三：解决腹腔和子宫炎症。生理盐水 1 000 毫升＋氨苄西林 10 克 ＋2% 普鲁卡因注射液 100 毫升，一次腹腔注射。连续灌服益母生化汤 3 剂，1 次 / 天，连续 3 天。

奶牛产后第 1 天开始进行二测九看监控法。奶牛产后监控流程、奶牛产后护理方案，见图 5-1 至图 5-4。

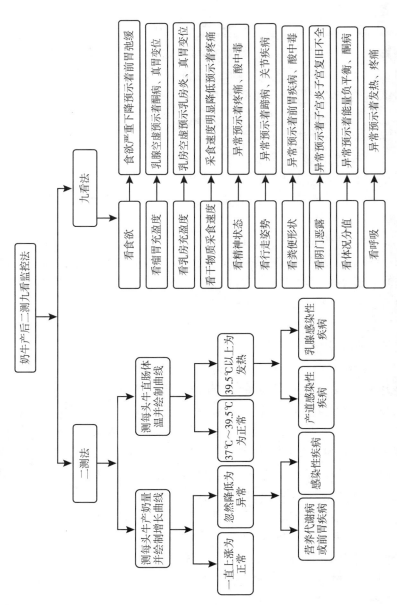

图 5-1　奶牛产后二测九看监控法

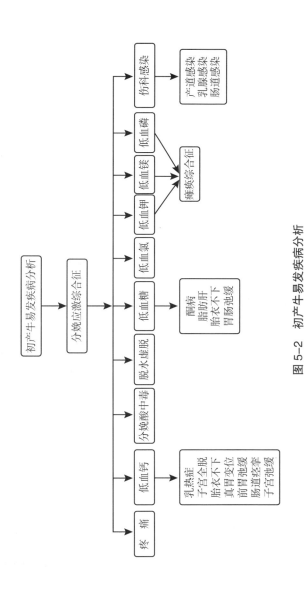

图 5-2　初产牛易发疾病分析

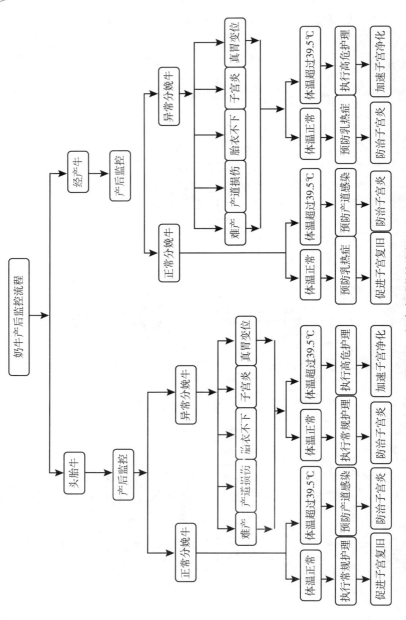

图5-3　奶牛产后监控流程

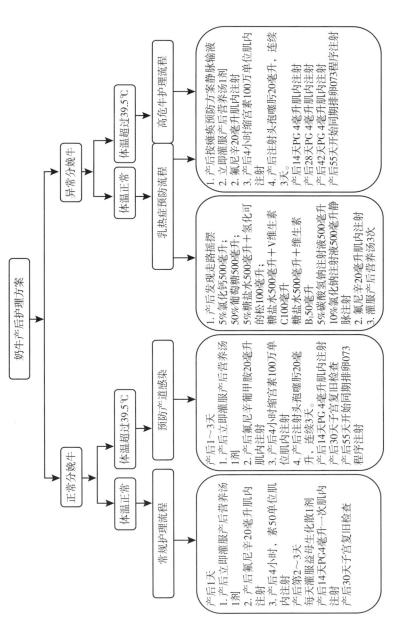

图 5-4　奶牛产后护理方案

五、新产牛饲养管理技术

成年母牛围产后期也称新产牛群，是指成年母牛分娩后出产房至子宫复旧期，一般是指第 5～30 天。正常分娩的头胎牛子宫复旧需要约 21 天，经产母牛子宫复旧需要约 14 天。新产牛群进行组群单独饲喂与管理。管理方法相同。

（一）围产后期代谢特点

分娩后，母牛体质较弱，消化功能较差，产奶量急速升高，需要的能量十分大。但相比之下，干物质采食量不能满足产奶需要；出现能量负平衡，急骤掉膘。应设法尽快增加营养，缩短能量失衡期限、保证体质恢复、为泌乳高峰奠定基础。

初产牛常见饲养问题：因肥胖或早配种形成难产；真胃变位发生主要在新产牛，占变位总发病数的 85% 以上；妊娠水肿发病最高；产后拒绝挤奶和触摸乳房；产前乳头被其他犊牛吮吸，乳头过早开放，感染乳房炎；轻视还在发育阶段的头胎牛，营养总体供给不足；产前缺乏瘤胃特殊调控。头胎牛的瘤胃没有发育完善，不能适应产后大量精饲料型日粮；严格分群不到位，混养现象严重，致使体格发育不佳；管理技术不到位，盲目追求提前投产，造成早配现象，牛的寿命缩短；接产过早，人为造成难产，产道损伤严重；或者完全坚持自然分娩，不及时接产造成死亡增多。产房和病房分不开；由于初产牛和病牛的群体都不大，对营养要求相对较高，许多牧场都将两群牛养在一起，殊不知，初产牛由于免疫力差，易感染疾病，如果不进行分开，将会引起交叉感染，对产后恢复非常不利。初产牛饲养要点是尽量提高干物质采食量，在能量负平衡严重时期，即产后 1 个月内，最好不要饲喂糟渣类饲料，以免影响干物质采食量。另外，糟渣类饲料如啤酒糟有催乳效果，会加剧初产牛能量负平衡；精饲料饲喂过多诱发急、慢性酸中毒、蹄病；初产牛的瘤胃内环境需要逐渐过渡，所以精饲料加料不宜过快过急，以免导致慢性酸中毒、蹄叶炎等疾病。

总之，初产牛阶段是泌乳牛管理的关键时期，直接关系到整个泌乳期的产量。因此，牧场只要重视好初产牛，单独管理，对提高经济效益有积极作用。

（1）初产牛单独分群饲养　初产牛经历了营养、生理、代谢等诸多方面的应激，需要调节自身葡萄糖代谢、脂肪酸代谢和矿物质代谢以适应泌乳的需求，会出现疾病易感，消化功能弱，营养需求高，应激反应强等现象，因此单独分群饲养便于日粮合理过渡、营养调控和产后监控。一般建议初产牛单独分群时间为初产到产后 1 个月。

（2）关注日粮的合理过渡，采用引导饲养法　一般来说，奶牛从产前粗饲料型日粮到产后精料型日粮的转变，瘤胃微生物适宜需要 7～10 天，瘤胃乳头生长需要 6 周左右的时间来适应，且初产牛食欲下降，需要提供适口性好、营养浓度高、质量好的日粮；随着产奶量的上升，产后食欲逐渐恢复，需要根据食欲逐步增加精饲料。需要每天饲喂足够的长纤维优质粗饲料，以保证瘤胃的正常功能。

引导饲养法是指初产阶段和泌乳早期随产奶量的上升和食欲的好转，先加料，产奶量会随饲料的增加而上升。如果没有使用 TMR，可以采用先加精饲料（每天不超过 500 克），隔天加粗饲料，2～3 天后产奶量上后继续加料，一直到产奶量高峰。若使用 TMR 饲喂，注意不要直接饲喂高产牛的 TMR 日粮，由于初产牛和高产牛干物质采食量的差异，容易出现初产牛采食日粮营养浓度低，粗饲料采食不足等情况；TMR 日粮一定要有剩料量，每天剩料量在 5% 左右。

（3）尽量提高初产牛的干物质采食量　由于采食高峰滞后于产奶高峰，因此初产牛会出现能量负平衡，尽快提高初产牛干物质采食量（DMI）可将能量负平衡减至最小。提高初产牛 DMI 的措施有：提供营养平衡、适口性好的日粮；控制日粮的水分含量，一般为 48%～50%，不宜超过 55%；使用缓冲剂；适当增加饲喂次数和延长采食时间；保证饲槽清洁和足够的饲槽空间；使用全混合日粮（TMR）；尽量使牛群的竞争性变小；保证充足清洁的饮水。

（4）初产牛的营养需求特点　初产牛日粮总的原则是营养平衡、适口性好；能量利用率高，可消化纤维高，非纤维性碳水化合物（NFC）含量丰富，含优质的长纤维以刺激瘤胃功能；需要考虑能氮平衡、精粗平衡、氨基酸平衡、矿物质平衡、维生素平衡。

对于处于能量负平衡的初产牛，日粮中需要提供高能量；奶牛日粮的两个主要能量来源是碳水化合物和脂肪；含淀粉丰富的饲料主要有玉米、大麦、小麦、全株玉米等；含多糖和果胶丰富的饲料主要有糖蜜、甜菜粕、苹果渣、枣粉等；含脂肪较高的饲料有脂肪酸钙、脂肪粉、全脂大豆、全脂米糠、全棉籽等。注意，脂肪用量不宜超过日粮 DMI 的 6%～7%，否则会影响采食量，游离脂肪高还会影响瘤胃微生物的生长发育，且由于采食中枢受血液中脂肪含量的影响，脂肪过量饲喂会引起采食量的下降；无全株青贮玉米日粮注意补充富含淀粉的饲料，以补充能量。

粗饲料质量是限制初产牛产奶量潜力发挥的重要因素，在目前草资源紧缺且价格飞涨的情况下，如何既满足奶牛纤维的需要又能发挥奶牛的产奶潜能是广大奶牛养殖者考虑的问题。长纤维的草是促进奶牛反刍的关键，一般每头牛每天不少于 3 千克。全株玉米是目前最便宜的粗饲料来源，若制作全株玉米青贮，既能解决高产奶牛的能量问题，又提供了优质粗饲料；另外，提供可消化纤维丰富的精饲料也可以弥补日粮纤维不足和粗饲料品质差的情况，含可消化纤维丰富的饲料有：大豆皮、甜菜粕、干啤酒糟、柑橘渣、全棉籽、DDGS等，但不宜过度依赖。

（5）**初产牛添加剂**　初产牛添加剂在初产牛饲养过程中必不可少，适当使用，投入产出比非常明显。常用以下类型：

①缓冲盐　小苏打（150克左右）/氧化镁，比率2～3:1；尤其是日粮中含有大量青贮玉米和快速发酵的谷物时，能调节瘤胃内环境。

②有机锌和生物素　对保护肢蹄健康和蹄病的修复有促进作用。

③微生态产品　活性酵母、酵母培养物主要能够改善瘤胃内环境，调节瘤胃菌群，促进瘤胃微生物生长等作用，有助于促进粗饲料的采食，提高饲料利用率。

④过瘤胃蛋氨酸　是限制性氨基酸，为奶牛提供甲基供体，参与奶牛的脂肪代谢，防止脂肪在肝中沉积，从而降低酮病和脂肪肝的发生率。

⑤奶牛专用抗氧化剂　能消除添加脂肪对瘤胃微生物的毒害作用，能清除产后奶牛体内大量的自由基，还能保护日粮不产生自由基及消除已经产生的自由基，增强奶牛的免疫功能。

（6）**重视产后监控**　产犊期间免疫力下降，疾病易感，单独分群便于产后观察，监控等。产后监控的主要内容有：观察牛只食欲，如精神状况不好的牛只可能患了亚临床性乳热症、酮病或是其他代谢紊乱疾病；注意观察子宫分泌物情况，黏液的气味等物理性状；保持牛只体温记录，以便观察牛只是否患有子宫炎或其他感染；观察牛只反刍情况，反应粗饲料能否满足需要；粪便观察，观察粪便是否过稀，是否含有大量未消化的饲料；肢蹄观察，是否红肿，是否存在慢性酸中毒等。

（二）营养需要

围产后期应选择进口苜蓿和优质青贮苜青草、优质玉米青贮来配制TMR日粮，优化精粗比，加强舒适度管理。尽快提高采食量，促进恶露排出，尽快恢复繁殖功能。日粮含钙0.6%，磷0.3%，精粗比为50：50，粗纤维含量不少于23%。保持适当密度，提供充足饮水，每天剩料量为7%～10%。

围产期奶牛的营养需要见表5-8，围产后期的日粮见表5-9，围产后期精饲料添加方法见表5-10，初产牛日粮配方案例见表5-11。

表5-8　围产期奶牛营养需求（干物质基础）

项　目	围产前期	围产后期
干物质采食量（千克）	>10	>15
泌乳净能（兆卡/千克）	1.40～1.60	1.70～1.75
粗蛋白质（%）	14～16	18
中性洗涤纤维（%）	>35	>30
NFC（%）	>30	>35
脂肪（%）	3～5	4～6
钙（%）	0.4～0.6	0.8～1.0
磷（%）	0.3～0.4	0.35～0.4
镁（%）	0.40	0.30
硒（毫克/千克）	3	3
铜（毫克/千克）	15	20
钴（毫克/千克）	0.1	0.2
锌（毫克/千克）	40	70
锰（毫克/千克）	20	20
碘（毫克/千克）	0.6	0.6
维生素A（单位）	85000	75000
维生素D（单位）	30000	30000
维生素E（单位）	1200	600

表5-9　围产后期的日粮案例 （单产11吨牛群日粮配方）

泌乳天数	精饲料（千克）	青贮（千克）	干草（千克）	副料（千克）	维生素ADE（克）	棉籽（千克）	备　注
0～3	≤ 4.0	≤ 10	2	2	6	1	
4～6	4～6	10～15	3	5	6	1	
7～10	6～8	10～15	3	6	6	1	
11～15	8	15	3	7	6	1	

表5-10　产后期精料添加方法案例 （单产11吨牛群日粮配方）

产后天数	精料添加量
1～3	维持产前精料量
4～7	每天增加1千克
8～14	每天增加0.5千克
15～21	每天增加0.3千克

表5-11　初产牛日粮配方案例 （单产11吨牛群日粮配方）

原料名称	添加量（千克/头·日）	百分比（%）
豆　粕	2	5.062
棉　粕	0.5	1.40
DDGS	1	2.80
棉籽蛋白	0.5	1.40
博瑞5105A预混料	0.5	1.40
石　粉	0.15	0.42
碳酸氢钠	0.20	0.56
磷酸氢钙	0.10	0.28
脂肪粉	0.20	0.56
氯化胆碱	0.056	0.157
酵　母	0.012	0.034

续表 5-11

原料名称	添加量（千克/头·日）	百分比（%）
脱霉剂（黄）	0.015	0.042
脂肪粉	0.200	0.56
青　贮	19.000	53.32
苜　蓿	3.500	9.822
糖　蜜	1.200	3.336
甜菜颗粒	1.500	4.21
全棉籽	1.500	4.21
压片玉米	1.500	4.21
玉米面	2.000	5.612
合　计	35.633	
水	3.000	

（三）饲养技术

奶牛产前的干物质采食量决定产后的产奶量，干物质采食量越大，峰值来的较快也越高，产奶量也越大。分娩后奶牛出产房进入新产牛群，这一阶段的营养策略如下：①饲喂 1.4～2.3 千克优质长牧草，如燕麦草，以维持瘤胃功能。②增加大豆皮等一些含脂高，非降解蛋白和可消化纤维的混合料。③增加日粮浓度等弥补较低的采食量。④添加酵母培养物以促进细菌对纤维的消化。⑤喂给组合式缓冲剂小苏打和氧化镁可稳定瘤胃的 pH 值。⑥提供 12 克烟酸可使酮病降低。⑦添加丙二醇 230 毫升或丙酸钙 150 克，以提高血糖水平。开始饲喂新产牛日粮，此期为早 30%，中 25%，晚 45%；每天第一批次挤奶，每天挤奶 3～4 次；出产房后的十天，每天检测体温 1 次，观察阴门恶露，瘤胃充盈度；每隔 3 天叩诊 1 次左、右肋间，排查真胃变位，开展酮病检测；产后 14 天注射 PG 0.4 毫克；产后 22 天直肠检查子宫、卵巢状态。产后 30 天直肠检查子宫、卵巢状态，正常牛转入高产牛群。

奶牛产后泌乳量迅速增加，代谢异常旺盛，如果精饲料饲喂过多，极易导致瘤胃酸中毒，并诱发其他疾病，特别是蹄叶炎。因此，泌乳初期饲养即以恢复体质为主要目的，以恶露排净、乳房消肿等为主要标志。主要手段是在饲养上有意识降低日粮营养浓度，以粗饲料为主，精粗比为 40∶60，不喂多汁类饲料、糟粕类饲料。随着泌乳进展，不断提高精料比例至 50∶50，添加过瘤胃脂肪和氨基酸，严格执行分群管理，提高奶牛舒适度，以提高平均质采食量。关键技术如下：

1. 饮水　奶牛分娩过程中大量失水，因此分娩后，要立即喂给温热、充足的麸皮水，可以起到暖腹、充饥及增加腹压的作用，有利于体况恢复和胎衣排出，但禁止强行灌服大量糖水。整个泌乳初期都要保持充足、清洁、适温的饮水，一般产后 1 周内应饮给 15℃～20℃的温水。

2. 饲料　奶牛分娩后消化功能差，食欲低，在日粮调配上要加强其适口性，以刺激食欲。必要时，可添加一些增味物质（如糖类等），同时要保证优质、全价。

（1）粗饲料　在产后 2～3 天内以供给优质牧草为主，让牛自由采食。不要饲喂多汁类饲料、青贮饲料和糟粕饲料，以免加重乳房水肿。3～4 天后，可以逐步增加青贮饲料喂量。达到每天青贮喂量 20 千克，优质苜蓿 3～4 千克，糟渣类 7～8 千克。

（2）精饲料　分娩后，日粮应立即改喂阳离子型的高钙日粮（钙占日粮干物质的 0.7%～1%）。从第二天开始逐步增加精饲料，每天增加 1～1.5 千克，至产后第 7～8 天达到泌乳牛的给料标准，但喂量以不超过体重的 1.5% 为宜。产后 8～15 天根据奶牛的健康状况继续增加精饲料喂量，直至泌乳高峰到来，到产后 15 天，日粮干物质中精饲料比例应达到 50%～55%，精饲料中饼类饲料应占 25%～30%。每头牛每天还可补加 1～1.5 千克全脂膨化大豆，以补充过瘤胃蛋白和能量的不足。快速增加精饲料目的主要是为了迎接泌乳高峰的到来，并尽量减轻体况的负平衡。在整个精饲料增加过程中，要注意观察奶牛的变化。如果出现消化不良和乳房水肿迟迟不消的现象，要降低精饲料喂量，待恢复正常后再增加。对产后健康状况良好、泌乳潜力大、乳房水肿轻的奶牛可加大增加幅度；反之，则应减小增加幅度。产后精饲料添加量见表 5-12。

表 5-12　产后精饲料添加方法

产后天数	精饲料添加量
1～3	维持产前精饲料量
4～7	每天增加 1 千克
8～14	每天增加 0.5 千克
15～21	每天增加 0.3 千克

（3）钙、磷　虽然各种矿物质奶牛都重要，但钙、磷具有特别重要的意义。这是由于分娩后奶牛体内的钙、磷处于负平衡状态，再加上泌乳量迅速增加，钙、磷消耗增大。如果日粮不能提供充足的钙、磷，就会导致各种疾病，如乳热症、骨软症、肢蹄病和奶牛倒地综合征等。因此，日粮中必须提供充足的钙、磷和维生素 D。产后 10 天，每头每天钙摄入量不应低于 150 克，磷不应低于 100 克。

（四）管理技术

有资料表明，奶牛产后 20 天内，死淘率高达 11%，产后第 20～40 天死淘率达 8%，第 40～60 天死淘汰率达 5%，合计奶牛产后 60 天，死淘率高达 24%，管理比较差的牛场，这个数字更高，所以，新产牛管理的好坏直接关系到奶牛的泌乳量和健康。这一阶段管理的关键手段是能够监测、观察这些牛，保证她们在转群至高产群，接受高营养日粮挑战是健健康康的。因此，必须高度重视泌乳新产牛的管理（表5-13）。

表5-13　泌乳初期的管理关键点

时　间	关键点
产后21天	产后2～3周，密切关注奶牛的采食量，不要突然变料
	饲喂优质牧草，保持粗精比50∶50
	测量奶牛的体温，直至体温下降到39℃
	加强奶牛舒适度和环境卫生管理
	注意子宫排泄物的气味和其他特性，及时清宫处理（产后14天以内）
	测定奶牛尿液和牛奶中的酮体水平以便评价奶牛的能量平衡状况

1. 挤奶　奶牛分娩后，第一次挤奶的时间越早越好。提前挤奶，有助于产后胎衣的排出。同时，能使初生犊牛及早吃上初乳，有利于犊牛的健康。一般在产后0.5～1小时开始挤奶，必须在产后2小时内挤出初乳。

挤奶前，先用温水清洗牛体两侧、后躯、尾部，并把污染的垫草清除干净，然后，对乳房进行热敷和按摩，最后，用0.1%～0.2%高锰酸钾溶液药浴乳房。挤奶时，每个乳区挤出的头3把乳必须废弃。

分娩后，最初几天挤奶量的多少目前存在争议。过去的研究比较倾向于一致，认为产后最初几天挤奶切忌挤净，应保持乳房内有一定的余乳。如果把奶挤干，由于乳房内血液循环和乳腺细胞活动尚未适应大量泌乳，会使乳房内压显著降低，钙流失加剧，极易引起产后乳热症。一般程序为：第一天只要挤出够小牛吃的即可，一般为2～2.5千克；第二天每次挤奶约为产奶量的 1/3；第三天约为 1/2；第四天约为 3/4；从第五天开始，可将奶全部挤净。但最新研究表明，奶牛分娩后立即挤净初乳，可刺激奶牛加速泌乳，增进食欲，降低乳房炎的发病率，促使泌乳高峰提前到达，而且不会引起乳热症。但对于体弱或 3 胎以上的奶牛，应视情况补充葡萄糖酸钙注射液 500～1 500 毫升。

2. 乳房护理 分娩后，乳房水肿严重，在每次挤奶时都应加强热敷和按摩，并适当增加挤奶次数。每天最好挤奶 4 次以上，这样能促进乳房水肿更快消失。如果乳房消肿较慢，可用 40% 硫酸镁温水洗涤，并按摩乳房，可以加快水肿的消失。

3. 胎衣检测 分娩后，要仔细观察胎衣排出情况。一般分泌后 4～8 小时胎衣即可自行脱落，脱落后应立即移走，以防被奶牛吃掉，引起堵塞。胎衣排出后，应将外阴部清除干净，用 0.1% 新洁尔灭溶液彻底消毒，以防生殖道感染。如果分泌后 12 小时胎衣仍未排出或排出不完整，则为胎衣不下，需要请兽医处理。

4. 消毒 分娩后 4～5 天内，每天坚持消毒奶牛后躯 1 次，重点是臀部、尾根和外阴部，要将恶露彻底洗净。同时，加强监护，注意观察恶露排出情况。如有恶露闭塞现象，即分娩后几天内仅见稠密透明分泌物而不见暗红色液态恶露，应及时处理，以防发生产后败血症或子宫炎等生殖道感染疾病。

5. 日常观测 奶牛分娩后，要注意观察阴门、乳房、乳头等部位是否有损伤，以及有无瘫痪等疾病发生征兆。每天测体温 1～2 次，若有升高要及时查明原因，并请兽医对症处理，同时，要详细记录奶牛在分娩过程中是否出现难产、助产、胎衣排出情况、恶露排出情况以及分娩时奶牛的体况等资料，以备以后根据上述情况有针对性的处理。

6. 其他 奶牛分娩后 12～14 天肌内注射前列腺素（PG），可有效预防产后早期卵巢囊肿，并使子宫提早康复。夏季注意产房的通风与降温，冬季注意保温和换气。

一般奶牛经过泌乳初期后身体即能康复，食欲日趋旺盛，消化恢复正常，乳房水肿消退，恶露排尽。此时，可调出产房转入大群饲养。

（五）保　健

　　1. 常发生的问题　①没有明确此期的主要目的是预防子宫复旧不全和卵巢功能恢复，及时治疗胎衣不下，子宫炎症；②此期是真胃变位高发期，每天跟踪消化系统功能恢复状态，甄别真胃变位；③隐性酮病高发；④前胃弛缓多发，干物质采食量上升缓慢；⑤泌乳峰值来得过迟，峰值不高；⑥能量负平衡加剧。

　　2. 保健目标　①促进子宫复旧；②查找真胃变位；③促进瘤胃功能，提高干物质采食量；④做好乳房炎检测，降低牛奶体细胞数；⑤加强环境控制力度，提高奶牛舒适度。⑥死淘率＜8%。

　　3. 保健原则　①确保子宫、卵巢、产道健康，提高采食量和泌乳峰值；②预防产后免疫力降低造成的感染和乳房炎。

　　4. 措施　①组建产后保健队伍，明确保健目标，严格执行保健程序；②促进瘤胃黏膜发育完全提高干物质采食量；③补充过瘤胃脂肪；④加有机微量元素促进乳房修复，防蹄病。⑤加强乳腺护理，降低牛奶体细胞数。常用的添加剂有 8 种。其中酵母培养物、丙二醇、丙酸钙、莫能菌素是必须添加的。酵母培养物每头每天 150 克，可以提高干物质采食量。丙二醇主要用于产后 3 天的灌服，降低酮病。丙酸钙也在产后灌服液中。莫能菌等每天每头 1.5 克，可以提高丙酸，降低非酯化脂肪酸。过瘤胃胆碱、过瘤胃盐酸主要用于泌乳 10 吨以上的高产。奶牛肥胖活菌性产品可以提高奶牛的健康水平。成年乳牛的围产后期要加强分娩高危牛的护理重视程度，对高危牛加强体温检测，恶露鉴别。及时进行子宫进化和程序化处理，争取在产后 65～75 天进行第一次输精。

六、奶牛泌乳高峰期饲养管理技术

泌乳高峰期又称泌乳盛期。一般是指母牛分娩后经过围产后期饲养护理，泌乳量达到高峰期的一段时间，是赚钱的最佳阶段。此期要加强奶牛舒适度工作，保证干物质采食量最大化。

（一）泌乳盛期（30～120天）的代谢特点

泌乳盛期是饲养难度最大的阶段，因为此时泌乳处于高峰期，而母牛的采食量尚未达到高峰期。采食峰值滞后于泌乳峰值约45天，使奶牛摄入的养分不能满足泌乳的需要，不得不动用体储备来支撑泌乳。因此，泌乳盛期阶段母牛体重明显下降。最早动用的体储备是体脂肪，在整个泌乳盛期和泌乳中期的奶牛动用的体脂肪约可合成1000千克牛奶。如果体脂肪动用过多，在葡萄糖不足和糖代谢障碍的情况下，脂肪会氧化不全，导致奶牛暴发酮病。酮病会造成子宫机能、卵巢机能下降，严重影响奶牛的繁殖。

泌乳盛期奶量上升期以"料领着奶走"，至产奶量不再上升或能量负平衡结束期转入能量正平衡期。奶牛一般在产后第40～60天出现产奶峰值，峰值泌乳量的高低直接影响整个泌乳期的泌乳量。一般峰值泌乳量每增加1千克，全期泌乳量能增加200～300千克。峰值产奶量乘以200就是本泌乳期的总产奶量。因此，必须加强泌乳盛期的管理，精心饲养，使精粗比最佳值为50：50。提高干物质采食量，防止瘤胃酸中毒的发生。

高峰期产奶量下降过快的原因：精粗比例失衡引起酸中毒；粗饲料供应量不足或缺乏优质粗饲料；日粮、管理变化较快，产生应激反应；奶牛严重贫血；饮水不足；运动场、采食空间过于拥挤；乳房炎、传染性疾病、酮病、蹄病。

（二）饲养目标

高产牛的饲养要做到新产牛及时转入高产群，泌乳高峰期尽量不调群，增加高峰期干物质采食量，提高产奶量，提高泌乳持续力。提高奶牛舒适度和合理的密度及干燥、干净的卧床，通风是保证。合理分群是体况控制的手段，体况评分是合理分群的基础，牛只体况控制是营养工作的重点。

体重损失对繁殖的影响见表5-14。

表5-14　体重损失对繁殖性能的影响

		产后首次排卵（天）	产后首次发情（天）	首次配种（天）	首次配种即受胎率（%）	受胎所需的配种次数	受胎率（%）
体况评分损失	<0.5	27	48	68	65	1.8	94
	0.5~1.0	31	41	67	53	2.3	95
	>1	42	62	79	17	2.3	100

注：①体况评分损失1分相当于体重损失50千克；
　　②泌乳盛期内体况损失：≤0.9千克/天。

（三）营养需要

此期是奶牛最赚钱的阶段，要给奶牛最好的全混合平衡日粮，提供优质苜蓿、牧草和精料，优化纤维比例，合理进行饲槽管理，增加推料次数，确保奶牛有很好的干物质采食量。

此期奶牛的饲喂策略如下：①饲喂优质牧草，以改善DMI。②提供非降解蛋白源，以满足赖氨酸、蛋氨酸的需要量。③逐渐增加精料量，最多每天450克。④限制补充脂肪的数量小于450克。⑤保证奶牛有足够的饲槽空间。

日粮干物质应由占体重的2.5%~3%，逐渐增加到3.5%以上。每千克干物质应含奶牛能量单位2.4，粗蛋白质占16%~

18%，钙 0.7%，磷 0.45%。精粗比由 40：60 逐渐改为 50：50，甚至 60：40，剩料量保持在 5%～6% 之间，粗纤维含量不少于 15%。

注意饲喂优质干草，添加过瘤胃脂肪，增加（UIP）喂量，并补喂添加剂维生素 A、维生素 D、维生素 E，为保证瘤胃内环境平衡，可以饲喂缓冲剂。

表 5-15 泌乳牛的营养需要，表 5-16 泌乳牛的日粮组成，表 5-17 产奶 11 吨高产牛日粮配方，表 5-18 产奶 11 吨牛群每头牛每天从预混料中摄取的营养物质。

表 5-15　泌乳牛的营养需要

泌乳阶段	产奶量（千克）	DM 占体重比例（%）	NND（个）	DM（千克）	CF（DM%）	CP（DM%）	Ca（DM%）	P（DM%）
盛期	20	2.5～3.5	40～41	16.5～20	18～20	12～14	0.7～0.75	0.46～0.5
	30	3.5	43～44	19～21	18～20	14～16	0.8～0.9	0.5～0.6
	40	3.5 以上	48～52	21～23	18～20	16～20	0.9～1.0	0.6～0.7
中期	15	2.5～3.0	30	16～20	17～20	10～12	0.7	0.55
	20	2.5～3.5	34	16～22	17～20	12～14	0.8	0.60
	30	3.0～3.5	43	20～22	17～20	14～15	0.8	0.60
后期		2.5～3.0	30～35	17～20	18～20	13～14	0.7～0.8	0.5～0.6

表 5-16　泌乳牛的日粮组成案例（单产 11 吨牛群日粮配方）

泌乳月	精饲料（千克）	青贮（千克）	干草（千克）	副料（千克）	维生素ADE（克）	多汁饲料（千克）	全棉籽（千克）	苜蓿（千克）
1	≤10	18	≥3	6	6	3～5	1.2	3
2	12～14	18～25	≥3	6	6	5	1.2	3
3	12～14	18～25	≥3	6	6	5	1.2	3

续表 5-16

泌乳月	精饲料（千克）	青贮（千克）	干草（千克）	副料（千克）	维生素ADE（克）	多汁饲料（千克）	全棉籽（千克）	苜蓿（千克）
4	10～11	18～25	≥4	6	6		1.2	3
5个月以上	6～8	18～20	≥4	6			1.2	3

表 5-17　泌乳盛期（高产群）牛日粮配方案例

（单产 11 吨牛群日粮配方）

原料名称	添加量（千克/头·日）	百分比（%）
豆　粕	2.5	5.545
棉　粕	0.3	0.665
DDGS	1.0	2.22
棉籽蛋白	0.8	1.77
膨化大豆	0.8	1.77
博瑞5105产奶牛预混料	0.5	1.11
石　粉	0.1	0.222
酵　母	0.015	0.033
碳酸氢钠	0.3	0.665
磷酸氢钙	0.05	0.111
脱霉剂（黄）	0.015	0.033
脂肪粉	0.2	0.443
青　贮	25.0	55.456
苜　蓿	3.5	7.764
糖　蜜	1.0	2.22
甜菜颗粒	2.0	4.436
全棉籽	1.5	0.0332
压片玉米	2.5	5.545
玉米面	3.0	6.654
合　计	45.08	
水	2.0	

表 5-18　泌乳牛每头牛每天从预混料中摄取的营养物质案例

（单产 11 吨牛群日粮配方）

浓缩精料用量		3.8 千克	6.4 千克	4.5 千克	3.5 千克
项　目	预混料含量 / 千克	初产牛	高产牛	中产牛	低产牛
维生素 A（单位）	700000	103740	174720	122850	95550
维生素 D（单位）	250000	37050	62400	43875	34125
维生素 E（毫克）	10000	1482	2496	1755	1365
胡萝卜素（毫克）	1000	148.2	249.6	175.5	136.5
生物素（毫克）	100	14.82	24.96	17.55	13.65
烟酰胺（毫克）	30000	4446	7488	5265	4095
B 族维生素（毫克）	2130	315.666	531.648	373.815	290.745
泛酸（毫克）	270	40.014	67.392	47.385	36.855
有机硒（毫克）	17	2.5194	4.2432	2.9835	2.3205
有机锌（毫克）	2400	355.68	599.04	421.2	327.6
瘤胃素（毫克）	1500	222.3	374.4	263.25	204.75
精油（克）	5	0.741	1.248	0.8775	0.6825
钾（%）	10.4	1.54128	2.59584	1.8252	1.4196
镁（%）	13.5	2.0007	3.3696	2.36925	1.84275
酵母（克）	5	0.741	1.248	0.8775	0.6825
铁（毫克）	1860	275.652	464.256	326.43	253.89
铜（毫克）	1700	251.94	424.32	298.35	232.05
锰（毫克）	4030	597.246	1005.888	707.265	550.095
锌（毫克）	5112	757.5984	1275.9552	897.156	697.788
钴（毫克）	62	9.1884	15.4752	10.881	8.463
碘（毫克）	100	14.82	24.96	17.55	13.65
硒（毫克）	33	4.8906	8.2368	5.7915	4.5045

（四）饲养技术

饲养的目的是提高干物质采食量。方法是全混合日粮饲喂，同时要优化日粮浓度，保持 TMR 日粮一致稳定。增加添料次数和推料次数，控制精粗比，防止瘤胃酸中毒，蹄叶炎和乳腺炎不孕症的发生。

产奶高峰期饲养管理流程：牛场日粮添加次序为新产牛群、高产牛群、低产牛群，产房牛群，干奶牛，青年牛；TMR 车接到日粮配方单，按照配方单要求精准配制日粮并按照要求进行搅拌；奶牛离开牛圈上挤奶台期间，开始添加，待牛挤完奶回到牛圈，务必完成；饲槽推料车每 30 分钟推料 1 次，并观察异常牛只；每天早晨将剩料集中、称重，移送青年牛组或育肥牛；每周一进行原料排查，TMR 日粮宾州筛检验，进行粪便筛检验，评估消化率；每月进行 1 次 DHI 报告分析，进行 1 次千克奶生产成本分析，牛体况分析；每周进行 1 次牛转群，每天巡查牛圈 4 次，及时隔离病牛。

产奶高峰期繁殖组工作流程：头胎牛产后 22 天，经产牛产后 30 天，检查子宫复旧，正常牛分别进入各自高产牛群，饲喂高产牛日粮，完成每天 3 次的挤奶，产后第 42 天注射 PG 0.4 毫克，等待至产后第 55 天后，发情牛开始配种；继续检测健康，准确转群，随时隔离不健康牛，给予及时准确治疗；产后第 55 天不发情牛开始同期排卵程序工作，提高发情揭发率和输精率，受胎率；完成主要指标数据管理（简称 KPI）统计与分析；定期抽查体况评分和 DHI 分析；做好牛奶销售工作。

1. 优质的粗饲料　泌乳盛期奶牛日粮中所使用的粗饲料必须保证优质、适口性好。干草以优质牧草为主，如优质苜蓿、燕麦草、黑麦草；青贮最好是全株玉米青贮，同时饲喂一定量的啤酒糟、白酒糟或其他青绿多汁饲料，以保持奶牛良好的食欲，增加干物质采食量。粗饲料喂量以干物质计算不能低于奶牛体重的

1%。冬季加喂胡萝卜、甜菜等多汁饲料，每天喂量可达15千克。

2. 优质全价配合精料　必须保证足够的优质全价配合精料的供给。喂量要逐渐增加，每天以增加0.5千克左右为宜，但精饲料的供给量不是越多越好。一般认为，精饲料的喂量最好不超过15千克，精饲料占日粮总干物质的最大比例不宜超过60%，最佳是50%。在精饲料比例高时，要适当增加精饲料饲喂次数，采取少量多次饲喂的方法或使用TMR日粮，可有效改善瘤胃微生物的活动环境，减少消化障碍、酮病、乳热症等的发病率。

3. 满足能量的需要　在泌乳盛期，奶牛对能量的需求量很大，即使达到最大采食量，仍无法满足泌乳的能量需要，所以奶牛必须动用体脂肪储备。饲养的重点是供给适口性好的高能量饲料，并适当增加喂量，将体脂肪储备的动用量降到最低。但由于高能量饲料基本为精饲料，而精饲料饲喂过多对奶牛健康有很大的损害，在这种情况下，可以通过添加过瘤脂肪粉，但脂肪的供给量每天以0.3千克以内为宜，禁止使用动物性脂肪。

4. 满足蛋白质的需要　虽然奶牛最早动用的体储备是脂肪，但在营养负平衡中缺乏最严重的养分是体蛋白，这是由于体蛋白用于合成牛奶的效率不如体脂肪高，体储备量又少。奶牛每减重1千克所含有的能量约可合成6.56千克牛奶，而所含的蛋白仅能合成4.8千克牛奶。奶牛可动用的体蛋白储备能合成150千克左右的牛奶，仅为体脂肪储备合成能力的1/7。因此，必须高度重视日粮蛋白质的供应。如果蛋白质供应不足，会严重影响整个日粮的利用率和泌乳量。日粮蛋白质含量也不是越高越好，过高不仅会造成蛋白质浪费，还会影响奶牛健康。个别奶牛场所用混合精料中豆饼比例高达50%～60%，结果造成牛群暴发酮病。实践表明，高产奶牛以饲喂高能量、满足蛋白需要的日粮效果最好。

奶牛日粮蛋白质中必须含有足量的不可降解蛋白，如过瘤胃蛋白、过瘤胃氨基酸等以满足奶牛对氨基酸，特别是赖氨酸和蛋氨酸的需要，日粮中过瘤胃蛋白含量应占到日粮总蛋白质的48%左右为宜。目前已知的过瘤胃蛋白含量较高的饲料有玉米蛋白粉、小麦面筋粉、啤酒糟、白酒糟等，这些饲料适当多喂对增加奶牛泌乳量有良好效果。

5. 满足钙、磷的需要及适当的钙磷比　泌乳盛期奶牛对钙、磷的需要量大幅度增加，必须及时增加日粮中钙、磷的含量，以满足奶牛泌乳的需要。钙的含量一般应占到日粮总干物质的0.6%～0.8%，钙磷比为1.5～2：1。

（五）管理技术

精准管理，使每头牛都能采食到最大干物质，重点做好环境控制，营养供给和卧床管理，预防热应激工作。

由于泌乳盛期的管理涉及整个泌乳期的产奶量和奶牛健康，因此泌乳盛期的管理至关重要。泌乳期管理的目的是要保证泌乳量不仅升得快，而且泌乳高峰期要长而稳定，以求最大限度地发挥奶牛泌乳潜力，获得最大泌乳量。

奶牛泌乳高峰出现在分娩后8～10周，如果泌乳峰值不高，应注意增加日粮蛋白质。如果泌乳高峰维持短，注意日粮能量。泌乳高峰后，头胎牛每天产量约下降0.2%，经产牛则下降量约0.3%，即10天下降2%和3%。乳蛋白与乳脂肪之比应在0.85～0.88，此值偏高往往是乳脂肪太低的原因，主要是要解决粗饲料问题，总日粮酸性洗涤纤维（ADF）必须保持19%～21%才能保证乳脂肪含量。而乳蛋白脂肪比偏低，往往是乳蛋白太低的问题，添加脂肪可降低乳蛋白质含量，但主要的影响因素是蛋白质的摄入和过瘤胃蛋白质中氨基酸的组成。泌乳前期的奶牛务必精心饲养管理，采取以下办法：供应适口性好的优质粗饲料，如优质干草、青贮饲料、甜菜颗粒等，总日粮酸性洗涤纤维占19%～20%，中性洗涤纤维占28%～32%，其中21%中性洗涤纤维（NDF）应来自于干草，如此可刺激奶牛食欲，达到瘤胃最佳功能。

供给高营养浓度且易消化的混合精料，日粮蛋白质的含量应占干物质的17%～18%，其中约40%为过瘤胃蛋白；每千克精饲料应含奶牛能量单位（NND）2.2～2.4个。

日粮营养应平衡，供应适量的矿物质和维生素和充足的洁净饮水等。

处于泌乳盛期的奶牛要个别重点对待，严格分群，勿与其他牛一起吃"大锅饭"。

在此阶段还应注意：①饲喂优质干草。②对减重显著的牛要添加过瘤胃脂肪。③增加（UIP）喂量。④为保持瘤胃内环境平衡，可以添加缓冲剂。

（六）保　健

1. 常发生的问题　①泌乳峰值不高，持续时间短；②能量负平衡严重，母牛掉膘严重；③延迟发情，屡配不孕；④瘤胃酸中毒；⑤蹄病多发；⑥牛奶指标不能达标；⑦牛舒适度低下，干物质采食量不高；⑧通风不良，卧床运动场泥泞等。

2. 保健目标　①预防母牛能量负平衡，提高干物质采食量；②促进发情、受胎；③预防瘤胃酸中毒；④提高奶牛舒适度，实时进行舒适度评估；⑤预防乳房炎的发生，实时进行牛奶质量检测和评估；⑥预防蹄病发生，及时削蹄和治疗蹄病。

3. 保健原则　①优化日粮配方，提高全混合日粮的制作技术和饲喂管理，加强繁殖奶牛的管理，严防体重流失超标；②确保牛奶质量指标达标。

4. 保健措施　①优化日粮配方和饲槽管理；②添加瘤胃促进剂，促进瘤胃黏膜发育和菌群稳定；③补充过瘤胃脂肪；④添加有机微量元素促进乳腺修复，防蹄病。⑤加强通风、卧床平整、增设风扇喷淋等措施来提高奶牛舒适度，预防热应激。

七、泌乳中期饲养管理技术

现代高产奶牛泌乳中期一般是指泌乳第 120～200 天。饲养目标是延长产奶高峰期，最大限度地增加奶牛采食量，延缓泌乳量下降速度，提高整个泌乳期产奶量，促进奶牛体况恢复。

（一）泌乳中期代谢特点

泌乳中期一般为奶牛分娩后第 120～200 天。此期是 DMI 最大时期，能量为正平衡，达到采食高峰期时，没有减重，产奶量约为产奶高峰期时的 90%；控制峰值以后的下降速度（每月下降 8%～10%）；泌乳中期泌乳量进入相对平稳期，月平均下降 10%、高产牛不超过 6%，DMI 进入高峰期，体重开始恢复，日增重 100～200 克，卵巢功能活跃，能正常发情与受胎。

（二）营养需要

日粮干物质应占体重的 3%～3.2%，每千克含奶牛能量单位 2.13，粗蛋白质 16%，钙 0.6%，磷 0.35%，精粗比为 50：50，粗纤维不少于 17%。在日粮中适当降低能量、蛋白含量，增加青粗饲料。

（三）饲养流程

泌乳中期奶牛的食欲极为旺盛，采食量达到高峰，随着妊娠天数的增加，饲料利用效率提高，而泌乳量逐渐下降，饲养者应及时根据奶牛状况和泌乳量调整日粮营养浓度，在满足蛋白和能量需要的前提下，适当减少精饲料喂量，逐渐增加优质青粗饲料喂量，力求使泌乳量下降幅度减到最低限度。如果饲养上稍有忽视，泌乳量会迅速下降。

在饲养方法上可采用常规饲养法，即以青粗饲料和糟渣类饲料等满足奶牛的维持营养需要，而用精饲料满足泌乳的营养需要。一般按照每产3千克奶喂给1千克精饲料的方法确定精饲料喂量。这种方法适合于体况正常的奶牛。对于体瘦或过肥的牛，应根据体况适当调整日粮营养浓度和精饲料喂量，泌乳中期日粮精饲料比例应控制在40%～45%。

（四）管理技术

泌乳中期奶牛的管理相对容易些，主要是尽量减缓泌乳量的下降速度，控制奶牛的体况在适当的范围内。

1. 密切关注泌乳量的下降　奶牛进入泌乳中期泌乳量开始逐渐下降，这是正常现象，但每月泌乳量的下降率应保持在5%～8%。如果每月泌乳量下降超过10%，则应及时查找原因，对症采取措施。

2. 控制奶牛体况　随着产奶量的变化和奶牛采食量的增加，分娩后160天左右奶牛的体重开始增加。实践证明，精饲料饲喂过多是造成奶牛过肥的主要原因，而奶牛过肥会严重影响泌乳量和繁殖性能。因此，应每周或隔周根据泌乳量和体重变化调整精饲料喂量，在泌乳中期结束时，使奶牛体况达到2.75～3.25分。

3. 加强日常管理　虽然泌乳中期的管理相对简单，但也不能放松日常管理，应坚持刷刮牛体、按摩乳房、加强运动、保证充足饮水等管理措施，以保证奶牛的高产、稳产。

4. 保持日粮稳定、避免饲料原料突变，延长产奶高峰时间　牛群要稳定，不轻易变换牛群。夏季高温时要采取防暑降温措施，缓解热应激。

八、泌乳后期饲养管理技术

泌乳后期一般指分娩后第201天至停乳。

（一）泌乳后期代谢特点

泌乳后期奶牛产奶量急剧下降、头胎牛每月降低约 6%，经产牛降低 9%～12%。体况继续恢复。

泌乳后期的奶牛一般处于妊娠期，在饲养管理上除了要考虑泌乳外，还应考虑妊娠；对于头胎牛还要考虑生长因素。因此，此期饲养管理的关键是延缓泌乳量下降的速度，同时使奶牛在泌乳期结束时恢复到一定的膘情，并保证胎儿的健康发育。

（二）饲养目标

控制泌乳后期的下降速度（每月下降 12%～20%）；恢复体况，弥补泌乳盛期损失的脂肪和肌肉组织；泌乳后期奶牛每增重 1 千克所需要饲料比干奶期少，饲料利用率高，要实施有效体况监控措施，防止奶牛过肥。

（三）营养需要

①日粮中增加牧草的比例。②可减少添加过瘤胃的饲料。③停止饲喂过瘤脂肪。④取消饲料添加剂。⑤恢复亏失的体况。⑥干奶时体况为 3.25～3.75。⑦减少奶牛每头日的成本。⑧日粮干物质应占体重的 3%～3.2%，每千克含奶牛能量单位 2 个，粗蛋白质占 12%，钙 0.45%，磷 0.35%，精粗比例 30∶70，粗纤维含量不少于 20%。

（四）饲养技术

泌乳后期对奶牛是一个非常重要的时期，国外非常重视加强泌乳后期的饲养，这是由于泌乳后期奶牛采食的营养物质用于增重的效率要比干奶期高得多，如奶牛泌乳后期将多余的营养物质转化为体脂的效率为 66%～74.7%，而干奶期仅为 48.3%～58.7%。因此，充分利用泌乳后期使奶牛达到较理想的膘情，会显著提高饲料利用效率。

泌乳后期还是为下一个泌乳期做准备的时期，应确保奶牛在此期获取足够的营养以补充体内营养储备。如果奶牛营养摄入不足导致体况过差，干奶期又不能完全弥补，会使奶牛在下一个泌乳期泌乳量大大低于遗传潜力，导致繁殖效率低下。但如果营养过高，体况过好，又容易在产犊时患代谢性疾病（如酮病、脂肪肝、真胃移位、胎衣不下、子宫炎、子宫感染和卵巢囊肿）。因而，必须高度重视泌乳后期奶牛的饲养，让奶牛在泌乳期结束时获得较理想的体况，干奶期能够维持即可。泌乳后期奶牛的饲养除了考虑泌乳需要外，还要考虑妊娠的需要。对于头胎牛，还必须考虑生长的营养需要，应保持奶牛具有 0.5～0.75 千克的日增重，以便到泌乳期结束时达到 3.25～3.50 分的理想体况。日粮应以青粗饲料特别是干草为主，适当搭配精饲料；同时，降低精饲料中非降解蛋白特别是过瘤胃蛋白质或氨基酸的添加量，停止添加过瘤胃脂肪，限制碳酸氢钠等添加剂的饲喂，以节约饲料成本。

1. 单独配制日粮　泌乳后期奶牛的日粮最好单独配制，一是可以确保奶牛达到理想的体脂储存；二是减少饲喂一些不必要的价格昂贵的饲料，如过瘤胃蛋白和脂肪，以降低饲料成本；三是可以增加粗饲料比例，有利于确保奶牛瘤胃健康。

2. 单独饲喂，合理分群　泌乳后期奶牛的饲料利用率高，精饲料需要量少，单独饲喂将会显著降低饲养成本；同时，如果这一阶段奶牛膘情差别太大，最好分群饲养。根据体况分别饲喂可以有效预防奶牛过肥或过瘦。泌乳后期结束时，奶牛体况评分应在 3.25～3.50，并在整个干奶期得以保持，这样可以确保奶牛营养储备满足下一个泌乳期泌乳的需要。

3. 做好保胎工作　按照青年牛妊娠后期饲养管理的措施做好保胎工作，防止流产。

4. 妊娠检查　干奶前应进行 1 次直肠检查，以确定妊娠情况。对于双胎牛，应合理提高饲养水平，并确定干奶期的饲养方案。

（五）管理技术

首要措施是参考体况评分标准，控制膘情（增重 ≤ 0.5 千克/天），避免让奶牛在干奶期复膘，以防肥牛综合征。日粮搭配时，日粮中的粗饲料可以是低质粗饲料，但要补充适量精饲料。调整精饲料饲喂量，过肥牛下调 0.5～1 千克精饲料；过瘦牛上调 0.51～1 千克精饲料。做好保胎工作（妊娠 2～4 月龄），防止流产后长期不发情而造成空怀。

（六）保　健

1. 常发生的问题　①产奶量下降过快；②妊检不及时；③体况过瘦；乳房炎；蹄病多发；④隐性乳房炎多发；⑤蹄病多发。

2. 保健目标　①优化日粮配方和饲槽管理，节约成本控制体况在 3.25～3.50；②严格繁殖工作，及时进行每次孕检；③做好蹄病防控和牛舒适度检查工作；④做好隐性乳房炎监控。

3. 保健原则　①严格分群，促进妊娠母牛复膘，保持产奶量；②预防流产；③做好乳房炎防控和修蹄工作。

4. 保健措施　①添加有机微量元素促进乳房修复，防蹄病；②及时调整日粮配方，促进瘦牛复膘；③及时组建干奶前无乳牛群，进行限饲饲养，控制肥胖。

第六章

挤奶厅管理

一、管理目标

①按照挤奶程序，团结协作，严格完成挤奶任务。

②挤干净每一头牛的奶。

③牛奶指标达到：细菌总数（TBC（个）/毫升）<10 000；大肠杆菌数（TCC（个）/毫升）<100；嗜热菌数（LPC（个）/毫升）<200；体细胞数（SCC（个）/毫升）<200 000；牛奶温度<3℃；

④乳房炎月发病率<1%、乳房炎鉴定率100%。

⑤奶牛的乳腺和乳头得到最好的保护。

二、挤奶操作程序

（一）挤奶顺序

初产牛、高产牛、低产牛、乳房炎牛。奶牛分娩后，如果正常，要尽可能早出产房，进入初产牛群，初产牛总是每天第一波进行挤奶的。

（二）挤奶时间

根据牛场挤奶机的功能决定挤奶开始时间，一般是从凌晨4:

30 开始挤奶，全天可以留 2 小时进行挤奶机维修，其他时间全部在挤奶运行中。

（三）挤 奶 员

根据牛群数量，计划 2～3 组挤奶队伍，限制挤奶员全天工作时间 6～8 小时，严禁超 8 小时工作。

挤奶流程：全员到岗，开动挤奶机，保持正常运转、做好挤奶一切准备、洗手、戴手套；牛只站稳、开始药浴奶头；挤出头 3 把奶、进行乳房炎鉴定；纸巾擦干乳头；正确安装挤奶杯；挤奶巡查，检查异常声音、掉杯重新套上；自动脱杯后二次药浴乳头；清洗（消毒）奶杯。

1. 挤奶前的准备工作

①所有员工应在规定的时间内到达工作现场。

②挤奶厅负责人要在工作之前召开班前会，分配各项工作。

③负责人在挤奶前必须认真检查各处机器运作是否正常，在各项准备工作正常后方可开机挤奶。

④赶牛人员要检查待挤奶厅各处门是否正常开启或关闭。

⑤按照规定的比例配制碘液（1:3），盛放碘液的容器必须保持关闭状态；

⑥保证毛巾或纸巾干燥，清洁。

⑦要求员工统一着装工作服，根据工作岗位不同还需要佩戴橡胶手套、套袖、口罩、围裙等。

2. 挤奶操作

（1）赶牛 是将牛由牛舍赶至挤奶车间等待挤奶，待牛挤完奶后将牛送回原牛舍的工作。

要求：

①关闭除通往挤奶厅的所有通道，严禁发生跑牛事件。

②严禁高声吆喝，严禁使用任何器具打牛，严禁快速驱赶，严禁落牛（导致该牛不能在本班次挤奶，影响牛头数的准确性）。

奶牛出圈后要及时关闭该牛舍门，防止其他牛误入该圈造成混群。

④奶牛挤完奶后要及时将牛送回原牛舍，并关闭牛舍门按正确的方式将链子挂好，检验确定后方可离开；若发现其他圈的牛混入该圈应及时挑出，杜绝混圈现象的发生。

⑤赶牛过程中发现奶牛精神不好，跛行，损伤，卧地不起等病症的要将牛舍号，牛耳号记清，及时报告挤奶厅负责人，以便及时采取相应措施。

⑥赶牛人员在赶牛过程中应时时注意牛舍内设施是否有损坏，发现异常要及时告知挤奶厅负责人，以便及时处理，防止跑牛和混牛现象。

⑦挤完奶将牛赶回牛舍后，及时将饲喂过道门打开。

（2）**验奶**　通过人工手法（拳握式或指握式）将奶牛前3把奶挤出废弃。要求：

①在开机前不得进行任何操作（如果提前进行操作，不能及时上杯会影响产奶量）。

②给新产牛挤奶时一定要仔细观察，尤其是上胎患乳房炎丧失泌乳功能的乳区（个别牛只是暂时丧失泌乳功能，经停奶乳腺更新后泌乳功能恢复），不可仅相信奶牛腿上的环形标记，发现泌乳功能恢复者要立即将环带去掉。

③对坏死乳区必须及时传达，或带上假奶杯做标记以防将其上杯。

④验奶人员应注意力集中，不得将乳房炎牛漏掉，以防错过最佳治疗时期。有的乳区不是坏死但又挤不出奶，要在牛头数记录表上标明通知兽医治疗。

⑤认真计算每圈的牛头数并与上个班次核对。

（3）**一次消毒**　用稀释比例1∶3的碘液均匀喷洒各乳头及其基部。要求：

①配制消毒液时必须严格按照规定的配制比例进行配制，在

未经批准任何人都无权变更消毒液及其配制比例。

②消毒时一定要将乳头四周及其基底部浸泡在消毒液内，使用喷枪时要将喷枪口平行于乳头，呈喷雾状态均匀地喷洒在乳头及其基底部，使用消毒杯要将乳头全部浸泡在消毒液中。

③对较脏的乳头，可以适当延长浸泡时间，以彻底杀灭存在污垢中的细菌。消毒效果取决于消毒液的选择，药液的有效浓度，药液的作用时间和被消毒的污染程度。

（4）擦拭　在消毒30秒钟后用干燥、清洁的毛巾（纸巾）将乳头及基底部擦拭干净。要求：

①将毛巾平放在手掌，与乳头大约呈垂直状态进行擦拭，每个乳头擦一下（尤其是乳头孔），将毛巾翻过来再擦一遍（正4下反4下）。

②必须保证一条毛巾只擦1头牛，以防交叉感染。

③必须将附着在乳头基底部的污垢擦掉。

④毛巾使用后不得随意乱扔，必须放在指定的容器内，经清洗，消毒，烘干后才能使用。

（5）套杯　将奶牛乳头依次套入集乳器的4个奶杯。用毛巾擦拭后，必须在45～60秒钟内对乳头进行套杯，因为一旦刺激了乳头就会反射性地引起奶牛的放乳反应，若超过1分钟仍没有挤奶动作，奶牛体内的催乳素水平就会下降，导致放乳速度下降，这样不仅会延长该牛的挤奶时间，也会出现挤不净的现象。要求：

①套杯要迅速，尽量减少空气的吸入，因为牛奶中有不饱和脂肪酸，它可以吸收空气中的异味而使牛奶的品质降低。

②套杯时将杯口稍离乳头，以防乳头窝住，影响挤奶速度。

③坏死乳区禁止套杯。

④调整奶杯，使其能顺利的吸取乳房中的牛奶，在此期间要避免因乳杯不适导致空气吸入或掉杯事件的发生，这时的空气吸入或掉杯会导致该乳区牛奶挤不干净。

（6）**巡杯** 多次反复对正在挤奶的牛只进行巡视，掉杯要重新套杯，抽空、漏气的要及时扶正，调整，避免过度榨奶，观察该牛挤净后即可收杯（必须先断真空，在 2 秒钟后收杯）。

（7）**二次消毒** 用稀释比例 1:3 的碘液进行封闭消毒。

要求：

①挤奶后消毒的药液必须严格按照规定的配制比例进行配制，在未经批准任何人无权变更消毒液及其配制比例。

②二次浸泡消毒必须将乳头完全浸在消毒液中。以可见 4 个乳头均有消毒药液滴下为准。

③冬季在低于 -10℃时，可用乳头专用消毒粉剂代替乳头消毒液。

④严禁敷衍了事，漏消毒个别乳头。

⑤手动收杯注意防止动作粗暴，必须将牛奶挤净方可放牛。

（8）**泡杯** 要求：

① 1/3 瓶碘酊兑 1 桶水（500 毫升 / 瓶）。

②泡杯时必须将奶杯的 4 个杯腿全部浸泡在消毒液里，不得漏泡，时间大约为 30 秒钟。

③必须在切断气源后才可泡杯。

④未用的碘酊要封闭好，防止挥发，用后的空碘酊瓶放在指定地点。

（9）**放牛** 以上环节完成后，奶牛由赶牛人员送回原牛舍。

（10）**清洗** 在整套挤奶程序结束后，将一排挤完奶的牛放出后，必须将所有的奶杯、奶台用自来水进行冲洗，有利于对大肠杆菌的控制。在冲洗的过程中绝对不允许向牛身上冲水，以免对牛产生强烈应激。以上的操作必须在一个前提下完成，那就是确保人与牛的安全，安全距离为 1.5 米。

3. CIP 操作程序

（1）**挤奶设备清洗** 挤奶设备的日常清洗保养，包括预冲洗、碱洗、酸洗和清洁。

挤奶器清洗程序：预冲洗；碱洗；酸洗；挤奶前的清洗、消毒；定期手工清洗。

①预冲洗 预冲洗不用任何清洗剂，只用清洁（符合饮用水卫生标准）的软性水冲洗。

预冲洗时间：挤完牛奶后，应马上进行冲洗。当室内温度低于牛体温时，管道中的残留物会发生硬化，人工冲洗更加困难。

预冲洗用水量：预冲洗水不能走循环，用水量以冲洗后水变清为止。

预冲洗水温：水温太低会使牛奶中的脂肪凝固，而太高会使蛋白质变性，因此水温在35℃～46℃最佳。

②碱 洗

碱洗时间：循环清洗5～8分钟。每次挤奶完毕经预冲洗后立即进行，挤奶台连续挤奶的，每日碱洗至少2次。

碱洗温度：开始温度74℃以上，循环后水温不能低于41℃．

碱洗液浓度：pH值11.5，在决定碱洗液浓度时，首先要考虑水的pH值和水的硬度，同时碱洗液浓度与碱洗时间、碱洗温度有关。

③酸洗 酸洗的主要目的是清洗管道中残留的矿物质，每周1～2次，挤奶台每天1次。

酸洗温度：35℃～46℃。

酸洗时间：循环酸洗5分钟。

浓度：pH值3.5，同样与清洗时间有关。

④挤奶前的清洗、消毒 在每次挤奶前用符合饮用标准的清水（或自来水加入食品级消毒剂——氯浓度200毫克/升）进行清洗，以清除可能残留的酸、碱液和微生物，清洗循环时间2～10分钟。

（2）定期手工清洗 挤奶一结束，拆散挤奶器，马上用温水清洗1遍。按浓度加入碱液，用刷子刷洗各个部件。按浓度加入酸液进行酸洗，然后晾干各部件。用氯浓度200毫克/升食品级消毒液在挤奶前对设备进行消毒。清洗液的选择可与专业生产厂联系，按产品要求进行使用。各种牛奶容器的清洗和消毒，可参照上述办法，与每次挤奶后进行，并防昆虫和晾干后备下次使用。

为提高各种管道的清洗效果，可升高真空度使水流速超过1.5 米 / 秒。在自动清洗装置中应有清洗喷射器，使水形成浪涌式湍流，提高清洗效果。在半自动清洗时，可以加入海绵柱，以提高清洗效果。

①打开平衡罐和冷排处的手动阀门，在自动清洗程序之前先将平衡罐内壁进行手动冲洗。

②自动清洗程序开始，注入 40℃ ～ 45℃的温水，测量注水温度并做记录，第一遍清洗结束观察清洗效果。

③第二遍碱性循环清洗，注入 75℃ ～ 85℃的热水，检查自动加碱的效果，测量注水温度、循环温度、排水温度并做记录，第二遍清洗结束观察清洗效果。

④第三遍酸性循环清洗，注水时检查自动加酸的效果，第三遍清洗结束观察清洗效果。

⑤自动清洗程序结束，重新启动自动清洗程序第一遍进行后冲洗（根据时间而定）。

⑥在每一遍清洗过程中，CIP 和挤奶员必须相互配合检查奶杯杯组有无漏气、不上水的现象以确保清洗质量。

⑦清洗结束后关闭平衡罐和冷排处的手动阀门。

⑧定期用 1% 酸、碱液对挤奶设备进行清洗。

⑨发生任何影响挤奶设备清洗效果的事件应及时上报。

（3）挤奶厅乳腺炎控制　挤奶前的检查。挤奶前检查乳房是否发热、红肿、感觉奶牛乳房是否有疼痛感，挤奶前第一把奶挤入杯子中，检查牛奶是否有块状、线状、水样等不正常现象来诊断奶牛的临床乳腺炎。

隐性乳腺炎诊断液（CMT）可用来判断奶牛的隐性乳腺炎，

并可区别发病的乳区。

细菌实验室培养：对感染牛进行牛奶采样，在实验室中做细菌培养和药敏试验，可判断感染乳腺炎的细菌种类及采取针对性的治疗措施。

体细胞计数：体细胞指的是奶牛的免疫系统对乳腺炎反应进入乳腺的白细胞，也包括一小部分脱落的上皮细胞。因此，当乳腺发生炎症时体细胞会明显上升。

个体牛的体细胞数受年龄、泌乳阶段、季节、应激等因素影响，但当体细胞数超过 20 万，可怀疑是乳腺的炎症。

挤奶厅注意三把奶的物理性状有无变化：兽医跟在挤奶员旁，密切观察每一头牛的三把验奶情况。

凡三把奶中有异常变化的乳区，兽医进一步验奶，观察奶的颜色、气味、有无絮状物、水样等，奶有异常变化的牛，用黄带或红带在后腿上做好标记，前乳区用黄带，后乳区用红带，左、右腿代表左、右乳区。

逐一观察每一头牛的乳区有无红、肿、热、痛，必须用手对乳腺进行触诊，凡红、肿、热、痛的乳区都是乳腺炎乳区；凡乳腺失去正常弹性，呈木板样硬度的乳区是乳腺炎乳区；凡有化脓性瘘管的乳腺，是化脓性乳腺炎因治疗不当引起的乳腺瘘管。

通知兽医主管，将新发的乳腺炎牛分群与隔离，做好治疗工作。

（4）装 奶

① CIP 人员必须认真检查奶车卫生。奶车外表（整体）的卫生。奶车罐盖口及内部是否残存奶垢。是否残留积水。是否有异味（如腐臭味、酸败味、酸碱味等）。

②检查各奶管道及奶车奶罐的阀门，在正常状态下（牛奶流向正确的管道通路）方可装车。

③启动奶泵开关，缓缓将装奶阀门打开。

④装车过程应经常观察奶罐（奶车）的液面，即将装满时，奶车罐口应留一人（由奶车司机协助完成）负责监视、指挥。

⑤奶车罐口处人员示意奶罐已装满后，CIP人员应立即关闭装奶阀门，并关闭奶泵开关。

⑥使用铅封将罐口封闭。

⑦详实记录牛奶温度、奶车车牌号码、司机姓名、装奶量、装车时间、离开时间等。

（5）制冷操作

①挤奶前5～10分钟内打开制冷设备，待开机后，将制冷水开关打开。

② CIP人员应经常监视平衡罐，由平衡罐液面高低来决定过滤器阀门和转换冷却设备阀门的大小。

③每小时更换过滤器中滤纸，更换时应用清水彻底将过滤器中残奶冲净。

④经常监控奶温显示表，要将奶温控制在3℃以下。

⑤毛巾的管理。CIP人员及时将挤奶车间的毛巾收集到毛巾桶内。将毛巾放入洗衣机内添加适量洗洁精，洗涤10～21分钟；将洗涤完毕的毛巾经过甩干、烘干（达到65℃～70℃）后即可使用。毛巾要保持干燥清洁，否则不能使用。

4. 设备维修保养操作程序

（1）挤奶间维修人员每班次工作要点

①要随时听真空泵的声音是否正常，并且要及时解决。

②检查集乳罐的清洗效果。

③检查真空显示是否在42±1千帕。

④观察奶管、脉动管是否有漏气现象，发现及时解决。

⑤随时检查并列集奶器视窗是否有破裂现象，要及时补救。

⑥清洗时观察每遍的清洗情况，一经发现要及时处理。

⑦检查奶泵石墨环是否漏气。

⑧发现奶管混乱，要及时整理。

⑨检查设备运转是否正常。

⑩空压机检查进气压力、进气温度及流量。空压机检查塔压力表读数是否在规定范围内。空压机检查前过滤器冷凝水排放阀。空压机不能长时间处于待机状态。检查所有设备表面温度。随时观察窗户的开关情况，确保挤奶厅通风良好。

（2）挤奶间设备的定期更换及保养时间

每周：

①检查真空泵皮带的紧张度、电机与泵的位置、是否漏油。②疏通奶杯进气孔。③清洗冷凝器。④空压机彻底清理1次。⑤清洗药浴液压力泵过滤网。

每月：

①真空泵用稀释酸冲洗。②测试挤奶真空压和脉动。③更换真空调节器维护组件。④清洗奶水分离器。⑤检查干燥机运行循环和顺序（干燥、卸压、再生）。⑥驱赶门气动马达添加润滑油。

每季度：

①更换奶杯短脉动管。②清洗脉动器。③干燥机更换前后过滤器芯、导向空滤器芯。

每半年：

①真空泵更换齿轮箱油、过滤网、皮带、真空罐排污阀。②集乳器更换集乳器服务套件、橡胶奶管。③更换奶泵油封。④稳压器更换滤芯。⑤更换脉动器和控制阀服务包。⑥清洗系统更换VMS-膜片组件和蠕动管。⑦空气干燥机检查排气漏点、加热器电流安培数，更换前、后过滤器元件。

每年：

①真空泵检查并紧固所有螺丝，抽气量测试。②稳压器更换过滤网、密封圈。③更换所有同牛奶接触的维护组件。④空气干燥机检查漏气、松动的螺栓、法兰、接头，检查并清洁无损排放阀及逆止阀。⑤驱赶门清洁自动排污过滤部件。⑥更换流量计密封圈。

每年：

①奶杯组更换长脉动。②空气干燥机更换止逆阀、控制无损排放阀、温度探头。③3～5年更换空气干燥剂。

5. 挤奶厅库房管理制度

（1）挤奶厅库房 分为备品配件工具室、综合消耗物品室。

①所有备品配件进行分区、分类摆放。分区为奶杯组、泵类、气动类、密封类、电配件等。

②每一种备件都必须有标识卡，标识卡上写明备件名称、规格，而且库存备品配件件摆放必须整齐、有序。

③从大库入小库、从小库领取配件或消耗物品时需要登记库存台账，账簿要体现日期、名称、出库数量、结存，摘要中体现班次及人员姓名。

④及时登记手工明细账、做好各类物料和产品的日常核查工作，必须对各类库存物资定期进行检查盘点，并做到台账、物品、标识卡三者一致，以便及时从大库取货或申购。

⑤库存物料发现账物不符时需要查明原因，查明原因后根据责任轻重进行处理。

⑥以旧换新的物资一律交旧领新。

⑦每天交接班时检查门窗是否关闭，异常情况及时处理和报告。

（2）工具使用制度

①需严格按照"工具使用表"来使用工具。

②"工具使用表"上特别需要注明工具产品名称及规格，使用时间和归还时间，班次及人员。

③若发生使用未归还或丢失现象，应及时上报解决。

（3）库房卫生

①由维修人员负责，进行清洁整理工作，清理掉不要、不用的东西，将需要使用的物料和设备配件按指定区域进行整理达到整齐、整洁、干净、合理摆放的要求。

②非指定人员不得私自进入仓库。

6. 生鲜奶的保存 牛奶被挤出时的温度略低于牛的体温，牛奶是细菌的最好的培养基，因此牛奶被挤出后应尽可能快地使牛奶温度下降到2℃～4℃后保存。

直冷式奶缸内牛奶保存时间在24小时以内的，贮存温度应保持在4℃，贮存时间越长，温度应更低些。贮奶缸应保持在7℃。

每次混入的热牛奶不能是大量的，一般以管道化挤奶的接收罐容量为度。

当热奶混入冷奶时，其混合奶温度不得超过10℃，否则应经预冷后再混合。混入牛奶1小时后，全部牛奶应达到4℃。

管道化挤奶加直冷式奶缸的组合，是目前最合理的选择，这种方式形成奶牛场牛奶的全封闭状态，加上有效的清洗保养和控制乳序炎，可生产出卫生质量上好的生奶。

三、挤奶员考核

挤奶员的考核管理办法见表6-1、表6-2。

四、奶牛生产性能测定（DHI）技术

DHI翻译成中文就是奶牛牛群改良，它是通过泌乳性能及乳成分指标的测定（奶牛的产奶量、乳成分、体细胞数等）并收集有关资料，经分析后，形成的信息（反映奶牛场配种、繁殖、饲养、疾病、生产性能等），能及时发现牛场管理存在的问题，调整饲养和生产管理，有效解决实际问题，最大限度地提高奶牛生产效率和养殖经济效益，是世界奶业发达国家普遍用来管理和提高奶牛生产水平的一项综合技术。

乳品厂收购鲜奶时常检测以下指标：标准奶量，相对密度，

表6-1 挤奶员的考核管理办法

奶质量30%	挤奶程序30%	挤奶巡查5%	疾病发现15%	卫生状况5%	准备工作5%	组长考核5%	赶牛工5%
禁止抗生素奶混进好奶（10分）	赶牛、不打牛；禁止用杯组赶牛，禁止喧哗、聊天（3分）	漏气的要及时调整杯组。（3分）	临床乳房炎发病率≤3%，每升高1%扣除3分，每降低1%，奖励1分，如有隐瞒不报者，由兽医发现后扣除3分。（5分）	挤奶杯组的清洁。（2分）	发现机器出故障反应要及时通报给相关负责人，并监督维修。（1分）	本班次挤奶台运作如发生问题后以文字形式上报负责人。（1分）	及时赶牛和送牛入圈。（1分）
牛奶细菌数≤10万/毫升为合格，月合格率要求92%（10分）	前药浴：将乳头四周及基底部浸泡在消毒液内，阴天下雨、运动场潮湿和特殊牛群需进行2次前药浴，2次擦干。（10分）	掉杯的，要及时清洁后再套2杯。（1分）	乳房炎发现率100%：观察乳房是否红肿疼痛，牛奶是否有血、凝块、絮线状或水样奶。（5分）	挤奶台的清洁。（1分）	各物品使用后要放到具体地方，干净整洁。（1分）	人员安排合理。（1分）	不能惊群。（1分）
杂质度合格（3分）	纸巾擦干：擦干净乳头，纸巾一次性，收走，纸巾四角分别依次擦拭4个乳头。（5分）	避免过度核奶。（1分）	乳房或后躯是否有外伤。（1分）	待挤区、挤奶厅、牛奶贮存区及挤奶厅周边卫生。（1分）	消耗品（药浴液、纸巾）及时补足。（1分）	挤奶员的工作监督。（1分）	禁止打牛，发现打牛者立即开除。（1分）

续表 6-1

奶质量 30%	挤奶程序 30%	挤奶巡查 5%	疾病发现 15%	卫生状况 5%	准备工作 5%	组长考核 5%	赶牛工 5%
冰点合格（4分）	挤前3把奶：观察牛奶中有无絮状物和乳房红、肿等情况，若发现有3个乳区健康，另一个必须使用假乳头。（3分）	脱杯后及时后药浴。（1分）	牛进挤奶台是否有严重的蹄病（1分）	奶厅休息室的清洁、卫生。（1分）	根据实际情况及时倒掉垃圾。（0.5分）	挤奶设备的清洗。（1分）	可疑牛的发现：严重跛行、卧地不起、腹泻、胀气等可疑情况立即反馈兽医。（1分）
酸度合格（3分）	套杯：及时套杯，杯组不能与地面接触，保证从上前药浴到套杯90秒钟内完成，每人7头牛的负责制度。（5分）		奶量过少，如低于3千克时及时通知兽医。（2分）		佩戴手套，及时消毒。（0.5分）	设备及零部件出现故障后以文字形式上报责任人。（0.5分）	发现问题及时汇报，监督整改。（1分）
	脱杯：先断真空，2秒钟后再收杯，禁止直接拉下杯组。（2分）		挤不出奶或死乳区做标记。（1分）		挤奶结束后关掉设备，待清洗杯组结束，准备好再开启设备清洗设备。（1分）	生产情况及时反馈。（0.5分）	

续表 6-1

奶质量30%	挤奶程序30%	挤奶巡查5%	疾病发现15%	卫生状况5%	准备工作5%	组长考核5%	赶牛工5%
	后药浴：及时药浴，药浴彻底到位，不得浪费药浴液。（2分）						

评 价	90分合格
奖罚制度	低于90分为不合格，罚款挤奶组500元，超过90分奖励挤奶组800元

表 6-2　挤奶厅管理考核标准

序　号	考核内容	得分要求	标准分	考核得分	发现问题
1	奶罐卫生	奶罐外表洁净光亮、无尘埃、无奶斑，截门无奶垢	5		
2	奶库卫生	地面洁净、无积水、污泥脚印；奶库房顶干净，无灰尘，墙壁完整	5		
3	制冷机组与真空泵	外表干净，无尘垢、无污物、无油污，冷凝器透明无灰尘，真空泵每周放水 1 次，运行记录填写完整、详细	10		
4	挤奶器	内胎无污垢，冲洗槽及操作面板洁净无尘	5		
5	奶库内部布置	奶库内只摆放与生产有关的必需品，不得有危害牛奶安全的物品	5		
6	真空泵保养	开机后，真空泵无不过油造成的抱死；真空泵皮带保持适度紧张，运行良好	10		
7	压缩机保养	有压缩机保养记录，损坏后立即更换，生产正常	10		
8	电机保养	电机运行良好，无损坏电机损坏，不得分	10		
9	奶泵保养	奶泵运行正常，冬季无挤奶器冲洗后不防水造成的打奶泵损坏	10		
10	奶罐牛奶搅拌	搅拌器正常运行，无因搅拌器损坏未及时发现造成的牛奶结冰现象	10		
11	跑奶（漏奶）	无跑奶、漏奶现象	10		
12	酸碱进奶罐	无酸碱液流入贮奶罐现象	10		
合　计			100		

碱性，体细胞数，脂肪含量，蛋白含量，酸度，冰点，奶温，色泽，β–内酰胺类，非脂乳固体，组织状态，抑菌剂，菌落总数，滋气味，氯霉素等指标。凡是其中一项指标不能达标就拒收。

（一）DHI 测定的作用

奶牛场 DHI 测定可指导选种选配：根据个体牛产奶量、乳脂率、乳蛋白率的高低，选用不同的公牛精液进行配种。改进饲料配方：测定日产奶量、乳脂率、乳蛋白率、体细胞数，根据以上测试资料，检测奶牛营养与管理水平，适当调整日粮配方，改善管理措施。提供整群依据：根据 DHI 报告对牛群进行优化、淘汰。提高原料奶质量（原料奶质量是保证乳制品质量的第一关）。提供兽医参考：通过 DHI 报告，分析个体产奶水平的变化，了解奶牛是否受到应激或生病（肢蹄病、代谢病等）；通过 SCC 的变化，反映乳房的健康状况，供制定乳房炎防治计划参考。

（二）DHI 测定对象与测定内容

1. 测试对象　泌乳牛（产后 5 天至干乳）。

2. 测试间隔时间　21～42 天，一个泌乳期进行 9～10 次测定。

3. 测试指标　日产奶量、乳脂率、乳蛋白率、乳糖、体细胞数、尿素氮。

4. 报告内容　分娩日期、泌乳天数、胎次、测定日奶量（HTW）、校正奶量（HTACM）、上次奶量（PREV.M）、产奶持续力、平均泌乳天数、乳脂率（F%）、乳蛋白率（CP %）、乳脂 / 蛋白比例（F/p）、体细胞计数（SCC）、牛奶损失（MLOSS）、前次体细胞计数（PRESCC）、累计蛋白量（LTDM）、累计乳脂量（LTDF）、累计蛋白量（LTDP）、峰值奶量高峰奶 PEAKM、峰值日（PEAKD）、305 天奶量（305 M）、预产期（Due Date）

（三）DHI 测定技术应用关键环节

1. 准确报送信息技术 参测奶牛场收集奶牛系谱、胎次、产犊日期、干奶日期、牛只异动等牛群饲养管理基础数据，及时报送 DHI 测定中心。

2. 规范采集标准奶样技术 参测奶牛场按照《奶牛生产性能测定（DHI）技术规范》要求，每月定期采集泌乳牛奶样，送到奶牛 DHI 测定中心。

3. 精准测定乳成分技术 测定中心每月严格检测设备定标，精准测定奶样相关信息，即牛奶中乳脂率、乳蛋白率、乳糖、总固体、体细胞数、尿素氮等牛奶理化指标。

4. 出具科学的 DHI 报告技术 奶牛 DHI 测定中心技术人员应用 CNDHI 专用分析系统，依据测定准确收集的牛只信息、产奶量、乳成分（乳脂率、乳蛋白率、体细胞数、尿素氮等），及时出具科学的 DHI 报告。

5. DHI 报告解读及应用技术 牛场管理人员应用 DHI 报告，组织开展科学的选种选配、繁殖、饲养、防治疾病和生产管理。主要依据乳脂率、乳蛋白、脂蛋比和牛奶尿素氮等分析报告，科学调整奶牛饲料精粗比、能蛋比等日粮配制关键参数，实现"测奶养牛"。

依据体细胞跟踪等报告，做好牛群保健工作。DHI 报告关键参数变化预警意义如下：

乳脂率、乳蛋白偏高或偏低牛只比例过高，预示着牛场在采样方面可能存在严重不规范现象或没有对牛群实施科学分群饲养。

脂蛋比小于 1.12 或大于 1.3 牛只比例偏高，预示着牛群存在严重日粮不平衡情况。

牛奶尿素氮小于 8 毫克 / 分升或大于 18 毫克 / 分升牛只比例高，则反映牛群日粮存在较严重的能量蛋白不平衡、蛋白质供给不足或蛋白质过高等情况。

体细胞作为衡量牛场管理水平与检测奶牛健康状况的重要指标，检测鲜奶质量的重要标准。体细胞数组成主要是脱落的乳腺细胞；病理状态组成：乳中的巨噬细胞、淋巴细胞和多形核嗜中性白细胞。体细胞数的变化特点：奶牛感染乳房炎、乳房损伤及各种应激时，体细胞数就会上升。体细胞数＞50万/毫升或体细胞数上升＞50万/毫升牛只比例高，反映牛群在挤奶管理与牛群保健方面措施不得力。

影响体细胞数因素：

①乳腺与牛的状态：乳头乳腺的损伤及乳腺炎；奶牛的年龄或胎次越大，体细胞数越高；奶牛泌乳阶段和产奶量，在分娩前后较高；泌乳后期高于高峰期。

②季节因素：炎热季节奶牛的体细胞数高于寒冷季节；南方与北方地区相比，体细胞数通常要高10.0000/毫升以上。

③应激因素：如发情、检疫、疫苗注射，改变饲料或饲养模式，天气突变、疾病等，均可造成体细胞数升高。

体细胞（SCC）高低、变化，反映生产中的问题。体细胞造成的奶损失计算公式以及与胎次相关的奶量损失（表6-3，表6-4）

表6-3　体细胞对胎次奶量损失

名　称	SCC 导致 305 天奶量损失	
SCC（万/毫升）	一胎牛	二胎以上
＜15	0	0
15.1～30	180	360
30.1～50	270	550
50.1～100	360	720
＞100	454	900

表6-4　线性体细胞计数与相关的奶量损失

体细胞计算（以1000为单位）			奶量损失（千克）			
			每天		每胎305天	
线性评分	中值	范围	一胎	二胎以上	一胎	二胎以上
0	12.5	0～17				
1	25	18～34				
2	50	35～68				
3	100	69～136	0.34	0.68	91	182
4	200	137～273	0.68	1.36	182	363
5	400	274～546	1.02	2.04	272	545
6	800	547～1092	1.36	2.72	363	726
7	1600	1093～2185	1.70	3.41	454	908
8	3200	2186～4371	2.04	4.09	545	1090
9	6400	>4372	2.38	4.77	636	1271

注：SCC>15万时，可能发生轻微乳房炎；SCC=50万时，可能出现临床型乳房炎，且与细菌种类有关。

平均泌乳天数＞400天牛只比例高，反映牛场繁殖方面存在较大隐患。

产奶量下降5千克以上牛只与产奶量＜10千克牛只较多，说明牛群有较大应激。

峰值是本胎次所有测定日奶量比较，最高的日产奶量，以千克为单位。出现高峰奶之日的泌乳天数为峰值日（PEAKD），表示产奶峰值发生在产后的多少天。

高峰值是胎次潜在奶量的指示性指标，是提高胎次产奶量的动力，高峰奶量与日粮营养和产犊时体况有关，高峰值每提高1千克，对应胎次奶量提高如下表6-5高峰值奶量与胎次奶量的关系。

表 6-5　高峰值奶量与胎次奶量的关系

峰值奶量 （千克／日）	胎次奶量 （千克／头）	峰值奶量 （千克／日）	胎次奶量 （千克／头）
26.5	5440～6350	30.3	6350～7260
34.4	7260～8160	38.2	8160～9070
42.0	9070～9980	46.1	9980～10890
50.1	10890～11800	55.8	1180～13600

峰值日：出现高峰奶之日的泌乳天数为峰值日（PEAKD），表示产奶峰值发生在产后的多少天。奶牛一般在产后 4～6 周或 28～42 天之间达到其产奶峰值，一般发生在第二个测样日，平均低于 70 天。峰值日多于 70 天，预示着有潜在奶损失，应检查干奶牛日粮、围产牛（产前 21 天）日粮、产犊时的体况、产犊管理和泌乳早期日粮等。高峰日延后和高峰奶下降，说明牛群管理特别是围产期管理不理想。样品丢失较多，反映参测牛只信息数据可能有误或患病牛较多。

产奶持续力：产奶持续力＝当前产奶量／前次产奶量×100%。表 6-6 正常的泌乳持续性。

表 6-6　正常的泌乳持续性

名称	0～65 天	65～200 天	＞200 天
一胎	106%	96%	92%
多胎	106%	92%	86%

如果奶牛峰值过早达到，但持续性较差，是奶牛营养负平衡程度的表现，是泌乳早期日粮浓度低的指示。因为事实上该奶牛产前有适宜的体况使之达到高峰，但由于产后营养无法支持可以达到的预期产奶水平。

如果奶牛峰值过迟达到，但持续性好，这可能是因为奶牛在分娩时体况不足而不能按时达到峰值，一旦采食量上升到足以维持产奶时，而表现出较好的持续性。这与奶牛体况，围产期管理及泌乳早期营养有关。

（四）DHI测定要求

1. 牛奶采样要求　每头泌乳牛每月采牛奶样一次，每个样品总量要严格控制在40ML以内（取样瓶注有标记）全天早、中、晚三班分别按4:3:3比例采集；每班次采样后，立即将奶样保存在0～5℃环境中，防止夏季腐败和冬季结冰，以免影响检测结果的准确性，夏季应加防腐剂；奶样从开始采集到送检测室的时间应控制为夏季不超过48小时，冬季不超过72小时；采样时需要使用专用样品瓶，样品瓶标记牛号及顺序号时不能用钢笔，以防遇水褪色；采样时注意保持奶样的清洁，勿让粪、尿等杂物污染奶样。

2. 样品送检要求　送奶样的同时，连同采样记录表一起送交检测室；采样后，将样品瓶按1～50顺序（每10个为一排）排在专用筐中，同时将顺序号、牛号填写在采样记录表中，如排列顺序有错误或记录表与筐中排列不符，会使测定时所有牛号错位，采样将前功尽弃；凡采样牛只头数大于50头以上的，所用的专用筐上也需编上顺序号，并在相应的记录表上注明；严格按照计划日期送样，若有临时变动，提前与检测室联系。

3. 样品测定要求　检测室接到样品后，一定按照专用筐顺序号进行测定；测定完毕后，按照测定的顺序将牛号、产奶量输入计算机，连同测定乳成分数据一起于次日转交育种室，及时反馈牛场。

（五）奶牛隐性乳房炎控制技术

奶牛处于亚健康状况，体细胞升高并伴有隐性乳房炎发生，不仅造成奶损失，也造成生鲜乳品质下降。通过采取以下系列防控措施，可实现体细胞数控制目标 < 20 万 / 毫升。

1. 体细胞与隐性乳房炎的检测　体细胞检测与跟踪技术，每月测定牛奶体细胞数（SCC），对母牛个体牛奶体细胞数（SCC）进行跟踪，对体细胞 50～100 万 / 毫升的奶牛投放蓝环清等提高免疫力、无残留的药物防控，高于 100 万 / 毫升的奶牛隔离，用抗生素治疗。

应用乳房炎监测防控技术：应用加州乳房炎检测法（CMT）每月对泌乳牛群检测 1～2 次，准确掌握所有牛只乳房及各乳区健康状况，并建立完善的登记记录。对检出的患有隐性乳房炎的牛只及时进行隔离、治疗，对临床性乳房炎要加强治疗，无治疗价值的应及时淘汰，防止交叉感染。

2. 消毒管理　牛场内应用干净、消毒的靴子和工作服，接触体液或粪便时要戴一次性塑料手套，兽医配种等器械设备使用前后应彻底清洁消毒。

3. 卫生管理

①对奶牛场所有工作人员定期进行健康检查，杜绝传染病患者或带病者进入生产区。

②每天 2 次检查奶牛场牛棚、牛床、运动场等各个角落的干燥度与清洁度。

③每周对运动场、卧床用生石灰铺洒 1 次，喷雾消毒 1 次，撒灰和消毒必须保证尽量均匀，无死角。

④指派专人做牛场的捡粪工作，产房和干奶牛运动场 2 天 1 次，其他运动场 1 次 / 周。

⑤每周进行全场消毒 1～2 次，牛体消毒每天不少于 1 次。

⑥运动场旋耕 3 次 / 周，及时补充卧床沙垫料，保证卧床舒适度，及时进行松土及垫料的补充。

⑦经常查看牛体卫生，保持牛体后躯和乳房的清洁度，不定期刷拭牛体，定期进行牛体喷雾杀菌。

⑧对后躯、乳房、蹄部较脏的牛只进行重点检查，及时组织人员进行清理。

4. 挤奶设备的使用与维护

①严格按照挤奶设备供应商的操作规程操作设备，对设备进行定期的维护、保养。

②根据牛群的特点适时的调整挤奶机的参数。脉动频率应控制在 60～70 次／秒，真空负压应控制在 –0.42～–47 帕。

③定期进行挤奶杯组位置的校准。挤奶器的正确位置是在牛体正下方略前倾，防止发生奶杯向乳根爬升现象。

④定期更换奶杯内衬、软奶管等易损部件。

⑤对所有的挤奶设备定期进行消毒和维护，定期检查终端气压，每班挤奶前观察总气压表压力是否正常、机械管道清洗到位、水温是否达到要求、清洗液是否足量。

5. 严格挤奶操作程序

①每个班次挤奶过程中应先挤头胎牛，接着挤新产牛，然后挤主体牛群。最后才挤病牛，挤后立即对挤奶系统进行清洗和消毒。

②应使用乳汁检查杯，先挤弃头 2～3 把奶，并进行检测。

③用擦拭纸巾或毛巾擦干每个乳头，每头奶牛单独用一张擦拭纸巾或一块毛巾，确保套杯时奶牛的乳头清洁、干燥。

④选择适合奶牛场的真空度和脉动系统，务必在每次挤奶开始前检查真空度。

⑤在完成所有乳头准备程序的 60～90 秒内，应快速套好挤奶杯组。套杯时，最大限度地减少空气进入。调节挤奶杯组，使其前后、两侧正确平衡，没有扭曲现象。

⑥挤奶完成后，手动或自动切断至挤奶杯组的真空，应适时将挤奶杯组取下，避免过度挤奶。

⑦挤奶杯组取下后，立即使用经认可的挤奶后乳头消毒剂或喷淋系统给每个乳头消毒。

⑧挤奶后立即清洗挤奶设备，清洁挤奶系统的外表面。

⑨规范挤奶操作技术

前药浴（洁肤康）→次性纸巾擦干→挤前三把奶→上杯→脱杯→后药浴（润肤康）
90秒内完成

6. 改善奶牛舒适度技术　使用旋耕机每天对奶牛运动场进行旋耕，定期清理运动场杂物、喷雾消毒，及时补充运动场沙垫料，提高运动场牛只躺卧舒适度。

7. 定时巡查牛群技术　奶牛场兽医技术人员每天定时、定点巡查牛群，观察牛只精神状态、采食情况，监测牛只发情、反刍次数，及时发现问题牛只，做好防治。

第七章

奶牛繁殖管理标准化流程

做好奶牛发情鉴定、执行标准化输精程序和同期排卵定时输精操作，才能实现繁殖目标。奶牛每天都释放出多种信号，以不同的现象表现出来，做奶牛技术工作就是要发现这种信号，理解这种现象，解决好这一问题，必须要"明其理、行其道、尽您心、量你能"。即明白现象发生的原因、机制、症状、诊断方法和防治原则；按照理论，执行师傅、前辈、同行积累下来的经典治疗程序，严格执行，不断观察，再发现新的现象，寻找新的方法和研究新的机制。

一、奶牛繁殖管理的内容及繁殖指标

（一）繁殖管理的主要工作内容

奶牛繁殖管理的内容：繁殖计划（制定年或月繁殖计划和建立繁殖档案）、发情管理（发情鉴定、同期发情）、配种管理（人工输精、定时输精）、妊娠管理（初检、复检、干奶）、分娩管理（分娩与产房管理、产后繁殖保健护理）、繁殖障碍性疾病的诊疗（提高繁殖力的有效措施），以及牧场技术群体性协助工作。奶牛繁殖工作内容详见图7-1。

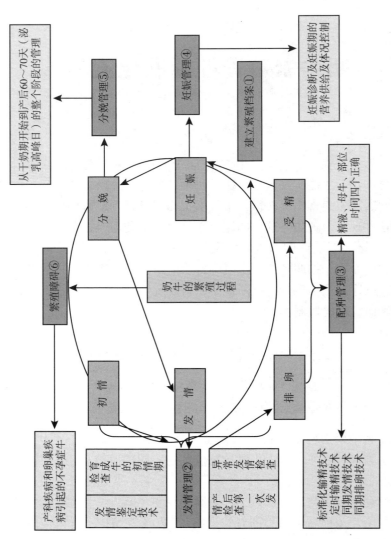

图 7-1 奶牛繁殖工作内容示意图

（二）繁殖指标与绩效考核

1. 参配标准

（1）育成牛参配标准

①育成牛初配年龄 13 月龄以上（一般在 13～14 月龄），身高须达 127 厘米、体重 ≥ 380 千克。

②育成牛不管月龄多少，只要身高达到 130 厘米以上、体重 ≥ 400 千克即可参配。

③生产中育成牛第一次配种考虑更多的是体重（380～400 千克）和体高（1.27～1.30 米）。

（2）成年母牛参配标准

①产后第一次配种时间（天数） 通常范围在 55～75 天。

经产牛产后第一次配种时间以产后 55 天（经产牛主动停配期为 55 天）以上、头胎牛产后 60 天（头胎牛主动停配期为 55 天）以上开始配种。

②产后第一次发情时间 成母牛的发情周期一般 18～25 天，平均 21 天，后备母牛为 20 天（18～24 天），荷斯坦奶牛的发情周期平均为 21 天。

（3）绩效考核 对体重小于 380 千克或体高未达到 127 厘米的育成牛参与配种者，每参配 1 头，负激励 50 元。

对头胎牛产后 60 天以内、经产牛产后 55 天以内参与配种者，每参配 1 头，负激励 50 元。

2. 月参配率

月参配率＝当月实际配种牛头数/当月应配种牛头数×100%。总的月参配率 >90%

总参配率＝母牛参与配种头数/全群母牛应参配头数×100%。总参配率 >90%。

（1）育成牛 对达到参配条件的，15 月龄之内育成牛参配率需要达到 100%。

（2）**经产牛**　主动停配期为 55 天，泌乳天数 80 天参配率100%，泌乳天数 105 天须配种 2 次。

（3）**头胎牛**　主动停配期为 60 天，泌乳天数 85 天参配率100%，泌乳天数 110 天须配种 2 次。

3. 妊娠检查率　成年母牛初检妊娠检查率≥85%，育成牛初检妊娠检查率≥90%。成母牛二次妊娠检查空怀率≤3%，育成牛二次妊娠检查空怀率≤1%。

4. 受 胎 率

（1）1 次情期受胎率：育成牛 65%～70%；成母牛 50%～60%。

（2）21 天受胎率：即每 21 天受胎牛的百分比，等于受胎率乘以配种率（参配率），要求大于 30%；一个正常的牛群，每月都应有 10%～11% 的牛产犊，方可保持应有的产奶量。

育成牛参配率≥75%，受胎率≥35%；泌乳牛参配率≥65%，受胎率≥28%。

（2）月受胎率目标

①泌乳牛受胎率目标　性控冻精 35%（较好 37%）；普精45%（较好 47%）。

②育成牛受胎率目标　性控冻精 50%（较好 55%）；普精60%（较好 65%）。

5. 空怀天数

①成年母牛平均空怀天数小于 100 天。

②空怀超过 120 天的母牛比例≤10%。

③空怀超过 180 天的母牛比例≤8%。

④18 月龄育成牛未孕比例≤4%。

⑤年空怀率≤8%。

6. 成年母牛繁殖障碍淘汰率　一般为≤8%（分摊在 12 个月，每个月≤2%）

7. 产犊间隔　理想的产犊间隔应为 12.5～13 个月（390

天）。

8. 干奶天数　平均干奶期为 60 天。理想的干奶天数为 45 ～ 75 天。

9. 妊娠所需的配种次数　育成牛 ≤ 1.7，泌乳牛 ≤ 2.1。

10. 全群平均泌乳天数　理想的全群平均泌乳天数应为 170 天。

11. 平均首配天数　产后平均首次配种天数 ≤ 75 天。

12. 育成牛初产月龄　24 ～ 26 个月。

13. 产犊率　大于 90%。

14. 产犊存活率　90% 以上。

15. 年繁殖率　≥ 85%。

16. 年流产率　在胎天数 <220 天，流产小于 5%。

17. 年全群牛头数净增长率　≥ 10%。

（三）繁殖工作人员工作流程

奶牛场繁殖工作人员每天的工作流程：仔细观察奶牛发情；保定待配种母牛；解冻精液，适时输精；定期妊娠检查；周而复始做同期排卵处理；同期排卵定时输精程序；资料输入、统计分析；改进技术方案＋技术培训。

二、奶牛发情管理

育成牛的发情管理：育成牛 12.5 月龄，每 10 天抽查 20 头，测量确定，育成牛达到配种标准的出生日龄→确定育成牛配种日龄比如 380 ～ 390 日龄，体高达到 127 厘米，体重达到 380 千克→每月对达到配种标准育成转群进入待配牛群，尾根涂蜡（油漆），次日进行发情鉴定，及时输精→输精后第 28 天血液妊娠检查，30 ～ 40 天 B 超妊娠检查，60 ～ 70 天直肠滑摸妊娠检查，妊娠 210 天再次直肠妊娠检查，转群。

成年牛产后的发情管理：头胎牛子宫净化需 21 天→头胎牛子宫复旧需 30 天→分娩后自觉等待 55～75 天发情输精或进行同期发情注射。

经产牛子宫净化需 14 天→经产牛子宫复旧需分娩后自觉等待 42～55 天开始同期发情定时输精。

（一）发情规律

育成牛多数在 8 月龄出现初情期，一般在 12～13 月龄达到体高 127 厘米以上，体重 380 千克以上开始配种。育成牛发情明显，持续时间比成年母牛发情持续时间长，一般 12～24 小时。

奶牛产后 40 天之内，85% 的奶牛应该出现首次发情，但多数无发情表现。奶牛产后第一次发情时间主要与产犊季节和母牛的子宫状况有关。冬、春季比夏、秋季产犊的母牛，产后第一次发情间隔时间短 8 天，子宫异常比子宫正常的母牛产后第一次发情间隔时间长 13 天。产奶量高及产后能量负平衡发情期间隔时间延长、营养不足的母牛产后第一次发情间隔时间延长。

奶牛多数在晚上 9 时至第二天凌晨 4 时发情，所以要每过 1 小时观察 1 次发情，但夜晚，这种观察方法的效率很低。

在营养状况良好的前提下，在产后 60～75 天是奶牛最易受胎的时间，营养是奶牛出现发情征候和受胎的最主要因素。

（二）发情鉴定方法

1. 尾根喷漆观察法　在牧场的实际发情观测中，将所有符合配种条件的母牛每天进行尾跟上部喷漆或专用蜡笔涂抹，尽可能记录发情牛的第一次的爬牛时间，同时也要知道发情结束时间及发情持续时间等，这有利于输精时间的准确推算和适时配种。

尾根涂漆的方法：始于坐骨结节后面 5 厘米的地方至尾根的顶

端，画出 2 厘米宽的一条线，对未孕母牛的尾根要每天画 1 次。

判定标准：臀部、尾根有接受爬跨时造成的小伤痕或秃毛斑，即可确定为发情。

2. 目测法　目测法就是亲自到牧场，人工目测观察发情的方法。

3. 发情检测仪　奶牛颈部带着计步器或脚踝带有计步器，当奶牛发情以后，活动剧增，运动频率增加，就可以在电脑上发现牛活动兴奋开始的时间和步伐频率，以此来监测发情。

4. 监测仪　通过视频录像发现发情牛爬跨来发现发情母牛。

三、奶牛配种管理

（一）最适宜的输精时间

1. 站定发情后期或刚刚结束发情即可输精　理论上的输精时间是站定发情后 4～12 小时，平均 6～8 小时是最佳输精时间。但是不易真正观察到奶牛发情的第一时间，因此观察到发情征候（高潮＝接受爬跨）后，再等待 6～8 小时输精。也就是说，在发情结束后或不接受爬跨后或性兴奋结束后 6～8 小时必须输精，一般发情后 4～12 小时繁殖率最高。现在要求发情后要尽可能早地配种，即看到发情即可输精。

2. 排卵前 8～10 小时必须输精　母牛的排卵均发生在发情结束后，理论上奶牛排卵一般发生在发情结束后 10～18 小时，因此在母牛排卵前 8～10 小时必须输精。

3. 一般规律　一般早晨发情傍晚输精，中午发情夜间输精，傍晚发情翌日上午输精。

（二）输精次数

通常适时输精 1 次即可，可以考虑推迟输精时间或第一次输精后 8～12 小时再输精 1 次。

（三）输精的部位

输精枪穿过子宫颈内口 1～2 厘米到达子宫体即可输精。

（四）人工输精的技术要点

奶牛人工输精操作流程及其技术见图 7-2。

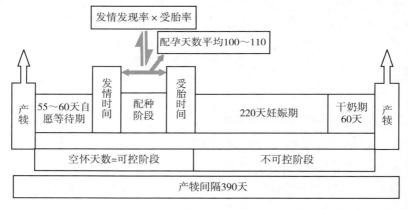

图 7-2　奶牛人工输精技术

　　人工输精操作流程：配种前的准备→冻精解冻→冻精装枪→掏出直肠宿粪→清洁外阴→进枪→把握子宫颈→输精枪穿过子宫颈→推出精液→拍击牛臀部→注射黄体酮或绒促膜激素→记录并输入电脑

　　受胎率 = 母牛发情正常（发情发现率）× 精液活力正常 × 输精部位正确 × 输精时间正确

　　1. 母牛正常发情　通过发情观察（外部观察、计步器及尾根涂漆），确保母牛发情鉴定正确（掌握配种前母牛的发情征候和发情间隔的时间，子宫无感染、处于发情期、产后 60～110 天易受胎）。

2. 输精时间　站定发情后4～12小时，平均6～8小时是最佳输精时间。普通冻精的输精时间在站定发情（稳爬）后的8～12小时，青年牛10～14小时；性控冻精比普通冻精晚3～4小时，输精时间尽量控制在排卵前6小时内，越近越好。要准确地记录首次稳爬的时间及做好发情跟踪，准确判定发情刚结束时的状态＝输精的最佳时间。

（1）在实际生产中当母牛发情有下列情况时即可输精　①母牛由神态不安转向安定，即发情表现开始减弱。②外阴部肿胀开始消失，子宫颈稍有收缩，黏膜由潮红变为粉红色或带有紫青色。③黏液量由多到少且呈浑浊状。④卵泡体积不再增大，膜变薄有弹力，泡液波动明显，有一触即破之感。

（2）产犊后首次输精时间提早可使母牛妊娠时间提前　但产犊后过早配种也并非明智之举，原因如下：①母牛产后泌乳早期需要一段时间恢复身体（能量负平衡）。②头胎母牛在下次妊娠前尚未完成自身的发育。③产后早期受胎率很低。④奶牛的产犊间隔少于365天并非有利。⑤更重要原因是产后过早配种其泌乳期达不到305天。

3. 输精部位　输精枪穿过子宫颈内口1～2厘米到达子宫体即可输精。

4. 输精操作正确

①隔着直肠握子宫颈时，如直肠壁过于紧张，不要硬抓，要稍停片刻，待肠壁平缓松弛后再抓，以免导致直肠破裂或损伤。

②母牛摆动较剧烈时，应把输精枪放松，手要随牛的摆动而移动，以免输精枪损伤生殖道内壁。

③输精器进入阴道后，当往前送受到阻滞时，在直肠内的手应把子宫颈稍往前推，把阴道拉直，切不可强行插入（插枪的力度要缓慢），以免造成阴道破损或损伤子宫黏膜。

④输精枪头达到子宫体即可输精，输完精液后查看枪头是否出血及枪杆是否有脓性分泌物；

⑤输精后需要再次核实牛号信息，并做好记录。

⑥对已配牛进行标记，可以使用不同颜色的彩色笔标记。

⑦跟踪观察配后牛的爬跨情况，必要时进行补配。如果输精后仍然爬跨，在 10～12 小时后用同一头牛的冻精再次输精（补配），而在 48 小时内不计配次。

⑧观察配后牛是否排红，如有排红及时进行处理。

⑨处理好配种垃圾，防止污染环境。

5. 输精时应注意的问题

①输精前或输精后不可触摸卵巢，避免卵巢损伤造成卵巢粘连。

②子宫创伤出血对精子与受精卵的存活不利，应尽量避免创伤。

③子宫炎症会妨碍受精卵的着床和发育，因此输精前及输精中应保持牛阴门周围的清洁及输精器具的干燥与卫生（输精枪外应使用薄膜防护套），观察有无精液倒流；

④对子宫内膜炎母牛暂不输精，抓紧治疗。

⑤操作过程中注意人员、器具及牛体的消毒，防止污染。

⑥提高输精效果：除了适时输精外，尚可在输精的同时净化子宫，以提高受胎率，其方法是输精时同时肌内注射人绒毛膜促性腺激素（HCG）1 000～1 500 单位或促排卵素 3 号 25 微克。

（五）同期发情－定时输精技术

同期发情—定时输精技术是指利用某些外源激素，有意识地调整改变其自然发情周期，使每个母牛的分散发情调整到一定时间内全群母牛集中统一发情、排卵并配种，这种技术称为同期发情－定时输精技术，也称为发情同期化或同步发情。

1. 同期发情技术的机制　母牛的发情周期根据卵巢的形态和功能大体可分为卵泡期和黄体期两个阶段。卵泡期是指在周期性黄体退化继而血液中孕酮水平显著下降之后，卵巢中的卵泡迅速生长发育、成熟，进入排卵时期。而在黄体期内，由于在黄体分泌的孕酮作用下，卵泡的发育成熟受到抑制，在未受精的情况下，黄体维持一定的时间（一般是 10 余天）后即行退化，随后出现另一个卵泡期。由此可见，黄体期的结束是卵泡期到来的前提条件，相对高的孕酮水平可抑制发情。一旦孕酮的水平降到很低，卵泡便开始迅速生长发育。卵泡期和黄体期的更替和反复出现构成了母牛发情周期的循环。因此，控制卵巢上黄体的消长是控制奶牛发情的关键，同期发情的药理作用在于控制黄体期。同期发情的效果，一方面与所用激素的种类、剂量及投药方式有关；另一方面也决定于奶牛的体况、繁殖功能和季节。

2. 同期发情的途径

（1）延长黄体期 通过孕激素（P_4）延长母牛的黄体作用时间而抑制卵泡的生长发育，经过一定时间后（处理 9～12 天）同时停药，由于卵巢失去外源性孕激素的控制，则可使卵泡同时发育，母牛同期发情。

（2）缩短黄体期 消除卵巢上黄体的最有效的方法就是使用前列腺素（PG），母牛用 PG 处理后，黄体溶解，使黄体提前摆脱体内孕激素的控制，从而使卵泡同时发育，达到同期发情排卵。因为牛的黄体必须在上次排卵后的第五天才会对 PG 敏感，所以对一个未受胎的牛群来说，第一次使用 PG 处理后，理论上的发情率只有 76%（16/21）。

使用两次 PG 处理，可以解决第一次 PG 处理没有消退的黄体，通常在第一次处理后的 12～14 天进行第二次 PG 处理，可以使更多的奶牛发情。

3. 同期发情常用的激素及其功能

（1）抑制卵泡发育的激素 孕酮、甲孕酮、氟孕酮、氯地孕酮、甲地孕酮及 18- 甲基炔诺酮等。这类药物的用药期可分为长期（14～21 天）和短期（8～12 天）两种，一般不超过一个正常发情周期。

（2）**溶解黄体的激素**　前列腺素及其类似药物。前列腺素如 PGF_{2a} 和氯前列烯醇均具有显著的溶解黄体作用，仅对处于黄体期的母牛有效。

（3）**促进卵泡发育、排卵的激素**　在使用同期发情药物的同时，如果配合使用促性腺激素，则可以增强发情同期化和提高发情率，并促使卵泡更好地成熟和排卵。常用的有孕马血清促性腺激素（PMSG）、人绒毛膜促性腺激素（HCG）、促卵泡素（FSH）、促黄体素（LH）和促性腺激素释放激素（GnRH）等。

前两类制剂是在不同情况下分别使用，第三类制剂是为了使母牛发情有较好的准确性和同期性，配合前两类制剂使用。

4. 奶牛同期发情技术方案

（1）**PG 处理法**　使用前列腺素 PG 及其类似物溶解黄体，人为缩短黄体期，使孕酮水平下降，从而达到同期发情。多数母牛在处理后的 2～5 天发情，该方法适用于发情后 5～18 天、卵巢上有黄体的母牛，无黄体者不起作用。因此，采用前列腺素处理后对有发情表现的母牛进行配种，无反应者应再做第二次处理。

常用的 PG 主要是氯前列烯醇钠，子宫注入 0.2 毫克或肌内注射 0.4～0.6 毫克。

在 PG 处理的同时，配合使用孕马血清促性腺激素、促性腺激素释放激素（GnRH），可使发情提前或集中，提高发情率和受胎率。

用 PG 处理，对部分无反应的母牛可采用两次处理法，即在第一次处理后 11～14 天进行第二次处理。第二次处理时，所有母牛均处于黄体期，2～5 天内能使母牛都发情。

由于前列腺素有溶黄体作用，已妊娠母牛注射后会发生流产，故必须确认为空怀母牛后方可使用。

①一次 PG 处理法　对空怀牛肌内注射氯前列烯醇钠（PGF_{2a}）0.4～0.6 毫克，大多数母牛在 PGF_{2a} 处理后 2～5 天内发情，然后对确定发情的母牛在 PGF_{2a} 处理后 72 小时和 96 小时连续 2 次

输精。

　　PGF$_{2a}$ 处理后奶牛发情，说明母牛卵巢上有黄体或者说母牛正处于黄体期，或者通过直肠或 B 超检查确定卵巢上有黄体，可采用一次 PG 处理法方案：

　　②二次 PG 处理法　对第一次 PGF$_{2a}$ 处理没有发情的牛只，间隔 12 天（12～14 天）再注射 1 次相同剂量的 PGF$_{2a}$，在 PGF$_{2a}$ 处理后 72 小时和 96 小时，进行人工定时授精 2 次。

　　对空怀牛不采取任何方法检查，间隔 12 天（12～14 天）连续注射 2 次相同剂量的 PGF$_{2a}$，在第二次注射后第 72 和 96 小时，进行人工定时授精 2 次。

　　③PG 处理法定时输精总体方案　对一批空怀牛不采取任何方法检查，每头牛肌内注射氯前列醇钠（PGF$_{2a}$0.4～0.6 毫克），间隔 12 天重复上述方案 1 次。在第一次给药后，有发情的牛可及时配种，为加强效果可在第一次输精时肌内注射绒毛膜促性腺激素（HCG）1 000～1 500 单位或促排卵素 3 号 25 微克。对第一次给药后没有配种的牛只，间隔 12 天再给以相同剂量的 PGF$_{2a}$，在第二次注射 PGF$_{2a}$ 后第 72 和 96 小时，进行人工定时授精 2 次。

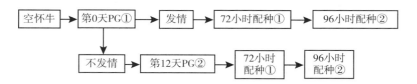

机制：肌内注射 PG 后，使一部分处于黄体期的牛（卵巢上有黄体），随着黄体被溶解，卵巢进入卵泡期，2～5 天内（黄体溶解需要 3～5 天，因此 PG 处理法可溶解成熟黄体，但对新生成的黄体无效）就可表现发情。另一部分处于非黄体期的牛（卵巢上没有黄体），第一次肌内注射 PG 没有作用，间隔 12～13 天后，此部分牛恰好处于黄体期，第二次肌内注射氯前列醇钠后，则 2～5 天内可表现发情。

间隔 12 天（或 13 天或 14 天）连续 2 次肌内注射 PG（0.4～0.6 毫克），在这期间所有发情牛在肌内注射 PG 后 72 小时（2.5 天）和 96 小时（4 天）均连续人工授精 2 次。

输精时肌内注射人绒毛膜促性腺激素（HCG）1 000～1 500 单位或促排卵素 3 号 25 微克，以加速卵泡成熟，促进排卵，提高受胎率。

奶牛的发情周期为 18～25 天，平均 21 天，因此两次肌内注射 PG 的时间范围应在 11 天～12 天或 13 天～14 天，可以自行设定两次 PG 注射的时间间隔，但必须在 11～14 天的范围内。

母牛没有发情记录的，第一次肌内注射 PGF_{2a} 后约有 70% 的母牛发情，间隔 11～14 天再注射 1 次 PGF_{2a}，2～3 天后发情率达 90% 以上，受精后受胎也正常，但费用较高。

用 PGF_{2a} 处理的母牛，一般在注射 PGF_{2a} 后 72～78 小时排卵。

（2）同期排卵技术　同期排卵技术即 GnRH＋PG＋GnRH（Ovsynch）法，也称为定期排卵技术，或称 GPG 程序。

① GPG 程序　GnRH-7 天→ PGF-2 天→ GnRH-0.75 天→配种（AI）。约 60% 有效，100% 配种，不需要看发情直接配种。

建立系统化管理是同期排卵成功的关键。系统化管理是从群体上的管理，而不是针对个别牛，零散性的执行同期方案对群体的繁殖率没有太大的效果，通过电脑管理软件设定程序，自动形成任务单，从而不会漏掉牛只，并且全群都做，无一例外，同时紧密监控首配泌乳天数分布，监控很重要。

【案例】将产后经过 55 天等待期的空怀牛，任意一天作为第 0 天，先用 100 微克 GnRH 处理，第七天肌内注射 PGF_{2a} 0.4～0.6 毫克，再过 48 小时（第九天）肌内注射 100 微克 GnRH，不需要观察母牛发情，在第二次肌内注射 GnRH 后 16～18 小时即可配种。

第0天GnRH → 第七天PGF_{2a} → 48小时GnRH → 16～18小时配种

②机制　定期排卵技术中第一次注射 GnRH 后诱发的 LH 在不考虑卵巢周期的情况下均可使不同时期的卵泡排卵并形成黄体。同时，可致排卵后 FSH 抑制作用消失，从而促使第二个 FSH 峰的形成，新的卵泡波的同步发育。7 天后注射 PGF_{2a} 促使黄体退化，优势卵泡逐步趋向排卵。在第二次注射 GnRH 后 24～32 小时可致优势卵泡同步排卵。因此，通常认为在第二次注射 GnRH 后 16～18 小时具较高的受胎率。该程序不但适用于正常的繁殖管理，也适用于各种卵巢疾病的治疗。

③同期排卵技术（Ovsynch 法）应用范围　①主动停配期：产后 55 天一直没发情的牛。②产后 70 天没配种的牛。③配种 33～38 天，妊娠 80～100 天，B 超检查，初检未受胎和复检无胎儿的牛，当天同期排卵。④各种有卵巢疾病的牛。以上 4 种情况出现之一，即可使用同期排卵配种程序：GnRH＋PG＋GnRH＋配种（073 程序）。

（3）孕激素阴道栓 – 定时输精法　使用孕激素阴道栓（CI-DR）。选择空怀母牛，第 0 天放置阴道栓，第 9～12 天后撤栓，大多数母牛在撤栓后第 2～4 天内发情，可以在撤栓后第 56 小时定时输精。也可以在撤栓后第 2～4 天内加强发情观察，对发情者进行适时输精，受胎率更高。

也可以利用兽用 B 超，实时检测卵泡发育，当有大卵泡发育时，肌内注射 GnRH，2 小时后人工授精。在取出栓塞的当天，肌内注射孕马血清促性腺激素（PMSG）800～1 000 单位，用药后 2～4 天多数母牛即可发情，但第一次发情时配种受胎率很低，至第二次自然发情时配种受胎率明显提高。

孕激素参考剂量为孕酮 400～1 000 毫克，甲孕酮 120～200毫克，甲地孕酮 150～200 毫克，氯地孕酮 60～100 毫克，醋酸氟孕酮 180～240 毫克，18- 甲基炔诺酮 100～150 毫克。

孕激素的处理时间，有短期（9～12 天）和长期（16～18天）两种。短期处理的同期发情率偏低，而受胎率接近或相当于正常水平；长期处理的同期发情率较高，但受胎率较低。

要点：上述 3 项技术，在处理结束后均要注意观察母牛的发情表现并适时输精。实践表明，处理后的第二个发情周期是自然发情，配种受胎率较高。

5. 奶牛同期发情－定时输精技术在生产中的应用 奶牛同期发情—定时输精技术可以用于奶牛产后子宫净化，治疗卵巢疾病和屡配不孕。

（1）奶牛产后子宫净化程序

①产后子宫净化 产后第 14±1 天注射 PG 的程序，用于预防、治疗产后 20 天内的子宫炎。

方案一 产后第 14±1 天，肌内注射 PGF_{2a} 0.4～0.6 毫克＋灌服益母生化散 600 克。

方案二 产后第 21～24 天，肌内注射 PGF_{2a} 0.4～0.6 毫克＋灌服益母生化散 600 克。

②产后子宫复旧检查 产后 28～35 天注射 PG 的程序。

产后第 28±3 天：直肠检查子宫，凡是子宫粘连或子宫有"瘢痕"的牛，设置为禁配牛，不参加配种，待到 90 天后复检，恢复健康的解除禁配。

方案：产后 35 ± 1 天：肌内注射 PGF$_{2a}$ 0.4 ～ 0.6 毫克＋灌服益母生化散 600 克或子宫消炎散 600 克。

（2）预同期定时输精程序方案

第一，从产后开始繁殖保健直至定时输精的方案：

方案一 产后第 14 天注射 PG—产后第 28 天注射 PG—产后第 42 天注射 PG—产后第 54 天注射 GnRH—产后第 61 天注射 PG—产后第 63.5 天注射 GnRH—产后第 64 天上午输精。

此方案是集产后子宫净化，合并同期发情输精，不需要人为去关注发情，程序化注射药物，结束后直接输精。

方案二 产后 14 天 PG—产后 28 天 PG—产后 42 天 PG—产后 56 天 PG—产后 65GnRH—产后 72 天 PG—产后 74.5GnRH—产后 75 天上午输精。

此方案是在产后 54 天的 PG 注射后关注发情牛只，有发情就适时输精，不发情牛只进入同期程序。

方案三 从产后 42 ± 3 天开始做预同期直至定时输精方案。

第一次 PG 处理：设定母牛产后 42 ± 3 天子宫复旧完全，奶牛出现产后第一次发情，需要在产后第二个情期方可配种，即产后 42 ± 3 天，肌内注射 PG 或律胎素（前列腺素制剂）后，无论发情与否都不配种；

第二次 PG 处理：与第一次 PG 处理间隔 13 天，即待到产后

55±3 天再注射 1 次 PG（0.4～0.6 毫克）或律胎素，会出现以下两种情况：

①发情　对第二次 PG 注射后发情的牛只在 72 小时和 96 小时连续 2 次定时输精，同时在第一次输精后，注射人绒毛膜促性腺激素（HCG）1 000～1 500 单位或促排卵素 3 号 25 微克。

②不发情　对产后 55±3 天第二次 PG 注射后，未发情配种的牛进行 100 毫克 GnRH 处理，7 天后进行 5 毫升 PG 处理，56 小时后再次进行 100 毫克 GnRH 处理，16～18 小时后进行直肠检查子宫正常牛只全部配种。

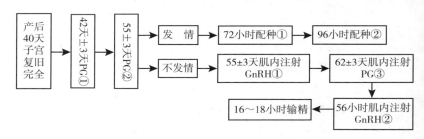

备注：处理期间发情牛进行直肠检查，正常牛只可配种。此方案可保证产后 70 天以内所有正常牛只全部进行第一次配种，90 天以内可保证有 2 次配种机会，从而缩短胎间距减少平均泌乳天数。

方案四　未参配新产牛的预同期定时输精方案。

对所有产后 14±7 天、35±7 天、49±7 天的母牛肌内注射 PGF_{2a} 0.4～0.6 毫克。

如果连续 3 次肌内注射 PGF_{2a} 完毕，发情牛只只要经产牛泌乳天数≥55 天，头胎牛泌乳天数≥60 天，子宫复旧完全即可进行输精。

如果连续 3 次肌内注射 PGF_{2a} 完毕，对未发情牛只在 11 天以后即产后 60±7 天的未配牛只肌内注射 GnRH，肌内注射后如果发情则进行配种，如果未发情则在 7 天以后即产后 67±7

天对所有未配的牛只肌内注射 PG；如果发情则进行配种，如果未发情则在 2.5 天以后即产后 69.5±7 天对所有未配的牛只肌内注射 GnRH，经过 16～18 小时对所有未配种的牛只进行定时输精。

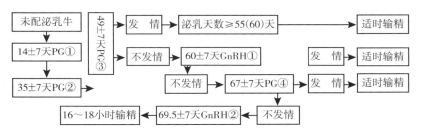

第二，初检未孕泌乳牛的定时输精方案：

通过直肠检查（配后 45～50 天）、B 超检查（配后 33～35 天）或血检（28～32 天，血液早孕检测只能对配后 28 天以及 28 天以后的牛进行检测）查找空怀母牛，未受胎牛只当天做同期发情至定时排卵程序：即妊娠检查当天肌内注射 GnRH，第七天第二次检查确定未受胎，立即肌内注射 PG 或律胎素，第 9.5 天第二次肌内注射 GnRH，16～18 小时输精。每次初检未受胎牛只重复上述输精方案，周而复始。以 B 超妊娠检查时间为例：

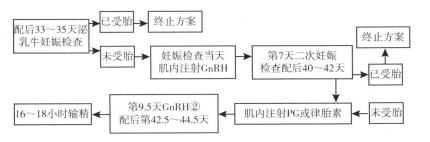

第三，对空怀青年牛的定时输精方案：

对达到参配条件（体高和体重达标、生殖道形态和功能正常）的 13 月龄以上没有发情的青年牛肌内注射 PG，间隔 12 天后对未发情的牛只再次肌内注射 PG 等待其发情配种。

如果 10 天以后仍然未发情的牛只肌内注射 GnRH 同时阴道放置 CIDR，6 天以后取 CIDR 并同时肌内注射 PG，3 天以后对未发情的牛只肌内注射 GnRH 并定时输精。

第四，对复检无胎母牛的定时输精方案：

复检未受胎牛（子宫已恢复正常）肌内注射 GnRH，7 天以后肌内注射 PG，2.5 天以后肌内注射 GnRH，16～18 小时进行定时输精。

第五，对已检查的空怀牛，根据卵巢上有无黄体所进行的定时输精方案：

方案一　卵巢无黄体。

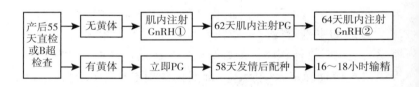

方案二　卵巢有黄体。

卵巢上有黄体，立即肌内注射 PG，发情后配种；对注射 PG 未发情的牛，间隔 14 天再次肌内注射 PG，发情后配种；未发情牛应进行定期排卵程序方案处理。

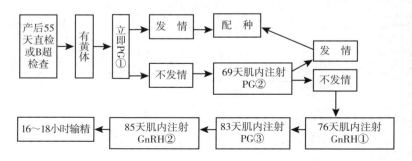

第六，在执行预同期定时输精程序方案的同时，建议同时使用下述方案。

方案一　配种时肌内注射促排卵素 3 号（LHRH～A3）25 微克／头。

原因：对高产牛来说，因营养上长期处于负平衡状态，再加上管理不到位等应激因素，发情牛群中存在卵泡成熟度差、排卵迟缓的牛只比较多。因此，配种时肌内注射促排卵素 3 号后，能促进垂体分泌 FSH、LH，以 LH 为主，它们能促进卵泡进一步发育成熟并及时排卵，提高受精率，促进黄体型成分泌孕酮（黄体酮），提高情期受胎率。

方案二　人工授精后第 4 或 5 天肌内注射人绒毛膜促性腺激素（HCG）3 000～5 000 单位。

原因：排卵后，若黄体发育不全，则导致血中黄体酮水平降低。肌内注射人绒毛膜促性腺激素（HCG）不仅可诱导产生副黄体，而且可促进黄体的功能，从而提高受胎率。

（3）配种管理的技术问题

第一，什么时候开始配种？哪些牛不能配种？

①产后牛　设定主动停配期（VWP），也称为自愿等待期是 55～60 天，所有的奶牛在产后 70±3 天内都接受配种，这些牛在之前注射 PG 时都接受配种技术人员的检查，以决定是否进入同期计划。对一些繁殖障碍的牛只，如囊肿、发情周期不正常及有产科疾病的奶牛（如子宫炎、子宫内膜炎）进行治疗，第一次配种就会被延期。

措施：14～28 天 PG 程序，30～35 天对经产牛和头胎牛进行 1 次产后子宫复旧检查，所有奶牛在产后 55 天开始配种，或之后发情监测系统提示发情时即可配种。

②育成牛　目标是 13 月龄，体重 380～400 千克，体高 127～130 厘米时，只要待配后备牛健康和体况良好，即可进行配种；对待配育成牛 14 个月龄达到参配的体重和体高还没有接受发

情和配种时进行检查，有问题的进行治疗，治疗后进入程序化配种。

第二，配种前使用同期计划预处理的方案有哪些？

①14和28天PG注射程序，只在49～56天发情即可配种。

②根据子宫复旧的理论时间在28～35天，因此从30天开始，间隔14天连续2次PG注射，第二次PG注射后，发情即可配种，不发情，进入定时排卵程序配种。

③根据恶露排出到基本停止的理论时间在10～20天，因此，对产后21～24天的奶牛注射PG以帮助清理子宫炎或子宫内膜炎，之后无论发情与不发情均不宜配种。

④对所有在第一次妊娠检查（配种后33～38天）的前1周，所有受检奶牛都进入再次预处理项目，即肌内注射GnRH，第一次妊娠检查后，未孕者进入定时排卵程序的第二项工作，肌内注射PG，之后继续完成定时排卵程序至配种。

⑤对子宫炎和子宫脓肿的奶牛注射PG或律胎素或右旋前列腺素，任何在主动停配期晚期检查有囊肿的奶牛，在注射前列腺素的前7天注射1次GnRH。

⑥只配种观察到发情的奶牛。任何在产后60天内还没有观察到发情的奶牛将进入一个同期计划，包括间隔14天注射2次前列腺素。奶牛在观察到发情后4～12小时进行配种。如果奶牛没有出现发情，在第二次注射前列腺素后的14天注射GnRH，7天后再注射1次前列腺素，2天后再注射1次GnRH，随后1天进行配种。

⑦泌乳期奶牛根据48小时同期排卵计划进行第一次配种。所有经产牛在产后55天，头胎牛在产后60天开始同期排卵计划。周二上午注射第一次GnRH，7天后的周二上午注射律胎素（前列腺素），48小时后周四上午注射第二次GnRH，8小时后（也是周四）进行配种。空怀奶牛如果身体健康，再次接受相似的同期计划。如果有黄体，立即开始同期计划；如果没有黄体，注射

2 毫升的 GnRH，7 天后再开始同期排卵计划。

⑧第一次妊娠检查后空怀的奶牛会立即进入再次同期计划。第二次妊娠检查还没受胎的奶牛，开始接受 CIDR 处理程序。

第三，配种时怎样处理有问题的奶牛？

在第一次注射前列腺素前检查所有的奶牛，以发现有问题的奶牛：对有囊肿或根本不发情的奶牛使用 GnRH 和 CIDR。

寻找产犊时造成损伤（高危牛高产犊因子）的奶牛，在配种前间隔一段时间对其进行复检。

第四，停配牛怎样处理？

①停配牛　奶牛产后配种的前 3 次受胎率最高，受胎率可达到 40%～50%，以后则下降。如果通过 3 次配种而未孕的牛只，则需要停配检查和治疗。这些停配牛主要是排卵或提前或延迟，卵巢静止或囊肿，子宫内膜炎等。

如果前 3 次配种情期受胎率按 40% 计算，3 次配种已受胎百分比例理论上可达 78%；剩余 22% 停配、检查、处理。

②停配牛检查　把 3 次配种反情牛和 3 次配种初检未受胎牛只固定在每周的某天检查，主要检查子宫游离性来确认是否轻度粘连，压迫生殖道排出液体和检查子宫的弹性来确认子宫内膜炎，对子宫炎可以用宫得康或宫颈油子宫体灌注，隔日 1 次，连用 3 次，卵巢疾病不用治疗（可执行同期发情 - 定时排卵程序）。

③停配牛处理　停配 2 周后做孕酮栓程序统一配种，阴道投栓一枚同时肌内注射 GnRH，加 7 天取栓同时肌内注射 PG 或律胎素，56 小时肌内注射 GnRH 无论有无发情均全部人工授精，间隔 16 小时再输精 1 次，配后周期返情牛只正常配种，未返情牛只检胎未受胎重复 1 次这种做法。

停配的 22% 的难受胎牛，受胎率按 50% 计算，2 次配种又受胎 16 头，剩下 6 头是整体配种的 6%，做到这样的效果只需配种 5 次，成本没有上升，繁殖淘汰比例显著下降。

第五，怎样来确诊妊娠或者空怀奶牛？

①妊娠检查前肌内注射 GnRH：所有要进行妊娠检查的奶牛在 1 周前就注射了 GnRH，如果是空怀，要进行同期计划，那么在检查时（7 天）就注射前列腺素。对初检受胎牛，在受胎 80～120 天和 200～210 天进行复检以确认受胎。

②第一次初检：奶牛在配种后 30～38 天利用 B 超进行妊娠检查：空怀奶牛注射 GnRH 开始同期计划，7 天后第二次初检，未受胎者继续同期排卵程序。受胎者在妊娠 80～120 天及干奶前进行二次复检。

③每隔 2 周进行 1 次妊娠检查：根据同期发情时间进行孕检后，未孕者进入定时排卵程序配种。妊娠者将在 60～80 天进行复检（将之前第一次复检时间从 80～120 天提前到 60～80 天）。

④妊娠检查的同时判定是否存在黄体：奶牛在配种后 33～38 天使用 B 超进行妊娠检查。空怀奶牛如果有黄体，立即开始同期计划；如果没有黄体，注射 2 毫升的 GnRH，7 天后开始同期计划。受胎奶牛在 60～80 天利用 B 波进行确诊（第一次复检），并检查胎儿性别和是否双胞胎。

⑤检查子宫和判定双胎：在 B 超妊娠检查的过程中特别注意的环节就是评价子宫的健康状况，对配种 38 天以上的妊娠检查还需注意鉴别是否双胞胎。

6. 预同期定时输精程序总体方案

（1）参配率目标

①育成牛　对达到参配条件的，15 月龄之内育成牛参配率需达到 100%。

②经产牛　主动停配期 55 天，泌乳天数 80 天参配率 100%，泌乳天数 105 天必须配种两次。

③头胎牛　主动停配期 60 天，泌乳天数 85 天参配率 100%，泌乳天数 110 天必须配种两次。

（2）Ovsynch 同期发情定时输精程序　GnRH+PG+GnRH

将空怀母牛（第 0 天）先用 100 微克 GnRH 处理，第 7 天肌内注射 PGF_{2a} 0.4～0.6 毫克，48 小时（第 9 天）肌内注射 100 微克 GnRH，不需要观察母牛发情，在第二次肌内注射 GnRH 后 16～18 小时即可配种。

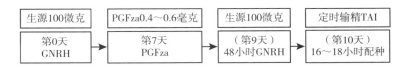

（3）定时输精（TAI）

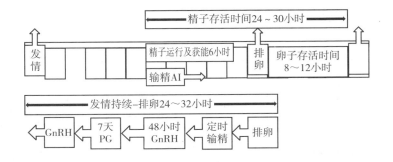

（4）同期发情定时输精总体方案

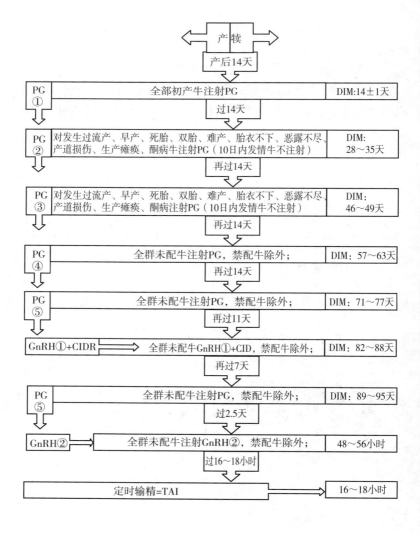

产犊

产后14天

| PG ① | 全部初产牛注射PG | DIM:14±1天 |

过14天

| PG ② | 对发生过流产、早产、死胎、双胎、难产、胎衣不下、恶露不尽、产道损伤、生产瘫痪、酮病牛注射PG（10日内发情牛不注射） | DIM:28～35天 |

再过14天

| PG ③ | 对发生过流产、早产、死胎、双胎、难产、胎衣不下、恶露不尽、产道损伤、生产瘫痪、酮病注射PG（10日内发情牛不注射） | DIM:46～49天 |

再过14天

| PG ④ | 全群未配牛注射PG，禁配牛除外； | DIM：57～63天 |

再过14天

| PG ⑤ | 全群未配牛注射PG，禁配牛除外； | DIM：71～77天 |

再过11天

| GnRH①+CIDR | 全群未配牛GnRH①+CID，禁配牛除外； | DIM：82～88天 |

再过7天

| PG ⑤ | 全群未配牛注射PG，禁配牛除外； | DIM：89～95天 |

过2.5天

| GnRH② | 全群未配牛注射GnRH②，禁配牛除外； | 48～56小时 |

过16～18小时

| 定时输精=TAI | 16～18小时 |

四、奶牛妊娠管理

妊娠管理是指母牛输精后形成合子至胎儿发育成熟的过程。

受精：是精子卵子结合产生合子的过程。

妊娠：受精卵在输卵管内进行分裂形成早期囊胚，进入子宫与子宫建立联系，直到发育成一个成熟个体。

胎盘：通常是指尿膜绒毛膜和子宫黏膜发生联系所形成的构造，尿膜绒毛膜部分为胎儿胎盘，子宫黏膜部分为母体胎盘。

牛是子叶型胎盘。

（一）妊娠检查的方法

1. 奶牛早期可视血样孕检　该技术是通过检测牛血液中是否存在 PAGS（妊娠相关蛋白）作为判断怀孕的标志。操作步骤如下：

（1）对配种后 28 天的奶牛用 1 次性注射器进行尾根采集血样，使用分离机对血样进行分离处理。

（2）使用奶牛专用早期孕检试剂盒，对分离的血样进行检测。

（3）依据试剂盒中微孔板中孔内溶液的颜色深浅判定母牛是否妊娠，并记录数据。

2. 外部观察法　外部观察法是根据妊娠奶牛的行为特点来进行妊娠诊断。

（1）奶牛妊娠最明显的表现是周期发情停止

①母牛接受配种、输精后过了 1 个性周期（21 天）没有再次发情表现，则很有可能是妊娠。

②若过了 3 个性周期未发情则 90% 为妊娠。

（2）行动　妊娠母牛表现母性增强，性情温顺，很少奔跑跳跃，行动迟缓稳重。

（3）采食量逐渐增加　随时间增加奶牛食欲增强，体重增加，膘情好转，毛皮发亮而顺滑。

（4）外观 头胎牛在妊娠3～4月乳房开始发育，在妊娠5个月左右腹部出现不对称，右侧腹壁突出，8个月以后，右侧腹壁偶尔可见到胎动。

外部观察在妊娠的中后期才能发现明显的变化，只能作为一种辅助的诊断方法，它的缺点是准确性较低。

3. 直肠检查法 直肠检查法是通过直肠检查确定奶牛的妊娠情况，需要专业技术人员完成。

直肠检查法是判断是否妊娠和妊娠时间长短最常用且可靠的方法，其诊断依据是妊娠后奶牛生殖器官的一些变化。在诊断时，对这些变化要随妊娠时期的不同而有所侧重。

妊娠初期，奶牛的子宫角的形态和质地会发生变化，检测难度较大。

妊娠45天以上，则以检查胚胎的大小为主。

妊娠中后期则以卵巢、子宫的位置变化和子宫动脉特异搏动为主，未妊娠奶牛的子宫颈、子宫体、子宫角及卵巢均位于骨盆腔；经产牛有时子宫角可垂入骨盆腔入口前缘的腹腔内。

未妊娠奶牛两侧子宫角大小相当，形状相似，向内弯曲如绵羊角；经产牛会出现两角不对称的现象，触摸子宫角时有弹性，有收缩反应，角间沟明显。有时卵巢上有较大的卵泡存在，说明奶牛已开始发情。

（1）**直肠检查法验胎** 在输精后第21～24天，触摸到2.5～3厘米发育完整的黄体，表明90%以妊娠了；妊娠母牛在妊娠侧卵巢表面有突出的坚硬黄体；6个月以上 胎泡有鸡蛋大小 能触摸到胎泡。

（2）**直肠妊娠检查技术**

①奶牛未妊娠的现象 用直肠检查法检查子宫颈、体、角及卵巢均位于骨盆腔内，经产多次的牛，子宫角可垂入骨盆入口前缘的腹腔内，两子宫角大小相等，排列对称，形状及质地相同，弯曲如绵牛角状。经产牛右子宫角略大于左子宫角，弛缓、

肥厚。抚摸子宫表面，子宫角则收缩，有弹性，甚至几乎变为坚实，用手提起，子宫角对称，无液体。能够清楚地摸到子宫角间沟，子宫很易握在手掌和手指之间，这时感觉到收缩的子宫像一光滑的半球形，前部有角间沟将其分为相对称的两半，卵巢大小及形状是不定的，通常卵巢由于有黄体或较大的卵泡存在而较另一侧卵巢大些。

②奶牛妊娠现象　母牛妊娠后，受精卵在子宫角内的子宫阜附植发育，子宫角随着受精卵的发育而变化，手触子宫的感觉就与空怀者不同。

妊娠20～25天，孕角侧卵巢上可以摸到突出于卵巢表面的黄体，并且比空角侧卵巢大得多，子宫角粗细无变化，但子宫壁较厚并有弹性。

妊娠1个月，子宫颈位于骨盆腔中，子宫角间沟仍清楚，孕角及子宫体较粗、柔软、壁薄，绵牛角状弯曲不明显，触诊时孕角一般不收缩，有时收缩，则感觉有弹性，内有液体波动，像软壳蛋样，空角则收缩，感觉有弹性且弯曲明显，子宫角粗细根据胎次而定，胎次多的较胎次少的稍粗。孕角卵巢体积增大，有黄体，呈蘑菇样凸起，中央凹陷，未孕角侧卵巢呈圆锥形，通常卵巢体积要小些。

妊娠3个月时，角间沟消失，子宫颈移至耻骨前缘，由于宫颈向前可触到扩大的子宫为一波动的胞囊从骨盆腔向腹腔下垂，二角共宽一掌多。在胃肠内容物多，子宫被挤入骨盆入口，且子宫壁收缩时可以摸到整个子宫的范围，体积比排球稍小，偶尔还可触到悬浮在胎水中的胎儿，有时感到虾动样的胎动，有胎膜滑动。但子宫壁一般均感柔软、无收缩。孕角比空角大2～3倍，液体波动感清楚，有时在子宫壁上可以摸到如同蚕豆样大小的子叶，不可用手指去捏子叶。卵巢移至耻骨前缘之前，有些牛子宫中动脉开始出现轻微的孕脉，有特征性的轻微搏动，时隐时现，且在远端容易感到。触诊不清时，手提起子宫颈，可明显感到子宫的重量增大。卵巢无变化，位于耻骨联合处前下方的腹腔内。

妊娠4个月时，子宫像口袋一样垂入腹腔，子宫颈变得较长而粗，位于耻骨前缘之前，手提子宫颈可以明显感觉到重量，抚摸子宫壁能清楚地摸到许多硬实的、滑动的、通常呈椭圆形的子叶，其体积比卵巢稍小。子宫被胃肠挤回到骨盆入口之前时，可触到西瓜样大的波动囊，偶可触及胎儿和孕角卵巢，空角卵巢仍能摸到，孕角侧子宫中动脉的孕脉比上1个月稍清楚，但仍轻微。

妊娠5个月时子宫全部沉入腹腔，在耻骨前缘稍下方可以摸到子宫颈，子叶更大，往往可以摸到浮在羊水中的胎儿，摸不到两侧卵巢，孕角侧子宫中动脉有明显的搏动，空角侧尚无或有轻微妊娠脉搏。

妊娠6个月时胎儿已经很大，子宫沉至腹底。由于胎儿向前向下移，故触摸不到，子宫壁紧张度和波动均不明显，仅在胃肠充满而使子宫后移升起时，才能触及胎儿，但因子宫壁已经扩张很大，而子叶数目不会增多，所以它们分散开来，因此反而不易摸到，触诊子叶的部位应在子宫角的两侧，这里子叶比较密集，子叶有鸽蛋样大小。孕角侧子宫中动脉粗大，有明显强烈的搏动，空角侧子宫中动脉出现了微弱的脉搏。有时孕角侧的子宫后动脉开始搏动。

妊娠7个月时，由于胎儿更大，所以从此以后都容易摸到，子叶更大。

4. B超诊断法 B超诊断法是利用超声波的物理特性和不同组织结构特性相结合的物理学诊断方法，是通过脉冲电流引起超声探头同时发射多束超声波，在一个断面上进行探测，并利用声波的反射，经探头转换为脉冲电流信号，在显示屏上形成明暗亮度不同的光点来显示被探查部位的一个切面断层图像。由于机体各种组织的声阻值不同，从而表现出声波反射的强度差异，B超屏幕上会显示黑色、白色和灰色，分别代表不同的形态结构。

（1）B超妊娠检查在临床中的基本操作

①掌握被查牛只的繁殖状况和配种记录，成年母牛、育成牛配种天数大于30天，可以使用B超进行妊娠检查。

②被查牛只保定，不得来回摆动。

③掏粪便：清理直肠内的粪便，避免粪便对B超探头的影响，同时直肠中存在太多牛粪会造成牛只努责，增加操作难度并加大应激。

④找位置：清理直肠内的粪便的同时，可先触摸一下子宫、卵巢在盆腔中的基本位置，以利于确定B超探头所放的位置。

⑤定方向：在触摸子宫角和卵巢时，要了解子宫角和卵巢的发育情况，初步判断哪侧子宫角有变化或卵巢饱满，最终确定B超探头放在哪一侧子宫角。

⑥在探头进入直肠前先将B超调至"暂停"档，在探头进入并贴近探测部位后再开启，可以有效避免因探头振动而造成牛只不安影响操作的现象。

⑦手握探头进入直肠后，手腕尽可能越过直肠峡壶部，将B超探头放在要探查的子宫角一侧（子宫角小弯或大弯处），再回撤扫描子宫角，得出图像，判定结果。

（2）B超影像的识图要点

①B超屏幕上看到的黑色　表示探测到的低密度、液体性的物质，比如膀胱内的尿液、子宫内的羊水、卵泡内的卵泡液、盆腔壁血管内的血液等。

②B超屏幕上看到的白色　表示探测到的是高密度的组织和器官，比如胎儿的骨骼、子宫角内膜、肌肉层增生、卵巢表面沉积的脂肪、持久黄体等。

③B超屏幕上看到的灰色　表示探测到的是中密度的组织和器官，比如子宫角的肌肉组织、胎儿的肌肉组织、周期黄体（有腔黄体）等。

（二）B超诊断技术在奶牛繁殖中的应用

1. 检测奶牛的正常卵巢发育

（1）**卵泡**　对确定和测量奶牛卵泡而言，直肠超声扫描为一种有效方法。奶牛有腔卵泡为无反射结构，可根据其血管的伸展特征而加以区别。卵泡超声影像显示牛卵泡是以一种明晰的、非常办法的模式发育。每个卵泡波由同时出现的一系列5毫米或更大的卵泡组成，几天内会出现优势卵泡。在青年母牛的每个发情周期中存在2～3个卵泡波。

优势卵泡具有生长期和静止期，持续5～6天。第一波的优势卵泡保持4～5天优势，至发情周期的11～12天时丧失优势并退化，持续5～7天。同时第二波发生，选择出其优势卵泡并发育至排卵。然而在三波周期中，第二波被第三波所替，并有第三个优势卵泡的排卵发生。据认为，优势卵泡保持形态优势（两卵巢中最大卵泡）比保持功能优势（抑制其他卵泡生长）的时间更长。

（2）**排卵**　对青年母牛的卵巢进行发情前后的超声波扫描，如在前一次检查中存在成熟卵泡而第二次检查时消失，则为排卵发生。随后在同一点处有黄体发育，为探测排卵可每隔2～4小时检查1次。

（3）**黄体**　在排卵后第三天便可利用超声波确定黄体的存在。发育黄体的超声影像为不变化灰黑结构，其反射点都在卵巢内。而中期黄体是变化的颗粒状黑色结构，并可见分界线。在退化黄体中分界线不明显。有腔黄体主要分布于无反射区，并被灰色黄体结构所包围。这些腔体的形态随黄体而变化，是一种正常的状态。

2. B超卵巢检测

（1）**卵巢正常图像**　B超显示卵泡呈黑色的液性暗区，卵泡呈圆形，卵泡壁呈强回声，边界清晰、光滑，卵巢的回声强于卵泡，即卵巢在 B 超上显示灰色，卵泡呈黑色。

（2）卵泡囊肿图像特征　卵泡囊肿病牛 B 超结果显示卵巢体积增大，囊肿卵泡呈无回声液性暗区，卵泡直径大于正常排卵卵泡直径，卵泡内部为一圆形无回声液性暗区，卵泡壁较薄，边界整齐而光滑。

（3）黄体囊肿图像　病牛左侧卵巢增大，边缘不整齐，卵巢中央有一较大、圆形液性无回声暗区，其壁较厚，界限清晰，表现为强回声光带。黄体囊肿牛的 B 超影像图观察结果显示，黄体囊肿略突出于卵巢表面，表面回声光滑，囊内出现液体暗区，壁厚、黄体囊肿影像边缘光滑有清晰的轮廓，内部可见棉纱样回声或形态不变化的光团，内壁不光滑，出现低淡光点。对患牛间隔7～14 天，用 B 超复检的结果显示，囊肿位置及结构几乎没有变化，大小没有改变。

卵巢囊肿的声像图特点：卵泡囊肿暗区直径明显大于成熟卵泡，泡壁光滑，反射性强；黄体囊肿中间也为大暗区，但是中间有不光滑的黄体组织，厚薄依黄体组织的多少而定，回声不强；囊肿性黄体（有腔黄体）中间暗区较前两种小，有排卵凹陷，黄体组织多，低回声区域较大。

3. B 超在发情鉴定中应用　牛卵巢的形态为扁的卵圆形，拇指肚大小，附着在卵巢系膜上，其附着缘上有卵巢门，超声图像显示边界清晰，其内部为实性均质回声，回声略高于子宫，与周围组织界限明显。卵巢内可以观察到一个或数个大小不一的发育卵泡，B 超图像显示为低回声的液性暗区，直径在 2～15 毫米，大小取决于卵泡的发育阶段。根据卵泡的生长阶段不同，可以将卵泡划分为原始卵泡、初级卵泡、次级卵泡、三级卵泡及成熟卵泡。当卵泡发育达到成熟卵泡时，B 超显示卵泡呈黑色的液性暗区，卵泡呈圆形，卵泡壁呈强回声，边界清晰、光滑。此时卵泡的直径在 10～15 毫米，这时可以确定为输精的最佳时间。

4. B超在早期妊娠诊断中应用　应用直肠超声扫描可对奶牛早期胚胎进行仔细观察，并根据其不同时期的图像特征做出准确妊娠诊断，而且对母体与胎体均不会造成损伤。一般而言，应用5兆赫兹或7.5兆赫兹探头效果较好。

空怀B超图像显示子宫体呈实质均质结构，轮廓清晰，内部呈均匀的等强度回声，子宫壁很薄。而妊娠奶牛的子宫壁增厚，配种后12～14天子宫腔内出现不连续无反射小区，即为具有液体的胚泡。以后胚泡逐渐增大，至20天时，胚泡结构中出现短直线状的胚体。22天时，可探测到胚体心跳。22～30天时，胚体呈C形。33～36天，可清晰地显示出胚囊和胚斑图像。33天时，胚囊实物约1指大小，胚斑实物1/3指大小。声像图中子宫壁结构完整，边界清晰，胚囊液性暗区大而明显，液性暗区内不同的部位多见胚斑，胚斑为中低灰度回声，边界清晰。妊娠30～40天时，B超诊断的主要依据是声像图中见到胚囊或同时见到胚囊和胚斑（图7-3）。

在对牛只进行妊娠检查时，应注意：①区分胎囊、卵泡和膀胱。由于三者位置相近，并都呈无回声暗区，所以易造成判断失误；胎囊暗区边际清晰，并因子宫壁而边缘有灰白色弱回声光环；卵泡暗区一般很小、边际清晰，无弱回声光环；膀胱暗区一般很大、无明显边际，偶尔暗区内有运动小光点。②探查部位应选择最靠近生殖器官的部位，对于配种时间较短（＜35天）、大龄牛只、子宫较大或下垂牛只应在子宫角深部探测，避免因胎囊沉于子宫角底部而造成失误。

5. 产后子宫的超声影像　产后子宫超声影像显示：在子宫复旧完成时，子宫大小及内膜厚度均减小至固定大小。在产后28～35天时，子宫复旧完成。完成子宫复旧的时间有所差异，这主要是由于样本大小，胎次及管理水平等因素造成。而分娩时难产也会造成子宫复旧的延迟。可见超声影像是监测子宫复旧的有效途径。

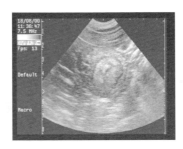
未孕子宫角

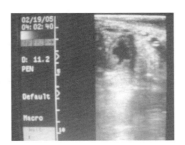
扩张子宫角

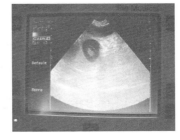
妊娠 30 天

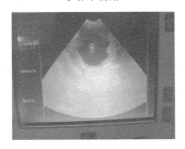
妊娠 32 天

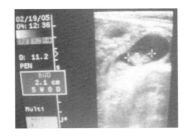
妊娠 35 天

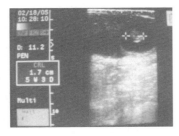
妊娠 38 天

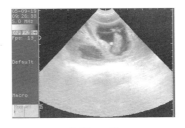
妊娠 43 天

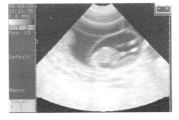
妊娠 66 天

图 7-3　B 超妊娠诊断图像

（三）验胎程序

1. 早期妊娠检查 对配种后 33～38 天的未返情牛做初检工作，可采取兽用 B 超和直肠检查结合进行检测。

妊娠检查天数不同流产率也不同：30 天 B 超妊娠检查流产率在 9%，35 天妊娠检查在 6%，38 天妊娠检查流产率在 2%。

早期妊娠检查是用来发现空怀一直没有发情的牛只，并使它们再次配种，如对 33～38 天未受胎牛，当天立即肌内注射 GnRH。

2. 第二次初检 针对早期妊娠检查未受胎牛只或配种后超过 38 天漏检的牛只，主要目的是检出未受胎母牛，以便及时进行第二轮定时输精，以减少空怀天数。

对 33～38 天未受胎牛，当天肌内注射 GnRH，到第七天二次初检确定这批牛是否受胎，如果确定未妊娠，立即肌内注射 PG，之后进入同期排卵定数输精程序。

3. 复检 对初检已受胎牛只妊娠 80～120 天采取直肠检查和 B 超相结合的方法进行第三次妊娠诊断，确保 100% 受胎；如未妊娠直接进入同期排卵定数输精程序。

4. 干奶验胎 泌乳牛妊娠 210 天左右，采取直肠检查和 B 超相结合的方法进行第四次妊娠诊断，确保 100% 受胎；

通过 4 次验胎，可有效地弥补初次妊娠检查的误差，即妊娠后 40～55 天和 80 天以上初检已受胎牛只 100% 妊娠，及时找出初检未受胎牛只，干奶前再次验胎，确保干奶 100% 成功，对未受胎没有发情牛只及时进入同期配种程序。

五、奶牛分娩管理

分娩概念：妊娠期满，胎儿发育成熟，母体将胎儿及其附属物（胎水及胎衣）从子宫排出体外，这一生理过程称为分娩。

（一）启动分娩的因素

1. 机械因素 胎儿发育成熟，子宫容积和张力增加，内压增加，神经传导至丘脑下部，促使垂体分泌缩宫素，引起子宫收缩而将胎儿排出。

2. 母体激素变化

（1）**孕酮** 产前孕激素水平比较高，抑制子宫肌肉收缩，对抗雌激素，降低子宫对缩宫素的敏感性。妊娠末期，其分泌量下降，分娩时孕激素水平降至最低，子宫对缩宫素的敏感性增强。

（2）**雌激素** 妊娠期雌激素水平比较低，在妊娠末期，胎盘产生大量的雌激素，分娩前达高峰，作用于产道和骨盆韧带，使之软化和松弛；同时，增强子宫的自发收缩，还能增强子宫肌肉对缩宫素的敏感性。

（3）**缩宫素** 妊娠初期，即使有大量有缩宫素也不会使子宫收缩，因为有缩宫素酶的存在，妊娠末期，缩宫素酶逐渐消失，此时少量的缩宫素也可以引起子宫强烈收缩（是初期的20倍），再加上此期的孕酮水平下降，雌激素分泌增加，因此更易激发子宫的收缩。

（4）**前列腺素** 妊娠末期，胎盘分泌大量前列腺素，雌激素的增多也能刺激PG的产生及释放，大量的PG可直接刺激子宫肌肉，也可促进黄体溶解，降低孕酮水平，还能刺激垂体后叶释放缩宫素。

（5）**甲状旁腺激素** 产前大量的钙已被动员到初乳中，产后甲状旁腺激素水平升高，增加了从肾脏中重吸收的钙，并从骨骼中动员大量的钙进入初乳。

这些激素如果发生紊乱，易引起胎衣不下、子宫炎、低血钙和酮病等疾病。

（二）分娩要素

1. 产　力

①将胎儿从子宫中排出的力量，称为产力。

②产力又分为两种，一个是子宫的收缩力，又称阵缩；另一个是腹壁肌和膈肌的收缩力，又称为努责。

③阵缩和努责都是间歇性，是自发性收缩，其在分娩各期的变化如下：

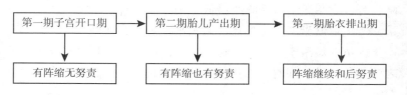

2. 产　道

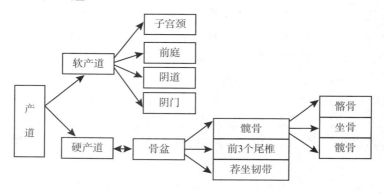

3. 胎儿与母体产道的关系

胎向：指胎儿身体纵轴与母体身体纵轴的关系。胎向又分为纵向，横向，竖向3种。纵向为正常。

胎位：指胎儿的背部与母体背部或腹部的关系。胎位又分为上位，下位，侧位3种。上位为正常。

胎势：指胎儿的姿势。也就是胎儿各部分是伸直的或屈曲的。

前置：指胎儿的某些部分和产道的关系，哪一部分向着产道，就叫那部分前置。

（1）**产出前的胎向、胎位、胎势** 分娩前，各种动物的胎儿在子宫中的方向一般都是纵向，其中大多数为前躯前置，少数呈后躯前置。

（2）**分娩时胎位、胎势的变化** 分娩时，子宫的容积已不允许胎向有所改变，但胎位和胎势发生变化使胎儿纵轴成为细长，利于分娩。

（3）**正常的姿势** 正生时是前两肢伸直，头颈也伸直，并且放在两条前肢上面；倒生时两后肢伸直，这样都比较容易通过产道。

（三）分娩的预兆

分娩预兆的概念：妊娠末期，随着胎儿的发育和分娩期的逐渐接近，妊娠母牛的生殖器官、骨盆和身体的某些部位发生一系列的变化，以适应胎儿的娩出和新生仔畜哺乳的需要，产科上称这些变化为分娩的预兆。

1. 乳房变化

（1）**乳房外观的变化** 乳房迅速膨胀，牛分娩前10天，乳房基部和腹部之间有明显的界线，整个乳房充实，饱满。

（2）**乳汁的变化** 奶牛产前可挤出少量初乳，产前1～2天乳房已充满初乳，有的产前出现漏乳，表示数小时至24小时即可分娩，经产奶牛在产前10天可挤出初乳。

2. 骨盆韧带变化 分娩前，在松弛素的作用下，于分娩前1～2周开始软化，至产前12～36小时变为非常松软，外形消失，外部表现为荐骨两旁组织塌陷。经产母牛上述变化最明显。

3. 软产道的变化 外阴皮肤皱褶展开，外阴肿胀，产前1周子宫颈肿大变得松软，在牛有挂线现象时，表示分娩将在1周内进行。

4. 其他变化 ①精神抑郁及徘徊不安——恐惧（惊恐不安）。②离群寻找安静地方分娩——独居、离群。③体温变化——产前短时间体温升高，分娩时正常。④奶牛产前有频频排尿，举尾等现象。

（四）分娩过程

1. 第一期：子宫开口期

（1）**含义**　从子宫开始阵缩起，至子宫颈充分开张为止，这时只有阵缩没有努责。

（2）**外部特征**　轻度不安，时起时卧，食欲减退，举尾弓腰，排粪排尿次数增多，有出汗现象，回头顾腹，离群，经产者较安静。

2. 第二期：胎儿产出期

（1）**含义**　从子宫颈完全开张到胎儿完全产出止。此期是阵缩同努责共同发生作用。

（2）**外表特征**　极度不安，时起时卧，前肢刨地，后肢踢腹，回头顾腹，拱背努责。到胎头通过骨盆腔开口时，母牛卧地，四肢伸直，强烈努责，胎儿排出后不再努责。

牛、羊第一次为尿膜绒毛膜囊破裂，尿水流出，为褐色；第二次为羊膜绒毛囊破裂，羊水流出，呈淡白色或微黄色的黏稠液。在临床上可用羊水灌给母牛，用于防止牛胎衣不下。

（3）**产出期时间**　牛 0.5～6 小时。子叶型胎盘的牛、羊，其胎儿胎盘与母体胎盘联系紧密，即使产出的时间较长，氧的供应仍有保证，胎儿不会很快死亡；但是，时间过长，则胎儿可能因缺氧而窒息死亡。

3. 第三期：胎衣排出期

（1）**含义**　胎衣排出期是从胎儿排出后算起，到胎衣完全排出为止。胎衣排出时间为 2～8 小时，最长不超过 12 小时。

（2）**胎衣排出的机制**

①胎儿排出后，胎儿胎盘血液减少，绒毛体积缩小，间隙扩大，使绒毛容易从腺窝中脱落。

②胎儿胎盘的上皮细胞发生变性。

③因子宫强烈收缩，从绒毛膜和子叶中挤出大部分血液，减轻了母体子宫黏膜腺窝的压力。

④母体胎盘的血液循环减弱，子宫黏膜腺窝的紧张性减低。

4. 正常分娩助产原则

（1）正常分娩助产的目的　对母牛和胎儿进行观察，并必要时加以帮助，避免胎儿和母体受到损伤，达到母子平安。

（2）正常分娩助产的原则

①做好产房准备，包括产房及器械和药品的准备。

②尽可能让母牛自然分娩，充分利用动物的自然力量，具体包含3条：即母体体力、胎位和胎胞。当母体体力尚可，胎位正常，胎胞未破时，应等待；当母体体力尚可，胎位异常，胎胞已破可见羊水流出时，应立即助产。倒生时应尽快助产。

③注意全身检查，包括体温、心率、呼吸及结膜的观察。

④注意胎犊死与活及前肢和后肢的区别。

⑤具体拉胎犊时五大原则：沿骨盆轴方向拉；均衡持久用力；服从指挥，切忌蛮干；注意保护会阴；最后膨大部拉出时要减速。

（五）诱导分娩

诱导分娩概念：也叫人工引产，是应用药物或机械的方法（手术引产）使母牛在妊娠期满，正常分娩之前，提早产出胎儿。

1. 应用范围

（1）生理情况

①控制分娩时间，使分娩同期化，方便管理。

②排出未达配种月龄偷配受胎的胎儿，避免母牛发生损伤。

③终止妊娠期异常延长的母牛的妊娠。

（2）病理情况　发生以下病理情况，应及早排出胎儿，减少损失。胎儿过多；胎儿干尸化；胎儿浸溶；骨盆畸形；骨盆狭窄；阴道狭窄；顽固性阴道脱出；妊娠毒血症；产前截胎；有恶化倾向的骨软症等。

2. 诱导分娩方法 奶牛进入围产前期，发现母牛异常，很多情况是分娩应激反应或妊娠毒血症等疾病，最佳的防治方法是对母牛进行诱导分娩。方法是静脉大量注射氢化可的松，一般注射 400～500 毫升，配合高糖和钙剂，连续 3 天静脉注射是比较安全可靠的做法。

牛妊娠期后 1/3，静脉注射或肌内注射 PGF_{2a}，可在 1～7 天内引起分娩，但胎衣不下者较多。肌内注射地塞米松 30～40 毫克，可在 48～36 小时分娩，引产成功率为 83%～86%。

（六）围产期繁殖管理

围产期是指奶牛临产前 21 天至分娩后 21 天一段时间的总称。

1. 围产前期的繁殖管理 产前 21 天或者进入围产前期牛舍（妊娠第 255～260 天转群），转群时，母牛一律肌内注射维生素 ADE 及亚硒酸钠维生素 E，各 30 毫升；分 3 点肌肉深部注射，预防胎衣不下。然后筛选体况评分大于 3.75 分或小于 2.75 分的围产前期牛进行重点标记。

2. 围产后期的繁殖管理 从分娩→胎衣排出→生殖器官恢复原状的一段时间称为围产后期。头胎牛一般为 14 天，经产牛一般为 21 天。

（1）产后护理的第一阶段 要求从产犊开始由兽医与繁殖人员一起监控，做好产后保健。

①繁殖监控 从分娩开始对所有新产牛进行跟踪，主要针对以下几种情况进行关注：

监控内容：流产和早产、助产程度、难产评分、双胎、死胎、产道损伤、胎衣不下及恶露不尽或发臭等情况进行观察、登记并记录。

产犊高危因子（高危牛）包括流产、早产、难产、产道损伤、死胎、双胎、胎衣不下、酮病、生产瘫痪，这些都可能造成子宫炎，进而影响配种。

奶牛产后胎衣不下，大概有 6 倍的风险发生子宫炎；产后酮病大概会有 14 倍的风险发生真胃左侧移位；出现死胎或者在分娩过程中发生难产，大概患子宫炎的概率会增加 2 倍。

定时观察：乳房充盈度、食欲、子宫炎（诱发因素 – 产犊高危因子）。

待牛挤完奶后，在牛舍对每头牛只查看，胎衣与产道拉伤情况；待牛上颈枷后，采食一段时间（约 1 小时）后，查看恶露情况，胎衣情况（躺卧时能更清楚判断胎衣情况）。

②异常牛只处理原则　无菌操作、镇痛、抗菌消炎、防止脱水。

第一，产道损伤牛只处理（结合难产评分）。

处理创面：先将外阴用消毒水冲洗干净后，接着冲洗阴门和阴道壁创面，最后创面上使用抗生素，如青霉素粉剂，再涂擦 0.2%～0.5% 碘酊消毒，必要时立即进行缝合。

抗菌消炎：肌内或静脉注射氨苄青霉素或头孢类抗生素。

镇痛：肌内注射非甾体抗炎药。

如发生体温反应，再静脉注射复方氯化钠注射液 2 000 毫升＋头孢，葡萄糖酸钙 1 000 毫升，5% 碳酸氢钠注射液 500 毫升等对症药物，进行强心和防止自体中毒。

第二，对胎衣不下牛只处理。以产后保健灌服程序为主，增加益母生化散灌服次数；同时，注意抗菌消炎、镇痛；治疗低血钙，静脉注射葡萄糖酸钙；产后 4～8 小时肌内注射缩宫素；肌内注射 PG 0.4～0.6 毫克。

严禁手工剥离胎衣，如果出现急性子宫感染，危及牛的生命时，可以立即进行子宫清理，投药或者剥离胎衣。

缩宫素的使用条件：一是产道完全开张之后再注射；二是正常剂量 30～50 万单位，严禁超量，因为其半衰期只有 3～5 分钟；三是间隔一段时间可再次给药。

奶牛胎衣不下治疗流程见图 6-4。

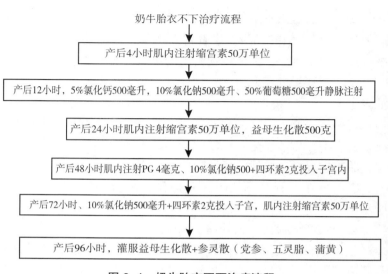

奶牛胎衣不下治疗流程

产后4小时肌内注射缩宫素50万单位

产后12小时，5%氯化钙500毫升，10%氯化钠500毫升、50%葡萄糖500毫升静脉注射

产后24小时肌内注射缩宫素50万单位，益母生化散500克

产后48小时肌内注射PG 4毫克、10%氯化钠500+四环素2克投入子宫内

产后72小时、10%氯化钠500毫升+四环素2克投入子宫，肌内注射缩宫素50万单位

产后96小时，灌服益母生化散+参灵散（党参、五灵脂、蒲黄）

图6-4 奶牛胎衣不下治疗流程

第三，恶露不尽或发臭处理。正常牛只注射 PG 0.4 毫克与镇痛消炎药。

恶露的概念：分娩后，子宫修复过程中，变性脱落的母体胎盘，残留在子宫内的血液，胎水以及子宫腺的分泌物被排出来，称为恶露。

正常恶露标准：恶露是判定产后机体的健康的关键指标，正常的恶露有血腥味但不臭，量由多变少，色由浑浊变清。恶露排出期为牛产后 10～20 天停止。

临床上常见恶露异常的处理为法：

不见恶露：直肠检查，抬起子宫颈，看是否有恶露流出，摸子宫角，肿大，说明因子宫颈关闭而恶露无法流出。分娩后第 7～10 天，PG＋益母生化散。

恶露多、脏、恶臭、体温升高等：PG＋抗菌消炎镇痛（局部＋全身）＋益母生化散。

③奶牛产后配种的时间 保证 100 天定胎。

35＋21＝56 天（第一次配种）。

56＋21＝77 天（第二次配种）。

77＋21＝98 天（第三次配种）。

④禁止产后子宫内投药　产后不正确的子宫投药增加子宫感染的风险，导致子宫复旧延长。产后 30 天牛子宫自净能力很强，人为地进行子宫内治疗，干扰和损害自生的免疫能力和效果。子宫内输药危险大，当药物无法排出时危害更大，增加感染面积。奶牛的子宫是无氧环境，因此使得许多抗生素效果不好，并且子宫内的多种生物体产生的酶类中和了灌进子宫的抗生素。

⑤子宫的自净　产后第 14 天 PG 程序；产后 18～21 天检查子宫复旧情况，通过检查可刺激子宫恶露排出或者肌内注射 PG 4 毫克，促进内容物的排出。

（2）产后护理第二阶段　产后 28～35 天对子宫卵巢复旧检查，称之为产检，是产后护理第二阶段。

①子宫复旧的检查

产后第 28 天注射 PG，产后 28～35 天第二次直肠检查，发现子宫炎症牛进行治疗。

产后 40 天内必须完成子宫净化，等待自然发情，母牛产后第一次发情的时间大部分在 50 天左右或更长的时间。

产后 60 天出现不发情牛立刻进行处理，因为随着产奶量越来越高，子宫恢复期延迟。子宫炎牛处理不及时，容易形成子宫蓄脓、子宫粘连、输卵管炎及卵巢炎等产科疾病。

②子宫复旧的标准

位置：子宫角和宫体收缩恢复到骨盆腔。

体积与形态：子宫体积大小适中，经产牛子宫不同程度垂入腹腔；左、右宫角基本对称，角间沟明显。

宫缩：有节奏的收缩感，反应灵敏。

性状：弹性良好，宫壁薄厚均匀，宫腔适中。

目标：达到正常空怀牛的子宫大小和形态，并在产后 30 天以内正常发情。

重点是对子宫炎、子宫内膜炎及子宫蓄脓的检出，治疗详见产科疾病的治疗方案。

③卵巢复旧及卵巢疾病的检查 对卵巢检查主要是判定卵巢上是卵泡还是黄体，同时鉴别诊断卵巢疾病。

卵巢疾病的治疗详见奶牛乏情的防治。

卵泡囊肿的检出：卵巢上有多个大卵泡卵泡壁厚直径大于2.5厘米；同一个卵巢上长有多个卵泡。

卵巢静止的检出：卵巢上无卵泡与黄体7天后检查与上次结果一样。

黄体囊肿的检出：牛只不发情，直肠检查卵巢与前7天检查结果一样黄体饱满。

产后子宫卵巢检查流程见图7-5。

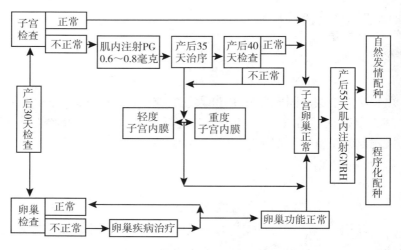

图7-5 产后子宫卵巢检查流程图

④发情牛只的跟踪

成年母牛：产后30天左右对所有牛只进行发情跟踪，头胎首次开配在产后 55 天以上，产后 60 天未发情牛只进行直肠、B 超检查，查找不发情牛只原因。

育成牛：关注初情期，首次开始配种在 13 月龄以上，14 月龄以上达到参配体重和体高而未发情牛，需要进行直肠、B 超检查，查找不发情的原因。

（3）产后监控

①乳房的充盈程度的检查　在挤奶之前，触摸乳房，如紧实可能是正常牛；如比较软或松弛，可能有问题，进行标记（在挤奶台执行）。

②食欲与精神状态的检查　在挤奶台、来回走道及牛舍运动场的地方观察，一是要发现牛的食欲如何：从挤奶厅回来是否进行正常的采食；是否直接躺下了，不采食。二是观察牛面部的变化情况：观察牛的耳朵是否耷拉着；眼窝是否深陷；鼻子是否有白色的或是黄色的分泌物。发现有这些表现的牛，可以抓一把草料，在它的背上做一个标记（图 7-6）。

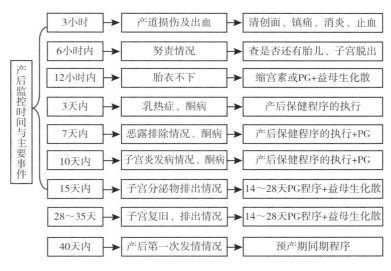

图 7-6　产后监控时间与主要事件

③子宫分泌物的检查 绕到新产牛的后边，在产后的第一天、第七天、第十天，检查子宫的分泌物。如果是高危牛，已进行抗生素治疗，在治疗结束的最后 1 天，做子宫分泌物的检查。

④产后 40 天之内不发情的原因 一是随着产奶量越来越高，促性腺激素分泌受到抑制。二是子宫恢复期延迟，子宫炎处理不及时，容易形成子宫蓄脓、子宫粘连、输卵管炎及卵巢炎等。

奶牛分娩后分正常分娩和高危牛，高危牛经肌内注射 PG、抗生素后到子宫净化，发热＋分泌物臭味的及未发热＋分泌物臭味的是子宫炎阳性，注射抗生素＋PG＋灌服益母生化散或子宫消炎散，这是一个过程。

（4）产后康复与缩短产犊间隔（繁殖保健程序） 见图 7-7，图 7-8。

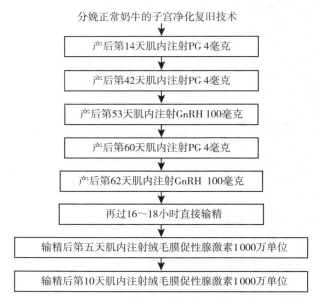

图 7-7 分娩正常奶牛的子宫复旧处理流程

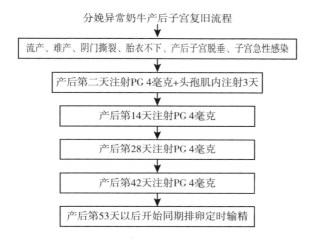

分娩异常奶牛产后子宫复旧流程

流产、难产、阴门撕裂、胎衣不下、产后子宫脱垂、子宫急性感染

产后第二天注射PG 4毫克+头孢肌内注射3天

产后第14天注射PG 4毫克

产后第28天注射PG 4毫克

产后第42天注射PG 4毫克

产后第53天以后开始同期排卵定时输精

图 7-8 分娩异常奶牛产后子宫复旧处理流程

方案一 产后 2～5 天内肌内注射 PGF$_{2a}$ 0.4～0.6 毫克，每天 1 次，连用 2～3 天。

原因：PGF$_{2a}$ 能加速卵巢上黄体溶解，兴奋子宫平滑肌，可有效促进恶露排出，加快子宫复旧。促进卵巢由黄体期向卵泡期转化，引起卵泡生长发育。

效果：促进产后康复（净化子宫，加速复旧），缩短产犊间隔。

方案二 产后 8～15 天内，用促排卵素 3 号（LHRH-A3）15 微克/头，早、晚各 1 次，连用 2～3 天。

原因：促排卵素可刺激脑垂体分泌 FSH 和 LH，从而促进卵巢卵泡生长发育，进一步影响子宫功能的修复，并与之相适应。通过卵巢、子宫功能自身调节，激发卵巢、子宫防御功能，从而达到防病目的。

效果：有效缩短母牛的空怀期 5～20 天水平。该方法重在促进卵巢、子宫功能的修复和建立较强的非特异性抗病能力。

方案三 在母牛产后 40 天左右时，开始同期排卵技术：肌内注射促排卵素 3 号（LHRH-A3）15～25 微克，间隔 6 天肌内注射 PGF_{2a} 0.4～0.6 毫克，再隔 1 天肌内注射促排卵素 3 号 15～25 微克。

原因：一般奶牛在产后 40 天左右有卵泡发育，肌内注射促排卵素 3 号能促进卵泡发育成熟，并诱导排卵，促使卵巢进入黄体期。肌内注射 PGF_{2a} 来溶解黄体，调控黄体期，诱导卵巢进入卵泡期，并引起发情。最后 1 次肌内注射促排卵素 3 号可促进卵泡充分成熟，并排卵。

效果：缩短产犊间隔，明显提高 60 天内受胎率；该方法在卵巢子宫修复良好的基础上，人为调控正常发情周期，达到加强发情配种效率，从而提高繁殖水平。

方案四　在母牛产后 30 天左右时，肌内注射 PGF_{2a} 0.4～0.6 毫克，间隔 12 天重复用药 1 次。

原因：通过模拟同期发情效果，来调整卵巢功能，使之产生正常的发情周期，同时进一步促进子宫复旧。

效果：该方法不仅能有效促进卵巢子宫功能的修复，而且能有效防治产后繁殖障碍性疾病的发生，从而达到缩短产后间隔的目的。

方案五　在产后 25～30 天，用孕马血清（PMSG）1 000 单位，3～4 天后肌内注射 1 000～1 500 单位绒毛膜促性腺素（HCG），有发情的牛可及时配种。

原因：产后 25～30 天多数奶牛卵巢功能静止或不全，处于乏情状态，孕马血清（PMSG）半衰期长，能充分刺激卵泡发育成熟。绒毛膜促性腺素（HCG）促进卵泡排卵，并形成黄体，避免卵泡囊肿的发生。

第八章

奶牛防疫检疫与生物安全技术

一、卫生防疫

（一）防疫总则

奶牛场应贯彻"以防为主，防治结合"的方针，严格实行自繁自养，封闭管理，严格执行生物安全体系。

（二）防疫要求

1. 奶牛场所有出入口应设立消毒池，车辆出入牛场必须经过门口消毒池消毒，消毒池长×宽×深≥6米×3米×0.3米。池内保持有效的消毒液量及浓度，一般用2%氢氧化钠溶液或1：800倍的消毒威。或者门口应配备高压消毒枪，对进场车辆进行消毒。

2. 建立出入登记制度，谢绝参观，非生产人员不得进入生产区。

3. 生产区与生活区间设立隔离带，并设立更衣室，更衣室应清洁、无尘埃，具有紫外线灯及衣物消毒设施。职工进入生产区，穿戴工作服经过消毒间，洗手消毒方可入场。运动场无积水、积粪、硬物及尖锐物。饮水池保持清洁无沉积物。排水沟保持畅通无杂物，定期清除杂草。

4. 定点堆放牛粪，定期喷洒杀虫剂，防止蚊蝇滋生。奶牛场设专门供粪车等污染车辆通行的通道。

5. 奶牛场员工每年必须进行健康检查 1 次，如患传染性疾病应及时在场外治疗，痊愈后方可上岗。

6. 新招员工必须经健康检查，确认无结核病、布病才能上岗。

7. 奶牛场员工家中不得饲养偶蹄动物，不得饲养其他畜禽，禁止将畜禽及其产品带入场区。员工不得互串车间，各车间生产工具不得互用。

8. 死亡牛只应做无害化处理，尸体接触的器具和环境做好清洁及消毒工作。

9. 淘汰及出售牛只应经检疫并取得检疫合格证明后方可出场。

10. 运牛车辆必须经过严格消毒后进入指定区域装车。

11. 当奶牛发生疑似传染病或附近牧场出现烈性传染病时，应立即采取隔离封锁，疫苗注射和其他应急措施。

（三）日常消毒

奶牛场每月进行 1 次全场大消毒，运动场每周消毒 2 次。牛舍、挤奶厅、饮水器、饲槽每周消毒 1 次。常用消毒液见表 8-1。

表 8-1　常用消毒液

名　称	浓　度	适用范围
消毒威	1：800	牛舍内消毒、洗手消毒
力褐金安	1：200	牛舍内消毒、洗手消毒
火　碱	2%～3%	牛舍外环境、门口消毒池
乳头药浴液	1：10	乳头药浴消毒
聚维酮碘、硫酸铜、福尔马林	5%	蹄浴液

（四）奶牛驱虫

1. 犊牛驱虫　犊牛出生后第 45～60 日龄进行首次驱虫，药物为伊维菌素＋球虫清。犊牛 75 日龄进行第二次驱虫，药物为伊维菌素＋球虫清。

2. 成年牛驱虫　成年母牛在干奶期驱虫，一般在干奶第 28 天开始驱虫，间隔 14 天，再次驱虫，药物为伊维菌素。

二、奶牛检疫

奶牛常规检疫主要有以下几项。

结核检疫：奶牛场要配合检疫部门安排好每年春秋 2 次全群牛的结核检疫。结核检疫出现的阳性牛只，应在 3 天内扑杀。初次检疫可疑的牛只，应隔离饲养，45 天后复检；2 次检疫均可疑的按阳性处理。对阳性牛所在牛舍增加消毒频率，暂停牛只调动。该群牛每隔 45 天复检 1 次，连续 2 次不出现阳性反应的牛为止。

布鲁氏菌病检疫：牛场应配合检疫部门进行每年春、秋两次检疫，凡 3 月龄以上的牛均需采血检疫。检出阳性牛，必须按照国家规定制度进行无害化处理。

副结核检疫：每年对 3 月龄以上的牛进行 1 次副结核检疫，检疫规定与结核检疫相同。

定期开展牛传染性鼻气管炎和牛病毒性腹泻－黏膜病的血清学检查：当发现病牛或血清抗体阳性牛时，应采取严格防疫措施，必要时要注射疫苗。

其他疫病检疫：按上级防疫主管部门安排进行。

疫病扑灭措施：按照《中华人民共和国动物防疫法》的要求执行。

三、奶牛免疫

（一）要　求

疫苗应按规定保存，注射时如遇瓶盖松动、破裂、瓶内有异物或凝块应弃用。免疫时做好详细记录，首免牛及时佩带免疫耳标。免疫时应详细记录疫苗生产厂家、批号、操作人员等。注射所用的针头、针管等器具应事先进行消毒。注射部位经剪毛消毒后注射疫苗，严禁飞针方式注射，注射时针头逐头更换，禁止一个注射器供两种疫苗使用。注射量严格按照疫苗说明进行。注射疫苗时，应备足肾上腺素等抗过敏药，凡病、瘦弱牛、临产牛（10～15天）缓注疫苗。待病牛康复、产后再按规定补注。疫苗瓶子用后必须焚烧深埋。

（二）强制免疫

口蹄疫按照国家有关规定严格执行。炭疽防疫。有炭疽发生史的牛场，凡6月龄以上的牛每年春季均需皮下注射Ⅱ号炭疽芽孢苗1次。

（三）免疫程序

1. 初生至1周龄

（1）**预防腹泻**　可通过以下3种途径预防初生犊牛腹泻。一是及时给予足够高质量初乳，这是最经济和最有效的办法。只要对干奶牛进行合理科学免疫，其初乳中就含有保护初生犊牛避免大肠杆菌、梭状杆菌、轮状病毒和冠状病毒攻击的丰富抗体。二是口服市售抗体补充物。三是在灌服初乳0.5～1小时前，口服弱毒轮状和冠状病毒疫苗。

（2）**预防呼吸系统疾病**　鼻腔黏膜接种牛传染性鼻气管炎病

毒疫苗和牛副感冒 3 型病毒疫苗。

（3）**禁止进行其他免疫**　因不足 1 周龄的初生犊牛尚未从与母体分开的巨大变化应激中完全适应，同时体内存在高水平的固醇类激素，加之自身免疫系统虽然完整但并未成熟及免疫应答幼稚，故只限于口服接种免疫和鼻腔黏膜接种免疫。

2. 3～5 周龄　禁止进行任何免疫，因为在此阶段哺乳犊牛的被动免疫功能正逐步减弱，而自身免疫系统尚未完全成熟和具备完整功能。如果强行免疫，免疫应答会比较差，并且还会影响哺乳犊牛以后的免疫注射效果。

3. 5 周龄　注射四联弱毒苗（牛病毒性腹泻、牛病毒性鼻气管炎、牛呼吸道合胞体病毒和牛副感冒 3 型病毒）。注射 5 种血清型钩端螺旋体疫苗，4～6 周内需要再免疫注射 1 次。

4. 4 月龄　注射四联弱毒苗（牛病毒性腹泻、牛病毒性鼻气管炎、牛呼吸道合胞体病毒和牛副感冒 3 型病毒）＋5 种血清型钩端螺旋体病疫苗。不可同时注射牛胎儿弯曲杆菌疫苗和钩端螺旋体疫苗，这两种疫苗必须分开注射。

注射 7 种或 8 种血清型梭状杆菌疫苗。如果需要，还可注射巴氏杆菌病疫苗。

5. 5 月龄　因为在 4 月龄做免疫注射时，某些犊牛仍有可能受到其体内残存母源性抗体的干扰而难以免疫应答理想，所以需要再次注射四联弱毒苗（牛病毒性腹泻、牛病毒性鼻气管炎、牛呼吸道合胞体病毒和牛副感冒 3 型病毒）＋5 种血清型钩端螺旋体病疫苗。重复注射 7 种或 8 种血清型梭状杆菌病疫苗。重复注射巴氏杆菌病疫苗。如有必要，可进行布鲁氏菌病疫苗免疫注射，可在 6 月龄重复接种 1 次。

6. 12～13 月龄　注射四联弱毒苗（牛病毒性腹泻 1 型和 2 型、牛病毒性鼻气管炎、牛呼吸道合胞体病毒和牛副感冒 3 型病毒）。注射 5 种血清型钩端螺旋体病疫苗；应每年做加强注射。注射牛胎儿弯曲杆菌病疫苗（如有必要），但必须与钩端螺旋体病疫苗分开注射。重复注射 7 种或 8 种血清型梭状杆菌病疫苗。

7. 妊娠母牛（包括头胎牛和经产牛）

（1）干奶后 2 周 注射四联灭活苗（牛病毒性腹泻 1 型和 2 型、牛病毒性鼻气管炎、牛呼吸道合胞体病毒和牛副感冒 3 型病毒）。

注射 7 种或 8 种血清型梭状杆菌病疫苗。

注射预防新生犊牛腹泻疫苗（如轮状病毒病、冠状病毒病、7 种或 8 种血清型梭状杆菌病等）。

注射预防大肠杆菌病乳房炎疫苗。

（2）产前 21 日 再次加强注射预防新生犊牛腹泻疫苗（如轮状病毒病、冠状病毒病、7 种或 8 种血清型梭状杆菌病等）。

再次加强注射预防大肠杆菌病乳房炎疫苗。

8. 分娩后 2～3 周新产牛 分娩后头 10 日内避免给予任何免疫注射。注射四联弱毒苗（牛病毒性腹泻 1 型和 2 型、牛病毒性鼻气管炎、牛呼吸道合胞体病毒和牛副流感 3 型病毒）。注射 5 种血清型钩端螺旋体病疫苗。再次加强注射预防大肠杆菌乳房炎疫苗。

9. 妊娠检查确定妊娠牛 注射四联灭活苗（牛病毒性腹泻 1 型和 2 型、牛病毒性鼻气管炎、牛呼吸道合胞体病毒和牛副感冒 3 型病毒）。注射 5 种血清型钩端螺旋体病疫苗。

10. 种用公牛 基本类同育成牛。注射四联弱毒苗（牛病毒性腹泻 1 型和 2 型、牛病毒性鼻气管炎、牛呼吸道合胞体病毒和牛副流感 3 型病毒）。

注射牛胎儿弯曲杆菌病疫苗；拟注射 2 次，以保证免疫效果。

注射 7 种或 8 种血清型梭状杆菌病疫苗。

注射 5 种血清型钩端螺旋体病疫苗；在采精或放入母牛群前 4～6 周，拟进行 1 次加强注射。

11. 口蹄疫的免疫

（1）**疫苗种类**　口蹄疫 O 型～亚洲 I 型～A 型三联灭活疫苗。免疫期为 3 个月。2℃～8℃冷藏，不得冻结。必须在接种疫苗的当天领出。

（2）**免疫方法**　使用时摇匀，牛只全部肌内注射。4～6 月龄后备牛必须臀部肌内注射。6 月龄以上的牛必须颈部肌内注射。

（3）**剂量**　4～6 月龄（包括 6 月龄）的后备牛 2 毫升 / 头。6 月龄以上所有牛只 3 毫升 / 头。

（4）**疫苗接种次数及时间**

程序 1：新疫区每年免疫 3 次，即 2 月 15 日，6 月 15 日，10 月 15 日。

程序 2：老疫区重点做好后备牛免疫，后备牛每年 9 月 15 日首次免疫，10 月 1 日加强免疫，12 月 15 日再次免疫。

经产母牛每年 9 月 15 日首次免疫，12 月 15 日再次免疫。每年 11 月份至翌年 2 月份生产的犊牛，第 45 日龄首免，第 75 日龄二次注射三联苗。

（5）**免疫条件**　2 月龄以上的所有牛（包括 4 月龄）青年牛、挤奶牛。

（6）**免疫注意事项**　接种疫苗时用 20 毫升金属注射器或 3 毫升连续注射器。用（16×25）号针头，每接种 1 头牛换 1 个针头。疫苗接种前必须准备好抗过敏药物：肾上腺素；地塞米松。疫苗接种工作开始之前必须提前通知保险公司的相关负责人。

（7）**免疫效果监测**　在疫苗接种免疫后 21 天进行，抗体监测。存栏奶牛免疫抗体合格率≥95% 判定为合格。

12. 梭菌病疫苗免疫注射与注意事项

（1）**疫苗种类**　牛梭菌病多联灭活干粉苗。2℃～6℃条件下冷藏。必须在打疫苗的当天领出。

（2）**免疫方法**　每瓶梭菌病疫苗干粉用 1 瓶氢氧化铝胶盐水稀释液稀释。使用时摇匀，皮下注射。

（3）疫苗接种条件　满 3 个月龄育成牛 2.5 毫升 / 头。12 月龄以上的所有牛 3 毫升 / 头。成年牛每隔 6 个月接种 1 次，常发病牛场在母牛产前 45～21 天再接种 1 次。

13. 布鲁氏菌病免疫注射与注意事项

（1）疫苗种类　布鲁氏菌病活疫苗（S2、A19），2℃～8℃贮存，有效期 12 个月。必须在接种疫苗的当天领出，稀释后的疫苗当天用完。

（2）疫苗使用方法　详细阅读说明书，用生理盐水稀释疫苗干粉，用生理盐水的数量按说明书，使用时摇匀，S2 苗牛只全部口服。所有 6 月龄以上的牛只一律 500 亿 / 头，7 月龄加强 1 次，口服 500 亿 / 头。以后每年口服疫苗 1 次，每次 500 亿 / 头。用投药器投服疫苗。玉米面加水搅拌成生面团状，将玉米面团块装入投药器桶内，用注射器向投药器内的玉米面团内部注射 500 亿菌量，然后经口投入。

A19 可以给空怀母牛、犊牛、青年牛肌内注射。

（3）疫苗接种程序　凡布鲁氏菌病污染牧场，布鲁氏菌病接种使用的疫苗为 S2 疫苗或者 A19 号疫苗。

S2 苗免疫程序：4 月龄首免，免疫剂量 500 亿菌量，口服。5 月龄加强免疫 1 次，剂量 500 亿菌量，口服。以后每年加强免疫 1 次，剂量，500 亿菌量。

A19 苗免疫程序：犊牛 3 月龄、4 月龄、12 月龄分别注射 1次 A19 号疫苗。妊娠母牛不能注射 A19 号疫苗，只能口服 S2 疫苗。

14. 传染性鼻气管炎免疫注射与注意事项

（1）疫苗种类　此疫苗为灭活的标记疫苗。2℃～8℃保存，不能冷冻。

（2）疫苗使用方法　3 月龄犊牛，首次免疫。在首次接种后，间隔 4 周再接种 1 次。以后每 6 个月免疫接种 1 次。成年牛第一次接种 IBR 疫苗，必须在接种后的 28～30 天再接种 1 次。以后每 6 个月接种 1 次。肌内注射，2 毫升 / 头。

（3）**首免和二免**　每1个月对已满3月龄的犊牛首免。1月后再加强免疫1次。

（4）**免疫时间**　由于传染性鼻气管炎疫苗接种后2个月才可有效控制母牛的流产，成母牛每年的二次免疫的时间应在8月份和2月份。

15. 炭疽芽孢苗免疫注射与注意事项

（1）**疫苗种类**　疫苗为无毒炭疽芽孢苗或炭疽Ⅱ号芽孢苗，两种疫苗都是灭活苗，接种后14天产生免疫力，免疫期为1年。2℃～8℃下保存。

（2）**疫苗使用方法**　由于炭疽的疫源地一旦形成难以在短期内根除，因此对炭疽疫区内的易感母牛，每年应定期进行预防接种。详细阅读疫苗说明书，按说明书接种。非疫区每年免疫接种1次，疫区每年免疫接种2次。

四、奶牛场生物安全体系

奶牛场生物安全体系是奶牛疾病防控体系的根本，也是确保奶牛场优质高产高效的基础。奶牛养殖场生物安全体系在保证奶牛健康起着决定性作用，同时也最大限度地减少养牛场对周围环境的不利影响。养牛场生物安全体系包括隔离、生物安全通道、卫生消毒、动物免疫、健康监测、牛群净化、人员管理、物流控制等要素。

（一）隔　离

隔离措施主要包括空间距离隔离和设置隔离屏障。

1. 空间距离隔离　奶牛养殖场场址应选择在地势干燥、水质良好、排水方便的地方，远离交通干线和居民区1 000米以上，距离其他饲养场1 500米以上，距离屠宰场、畜产品加工厂、垃圾及污水处理厂2 000米以上。

根据生物安全要求的不同，养殖场区划分为生产区、管理区和生活区，各个功能区之间的间距不少于 50 米，动物圈舍之间距离不应少于 10 米。

2. 隔离屏障　隔离屏障包括围墙、防疫壕沟、绿化带等。

养牛场应设有围墙，将养牛场从外界环境中明确的划分出来，并起到限制场外人员、动物、车辆等自由进出养牛场的作用。围墙外建立绿化隔离带，场门口设警示标志。

生产区、管理区和生活区之间设围墙或建立绿化隔离带。

在远离生产区的下风向区建立隔离观察室，四周设隔离带，重点对疑似病牛进行隔离观察。有条件的养牛场建立真正意义上的、各方面都独立运作的隔离区，重点对新进场动物、外出归场的人员、购买的各种原料、周转物品、交通工具等进行全面的消毒和隔离。

（二）生物安全通道

生物安全通道具有两方面的含义：一是进出养牛场必须经过生物安全通道，二是通过生物安全通道进出养牛场可以保证安全。

养牛场应尽量减少出入通道，最好在场区、生产区和动物舍只保留一个经常出入的通道。

生物安全通道要设专人把守，限制人员和车辆进出，并监督人员和车辆执行各项生物安全制度。

设置必要的生物安全设施，包括符合要求的消毒池、消毒通道、装有紫外线灯的更衣室等。

场区道路实现硬化，净道和污道分开且互不交叉。

（三）消　毒

1. 预防性消毒

（1）环境消毒　奶牛场周围及场内污水池、粪收集池、下水道出口等设施每月应消毒 1～2 次。养牛场大门口应设消毒池，消毒池的长度为 4.5 米以上、深度 20 厘米以上，池上方应建有顶棚，防止日晒雨淋，每周更换消毒液 2～3 次。牛舍周围环境每周消毒 1～2 次。牛舍入口处设长度为 1.5 米以上、深度为 20 厘米以上的消毒槽，每周至少更换 2 次消毒液。牛舍内每天消毒 1 次。

（2）**人员消毒**　工作人员进入生产区要更换清洁的工作服和鞋、帽；工作服和鞋、帽应定期清洗、更换，清洗后的工作服晒干后应用消毒药剂熏蒸消毒 20 分钟，工作服不准穿出生产区。工作人员的手用肥皂洗净后浸于消毒液（如 0.2% 柠檬酸、洗必泰或新洁尔灭等溶液）内 3～5 分钟，清水冲洗后抹干，然后穿上生产区的水鞋或其他专用鞋，通过脚踏消毒池进入生产区。

（3）**圈舍消毒**　圈舍的全面消毒按牛舍排空、清扫、洗净、干燥、消毒、干燥、再按照消毒顺序进行。

在牛群出栏后，圈舍要先用 3%～5% 氢氧化钠溶液或常规消毒液进行 1 次喷洒消毒，可加用杀虫剂，以杀灭寄生虫和蚊蝇等。

对排风扇、排风口、天花板、横梁、吊架、墙壁等部位的积垢进行清扫，然后清除所有垫料、粪肥，清除的污物集中处理。

经过清扫后，对较脏的地方，可先进行人工刮除，要注意对角落、缝隙、设施背面的清洗，做到不留死角。

圈舍经彻底洗净干燥，再经过必要的检修维护后即可进行消毒。首先用 2% 氢氧化钠溶液或 5% 甲醛溶液喷洒消毒。干燥后再用千毒除或菌毒敌喷雾消毒 1 次。在完成所有清洁和消毒步骤后，保持不少于 2 周的空舍时间，进幼犊前 5～6 天对圈舍的地面、墙壁用 2% 氢氧化钠溶液彻底喷洒。

（4）**用具及运载工具消毒**　出入牛舍的车辆、工具定期进行严格消毒，可采用紫外线照射或消毒药喷洒消毒。

（5）**带牛消毒**　带牛消毒的关键是要选用杀菌（毒）作用

强而对牛无害，对塑胶、金属器具腐蚀性小的消毒药。常可选用 0.3% 过氧乙酸、0.1% 次氯酸钠、菌毒敌、百毒杀等。选用高压动力喷雾器或背负式手摇喷雾器，将喷头高举空中，喷嘴向上以画圆圈方式先内后外逐步喷洒，使药液如雾一样缓慢下落。要喷到墙壁、屋顶、地面，以均匀湿润和牛体表稍湿为宜，不得直喷，雾粒直径应控制在 80～120 微米，同时与通风换气措施配合起来。

2. 紧急消毒　紧急消毒时应首先对圈舍内外消毒后再进行清理和清洗。将牛舍内的污物、粪便、垫料、剩料等各种污物清理干净，并做无害化处理。所有病死牛、被扑杀牛及其产品、排泄物及被污染或可能被污染的垫料、饲料和其他物品应当进行无害化处理。无害化处理可以选择深埋、焚烧等方法。饲料、粪便也可以堆积密封发酵或焚烧处理。参加疫病防控的各类工作人员，包括穿戴的工作服、鞋、帽及器械等都应进行严格的消毒。消毒方法可采用消毒液浸泡、喷洒、洗涤等。消毒过程中所产生的污水应做无害化处理。

3. 消毒药物选择　养牛场根据生产实践，结合牛场防控其他动物疫病的需要，选择使用。常用消毒药的适用范围及方法有：

（1）氢氧化钠（烧碱、火碱、苛性钠）　氢氧化钠对细菌和病毒均有强大杀灭力，对细菌芽孢、寄生虫卵也有杀灭作用。常用 2%～3% 溶液来消毒出入口、运输工具、饲槽等。但对金属、油漆物品均有腐蚀性，用清水冲洗后方可使用。

（2）石灰乳　石灰乳先用生石灰与水按 1:1 比例制成熟石灰后再用水配成 10%～20% 乳剂用于消毒，对大多数繁殖型病菌有效，但对芽孢无效。可涂刷圈舍墙壁、牛栏和地面消毒。应该注意的是单纯生石灰没有消毒作用，放置时间长从空气中吸收二氧化碳变成碳酸钙则消毒作用失效。

（3）过氧乙酸　市场出售的过氧乙酸溶液为 20%，有效期 6

个月，杀菌作用快而强，对细菌、病毒、真菌和芽孢均有效。现配现用，常用 0.3%～0.5% 浓度做喷洒消毒。

（4）次氯酸钠　常用 0.1% 次氯酸钠溶液带牛消毒，0.3% 浓度做牛舍、器具消毒，宜现配现用。

（5）漂白粉　漂白粉含有效氯 25%～30%，用 5%～20% 混悬液对厩舍、饲槽、车辆等喷洒消毒，也可用干粉末撒地。对饮水消毒时，每 100 升水加 1 克漂白粉，30 分钟后即可饮用。

（6）强力消毒灵　强力消毒灵是目前最新、效果最好的杀毒灭菌药。强力、广谱、速效，对人、畜无害、无刺激性与腐蚀性，可带畜消毒。只需 0.1% 的浓度，便可以在 2 分钟内杀灭所有致病菌和支原体，用 0.05%～0.1% 浓度在 5～10 分钟内可将病毒和支原体杀灭。

（7）新洁尔灭　以 0.1% 新洁尔灭溶液消毒手，或浸泡 5 分钟消毒皮肤、手术器械等用具。0.01%～0.05% 溶液用于黏膜（子宫、膀胱等）及深部伤口的冲洗。忌与肥皂、碘、高锰酸钾、碱等配合使用。

（8）百毒杀　百毒杀配制成 0.2% 或相应的浓度，用于圈舍、环境、用具的消毒。本品低浓度杀菌，持续 7 天杀菌效力，是一种较好的双链季铵盐类广谱杀菌消毒剂，无色、无味、无刺激和无腐蚀性。

（9）粗制的福尔马林　粗制的福尔马林为含 37%～40% 甲醛的水溶液，有广谱杀菌作用，对细菌、真菌、病毒和芽孢等均有效，在有机物存在的情况下也是一种良好消毒剂；缺点是具有刺激性气味，对牛群和人影响较大。常以 2%～5% 水溶液喷洒墙壁、牛舍地面、饲槽及用具消毒。

4. 消毒注意事项

①养牛场环境卫生消毒。在生产过程中保持内外环境的清洁非常重要，清洁是发挥良好消毒作用的基础。养牛场区要求无杂草、垃圾、场区净、污道分开；道路硬化，两旁有排水沟；沟底

硬化，不积水；排水方向从清洁区流向污染区。

②根据不同消毒药物的消毒作用、特性、成分、原理、使用方法及消毒的对象、目的、疫病种类，选用两种或两种以上的消毒剂交替使用，但更换频率不宜太高，以防相互间产生化学反应，影响消毒效果。

③消毒操作人员要佩戴防护用品，以免消毒药物刺激眼、手、皮肤及黏膜等。同时，也应注意避免消毒药物伤害奶牛及物品。

④消毒剂稀释后稳定性变差，不宜久存，应现用现配，一次用完。配制消毒药液应选择杂质较少的深井水或自来水。寒冷季节水温要高一些，以防水分蒸发引起奶牛受凉而患病；炎热季节水温要低一些并选在气温最高时，以便消毒同时起到防暑降温的作用。喷雾用药物的浓度要均匀，不易溶于水的药应充分搅拌使其溶解。

⑤生产区门口及各圈舍前消毒池内药液应定期更换。

（四）人员管理

1. 人员行为规范

①进入养牛场的所有人员，一律先经过门口脚踏消毒池（垫）、消毒液洗手、紫外线照射等措施消毒后方可入内。

②所有进入生产区的人员按指定通道出入，必须坚持"三踩一更"的消毒制度。即：场区门前消毒池（垫）、更衣室更衣和消毒液洗手、生产区门前消毒池及各牛舍门前消毒池（盆）消毒后方可入内。条件具备时要先沐浴再更衣和消毒才能入内。

③外来人员禁止入内，并谢绝参观。若生产或业务必要，经消毒后在接待室等候，借助录像了解情况。若系生产需要（如专家指导）也必须严格按照生产人员入场时的消毒程序消毒后入场。

④任何人不准带食物入场，更不能将生肉及含肉制品的食物带入场内。

⑤在场技术员不得到其他养殖场进行技术服务。

⑥养牛场工作人员不得在家自行饲养口蹄疫病毒易感染的偶蹄动物。

⑦饲养人员各负其责，一律不准串区窜舍，不互相借用工具。

⑧不得使用国家禁止的饲料、饲料添加剂及兽药，严格落实休药期的规定。

2. 管理人员职责

①负责对员工和日常事务的管理。

②组织各环节、各阶段的兽医卫生防疫工作。

③监督养牛场生产、卫生防疫等管理制度的实施。

④依照兽医卫生法律、法规要求，组织淘汰无饲养价值、怀疑有传染病的病牛、并进行无害化处理。

3. 技术人员职责

①协助管理人员建立养牛场卫生防疫工作制度。

②根据养牛场的实际情况，制定科学的免疫程序和消毒、检疫、驱虫等工作计划，并参与组织实施。

③及时做好免疫、监测工作，如实填写各项记录，并及时做好免疫效果的分析。

④发现疫病、异常情况及时报告管理人员，并采取相应预防控制措施。

⑤协助、指导饲养人员和后勤保障人员做好奶牛进出、场地消毒、无害化处理、兽药和生物制剂购进及使用、疫病诊治、记录记载等工作。

4. 饲养人员职责

①认真执行养牛场饲养管理制度。

②经常保持牛舍及环境的干净卫生，做好工具、用具的清洁与保管，做到定时消毒。

③细致观察饲料有无变质，注意观察牛采食和健康状态，排粪有无异常等，发现不正常现象，及时向兽医报告。

④协助技术人员做好防疫、隔离等工作。

⑤配合技术人员实施日常监管和抽样。

⑥做好每天生产详细记录，及时汇总，按要求及时向上汇报。

5. 后勤保障人员职责

①门卫做好进、出人员的记录；定期对大门外消毒池进行清理、消毒药更换工作；检查所有进出车辆的卫生状况，认真冲洗并做好消毒。

②采购人员做好原料采购，原料要从非疫区购进，原料到场后交付工作人员在专用的隔离区进行消毒。

（五）物流管理

有效的物流管理可以切断病原微生物的传播。

养牛场内畜群、物品按照规定的通道和流向流通。

养牛场应坚持自繁自养，必须从外场引进种牛时，要确认产地为非疫区，引进后隔离饲养 14 天，进行观察、检疫、监测、免疫，确认为健康后方可并群饲养。

犊牛岛每次转群后要严格进行清扫、清洗和消毒，并空圈 14 天以上方可进牛。

牛出场时要对牛群的免疫情况进行检查并做临床观察，无任何传染病、寄生虫病症状迹象和伤残情况方可出场，严格禁止牛带病出场；运输工具及装载器具经消毒处理，才可带出。

杜绝同外界业务人员的近距离接触；养牛场采购人员应向农业部颁发经营许可证的饲料生产企业采购饲料和饲料添加剂。

限制采购人员进入生产区，原料采购回来后交付其他工作人员存放、消毒，方可入场使用。

所有废弃物进行无害化处理达标后才能排放。病畜尸体、皮毛的处理按 GB 16548—2006 的规定执行。

（六）免疫注射

牛场要根据动物品种，结合当地疾病流行情况，实行计划免疫和预防接种。科学地免疫预防接种可使牛获得特异性抵抗力，以减少或消除传染病的发生。根据应用时机的不同，可分预防接种和紧急接种。

在经常发生某些传染病的地区，或有发生该病潜在的可能性的地区，为了防患于未然，在平时有计划地给健康牛进行疫（菌）苗接种，称为预防接种。为了使预防接种做到有的放矢，要查清本地区传染病的种类和发生季节，并掌握其发生规律、疫情动态、牛头数，以及饲养管理情况，以便制定出相应的预防接种计划，即科学的免疫程序。

在发生传染病时，为了迅速扑灭传染病的流行，而对尚未发病的牛临时进行预防接种，称为紧急接种。一般在疫区周围3千米左右地带内，给所有受威胁的牛用疫（菌）苗进行紧急接种，建立"免疫带"，是把疫情限制在疫区内、就地扑灭的一种有力措施。

第九章
奶牛环境控制与粪污处理技术

一、环境控制技术

环境控制是指阳光，空气，温度，湿度、通风，卫生条件。环境控制好坏的评价标志是奶牛的健康程度，评价奶牛健康与否的基本方法是看奶牛平时的舒适度。

实践证明，奶牛的环境和管理因素决定奶牛生产效率的96%，奶牛的个体差异因素占3%，配种因素占1%。

在舍饲状态，奶牛场污染物主要有牛粪、牛尿、污水、病死尸体，病畜、挤奶台酸碱液，兽医垃圾，生活垃圾，残奶、病奶、抗生素奶，粪便中超标的常量元素、微量元素，化学药物等。这些排出物不能及时得到有效的处理，将严重影响奶牛的健康，轻者造成奶牛生产性能下降，严重者导致奶牛生病乃至死亡。

牛场环境卫生消毒的质量决定了奶牛舒适度。奶牛舒适度管理水平决定了奶牛生产潜能的发挥和健康程度，也决定着奶牛的经济效益。同样，奶牛的舒适度也决定了奶牛的发情、排卵、受精、怀孕、妊娠、分娩、子宫复旧，卵巢机能重建等各个环节。奶牛舒适度也影响奶牛的乳房健康和肢蹄健康。定期做好牛场环境治理和卫生消毒是确保奶牛健康，提高生产效率的有效保证。

现代奶牛养殖越来越重视奶牛的福利。奶牛的福利普遍理解为五个自由，即：让奶牛享有免受饥渴的自由、生活舒适的自由、免受痛苦、伤害和疾病的自由、生活无恐惧感和悲伤感的自由以及表达天性的自由。

奶牛要享受到没有饥渴的自由。养牛人要为奶牛提供方便的、适温的、清洁饮水和平衡的日粮。

奶牛要享受到生活舒适的自由。养牛人要为奶牛提供适当的房舍或栖息场所，使其能够安全舒适地采食、反刍、休息和睡眠，不受困顿不适之苦。

奶牛要享受到不受痛苦、伤害和疾病的自由。养牛人要为奶牛做好防疫和普通病预防工作，并给患病奶牛提供及时诊治，使奶牛不受疼痛、伤病之苦。

奶牛要享受到生活无恐惧和悲伤感的自由。养牛人要保证奶牛拥有良好的栖息条件和处置条件（包括淘汰屠宰过程），保障奶牛免受应激，如驱赶、保定、惊吓、噪音、驱打、潮湿、酷热、寒风、雨淋、空气污浊、随意换料、饲料腐败等刺激，使奶牛不受恐惧、应激和精神上的痛苦。

奶牛要享受到表达天性的自由。养牛人要为奶牛提供足够的空间和适当的设施，让奶牛与同伴在一起，能够自由表达社交行为、性行为、泌乳行为、分娩行为等正常的习性。

奶牛福利的核心问题就是提高奶牛的环境卫生和奶牛舒适度，让奶牛自由的生活，才能自由的生产。满足这些条件的唯一措施就是环境控制与卫生管理。

环境控制技术体系即控制奶牛环境卫生，减少环境污染，提高奶牛舒适度，促进生态健康的技术与方案。环境控制的核心是贯彻以生态养殖为核心，以奶牛的生产周期健康循环为中心，以延长奶牛寿命，以奶牛瘤胃健康、肠道健康，牛群健康，养殖区域健康建设为中心，提升奶牛单产和牛奶质量。环境控制建设的主要内容有：奶牛场环境卫生与消毒，奶牛舒适度管理，奶牛热应激防控技术和奶牛场粪污的资源化利用。

（一）奶牛场环境卫生与消毒

定期对奶牛场环境进行治理和消毒是奶牛健康的保证。

1. 牛场内重点治理的 10 个主要场所

（1）产房与产房挤奶厅环境卫生 产房是奶牛完成分娩和初次挤奶和产后护理的重要场所。奶牛的很多疾病是从产房开始，有很多牛进入产房以后就不能健康地活着出来。产房一般设有产栏、小型挤奶厅或移动式挤奶车和牛舍，有的牛舍是全封闭的，只有卧床，没有运动场，有的牛场没有卧床，只有运动场。奶牛在产房发生的疾病常见有产后急性子宫内膜炎，子宫化脓，乳房炎，初乳被污染引起的新生犊牛腹泻等疾病。所以，要定期母牛分娩栏的铺垫进行更换，消毒，通风，并且对助产设配和用具进行清洗，整理和消毒。建立分娩制度，让出现分娩征兆的母牛及时进入产栏，自然分娩，适时助产，提高犊牛成活率。

（2）日粮通道和食槽环境卫生 日粮通道是日辆车配送日粮的唯一通道，食槽是堆放奶牛日粮的地方，日粮通道及食槽干净卫生是奶牛健康的保证。要严格控制食槽上的卫生，确保日粮新鲜，干净。生产中由 TMR 车轮造成的日粮污染十分常见，同时日粮二次发酵，日粮沉积，霉变等因素常影响奶牛健康。因此，要严格每日日粮添加量，及时推料，保证食槽卫生，每天及时清理食槽，保证每天食槽内有 3%～5% 剩料，定期清理食槽污垢并消毒。

（3）采食通道和室内走道的环境卫生 牛以食能为根本。奶牛一天有一多半时间是在采食通道和走到内渡过，如果卧床管理不到位，很多牛就不能卧下，只能长时间站立，久而久之，蹄部负荷太重，影响蹄子机能的开闭运动，造成蹄部血液循环障碍，容易发生蹄病，缩短奶牛的寿命。同时奶牛粪尿都寄存在采食通道，容易引起乳房炎和子宫炎、腐蹄病的发生。另外，牛群的密度，采食台颈枷的多少，采食台走道的宽度，通风、拥挤、空气质量、温度、湿度都严重影响奶牛采食和健康。所以，要定期清理粪便和消毒就显得十分重要。

（4）**卧床环境卫生** 在封闭牛舍，卧床是奶牛唯一卧地休息的地方，卧床肮脏，潮湿，奶牛不愿意卧下，即便是卧下，也造成身体被污染，尤其是乳房被污染，乳房炎高发。同时，卧床的大小、舒适度、垫料、消毒频率，消毒方法等对奶牛影响很大。所以，要在奶牛出圈上挤奶台挤奶这段时间，及时填补卧床垫料，刮平卧床，卧床消毒等维护工作。

（5）**运动场环境卫生** 奶牛需要天然的运动场。后备牛和干奶牛必须有运动场，多数泌乳牛没有卧床，都配有运动场。运动场是奶牛休息，喝水，社交的重要场所。奶牛每天需要 $10 \sim 12$ 小时的卧地休息，但是，在密集舍饲状态，奶牛运动场面积严重受限制，很容易受到粪尿，雨水浸泡，造成奶牛伤害。运动场不干净，干燥，卫生是奶牛发病的主要原因。故此，每天要对牛运动场进行旋耕、晾晒、定期清理积粪，铺垫沙土，消毒是非常重要的举措。

（6）**饮水槽环境卫生** 奶牛饮水比采食更重要。水是维持奶牛生命的第一要素，尤其是在热应激状态，缺水和水质不达标是不能养牛的，水质被污染是牛奶气味异常的主要原因。干净、充足的饮水是奶牛健康的第一要务。必须要保证奶牛随时能喝到水，冬天喝温水，夏天喝凉水。每天对水槽清理、消毒一次，每周对水槽周围污泥进行清理或更换调料是确保饮水安全的主要任务。

（7）**待挤奶间环境卫生** 奶牛每天挤奶 3 次，每次都要在待挤间等待很长时间才能轮到挤奶。在待挤间，奶牛紧贴在一起，密度最大，是污染最严重，传播疾病可能性最大的地方。要随时加强这里的通风、排气，冬天保温，防止滑到，夏天喷淋、风扇是关键。

（8）**挤奶厅环境卫生** 挤奶厅是完成挤奶的地方，这里的环境卫生决定了挤奶员的健康，奶牛的健康影响乳头的健康及牛奶质量和指标。挤奶厅卫生决定牛奶微生物指标，也决定乳房炎的发病率。挤奶厅要保持良好的通风、干燥、干净，定期对挤奶机，牛奶储藏罐，工作间进行人工清理和卫生消毒。

（9）**挤奶通道环境卫生** 挤奶通道是奶牛每天上下挤奶厅来回经过最多的地方，挤奶通道的宽度和地面平整、干燥度决定了奶牛蹄部的健康。在挤奶通道上，牛蹄部最容易受伤。所以，通道要宽，平坦，干燥，干净，不滑、不淤泥积水，定期清理、消毒，灭蝇。

（10）**兽医室、配种室、饲草料库房及用具的环境卫生** 工作室往往体现一个牧场工作人员的工作风格和工作效率。兽医室、配种室、饲草料库房必须制定严格的卫生安全制度，定期整理，消毒，评估，确保用药安全，器具卫生和日粮安全。

2. 牛场消毒注意事项

（1）**消毒方法** 消毒方法有以下三种：带畜（喷雾）消毒，饮水消毒和环境消毒，这三种形式的消毒方法可分别切断不同病源的传播途径，它们之间相互是不可取代的。

①带畜消毒 一般用来杀灭空气中、畜体表面、地面及屋顶墙壁等处的病原体，对预防呼吸道疾病及控制飞沫、气流传播疾病有重要意义。此外，带畜消毒还具有降低舍内氨气浓度和防暑降温的作用。

②饮水消毒 一般用来杀灭畜禽饮用水中的病原体并净化肠道，对预防消化道病有积极意义。在临床上常用的饮水消毒剂为氯制剂、季铵盐类和碘制剂。

③环境消毒 一般包括对畜牧场地面、门口过道及运输车等的消毒。

（2）**影响消毒的因素** 主要有温度、湿度、污物或残料、消毒液的浓度和剂量、消毒程序等。

①温度　一般情况下，消毒液温度高，消毒效果可加大。实验证明，消毒液温度每提高 10～12 摄氏度，杀菌效力增加 1 倍。

②湿度　很多消毒措施（气体消毒）对湿度的要求较高，如熏蒸消毒时需将舍内湿度提高到 60%～70% 才有效果。

③污物或残料　灰尘、残料（如蛋白质）等都会影响消毒效果，一定要先清洗再消毒，不能清洗消毒一步完成，否则污物或残料会严重影响消毒效果，使消毒不彻底。

④消毒液的浓度和剂量　消毒的浓度及剂量一定要合理，既不能过低也不可过高。

⑤消毒程序　选择对人、牛和环境安全、无残留毒性，对设备没有破坏性和在牛体内不产生有害积累的消毒剂。要针对不同的消毒对象采用不同的消毒剂并采取不同的消毒方法，如：牛舍、牛场道路、车辆可用次氯酸盐、新洁尔灭等消毒液进行喷雾消毒。用热碱水（70℃～75℃）清洗挤奶机器管道。尤其注意对牛体消毒，在挤奶、助产、配种、注射治疗等操作前，操作人员应先进行消毒，同时对牛乳房、乳头、阴道口等进行消毒，防止感染乳房炎、子宫内膜炎等疾病，保证牛体健康。不能长时间用同一性质消毒剂，以免产生抗药性。

⑥消毒前做机械性清除　要充分发挥消毒药物作用，必须使药物与病原微生物直接接触。这些有机物中存有大量细菌，同时，消毒药物与有机物的蛋白质有不同程度的亲和力，可结合成为不溶于水的化合物，消毒药物被大量的有机物所消耗，妨碍药物作用的发挥，大大降低了药物对病原微生物的杀灭作用，需要消耗大剂量的消毒药物。因此，彻底地机械性清除牛场内有机物是高效消毒的前提。

⑦挤奶时做到一牛一消毒　最好的办法是在奶牛挤奶前进行牛体刷拭、乳房冲洗消毒、乳头药浴；挤奶杯进行一牛一消毒，避免交叉感染。

（二）奶牛舒适度管理

泌乳牛每天24个小时有12～14个小时是在休息，采食大概有3～5个小时，挤奶时间2.5～3.5小时，饮水1～2小时，社会活动2～3小时。奶牛在休息时，绝大多数都是在躺卧，反刍占7～10个小时。休息的时间与产量是正相关的关系，奶牛每多躺卧一小时，就可以多产约1.7升的奶。在建造设施和制定管理决策时，就要考虑奶牛舒适度，如果等牛场建好以后再改造，就比较麻烦。同时，在考虑泌乳牛的同时，也要考虑到干奶牛、产圈、后备牛、犊牛等所有牛的舒适。而且奶牛一天生活中的每个区域都要考虑，包括卧床、挤奶通道、挤奶厅、饮水槽、采食槽等等，凡是牛经过的地方都是牛要活动的地方，都要考虑奶牛的舒适度。

奶牛舒服与否是要人用眼睛看，脑子想，行动干，使奶牛在每日的生产周期环节中尽可能节省体力，很好采食，卧地休息，不受环境应激和管理的干扰。奶牛舒适度管理目前是快速提升奶牛健康状况和生产性能的有效途径，也是防止繁殖障碍的有效方法。

1. 奶牛舒适度的内涵　奶牛舒适度就是用人去度量奶牛活动是否自由和健康。奶牛舒适度管理就是满足牛的吃、喝、睡、走、挤奶、娱乐等活动说需要的条件。

（1）空气的质量和通风比保温更重要　这是奶牛舒适度至高无上的法则，在准备建牛场的时候就要充分考虑这一点。

（2）饲喂管理的舒适度　饲喂管理目标是让尽可能吃更多干物质，影响干物质采食量包括TMR三个配方（电脑配方、操作配方和牛吃进去的配方）的一致性，饲槽的管理、采食空间，以及采食槽的设计和采食姿势、采食量等。

（3）奶牛躺卧和站立舒适　包括两方面：一是躺卧舒适，表现在奶牛每天的平均躺卧时间和躺卧次数，我们不但希望奶牛平均躺卧时间高，还希望奶牛躺卧均一性好，即每头牛之间的躺卧时间差异较小。另一方面是奶牛站立的舒适，至少奶牛站立时不会有疼痛或不适。

2. 奶牛舒适度管理具体内容

（1）为奶牛打造舒适的牛床　奶牛休息主要有两种方式，传统的牧场采用散放的运动场。大规模牧场泌乳牛不设运动场多采用散栏式的卧床。

奶牛为什么要卧下？首先是流经乳房血流量的增加。奶牛每产生1升奶需要经乳房的血流维400～500升。奶牛躺着时流经乳腺的血流量比站着时增加25%以上，可以增加1千克的产量。第二，奶牛躺着反刍比站立反刍可提高饲料消化率，可提高0.9千克的奶量。第三，站立时牛蹄受到压力很大，应激也大。600千克体重奶牛的站15小时，跛行多，蹄病严重。第四，卧地休息可以降低疲劳应激，采食量增加，产奶量增加0.9千克。

奶牛躺卧的时间分割成10～15段，每段时长60～80分钟。奶牛在挤奶采食后应该躺卧休息至少90分钟。年老的奶牛每天需要躺卧的时间比年轻的奶牛要长。所以奶牛起卧的地点必须是柔软和舒适的。

合理的卧床能够保证牛的正常休息。奶牛喜欢分隔栏更宽，胸档更低或没有胸档的散栏。奶牛每天在1.32米散栏躺卧时间比1.12米散栏长1.2小时，在没有胸栏的卧床躺卧时间比有胸栏的长1.2小时。沙垫料至少20厘米厚度，垫料厚度每减少1.3厘米，躺卧时间减少10分钟。在湿的垫料的牛栏中躺卧时间比干燥垫料少5小时。为了保证奶牛足够的休息，散栏牛舍牛群密度不得超过120%（围产期牛群不得超过80%）。

奶牛的卧床要做到干燥、柔软、宽大，牛头可以随意转动。每天将卧床耧松软，卧床垫料每星期至少加两到三次的垫料，要保证一定的厚度。

传统牧场的运动场，要求每头牛必须有 14～16 米² 的遮阴面积，同时保证松软和干燥，另外地面渗透性要好，避免下雨积水。还有的牛场将运动场的遮阳棚做成反转式的，随时可以打开让太阳晒。卧床垫料的干物质达到 60% 以上更好，可以保持干燥。

（2）**重视饲槽与采食通道的设计**　奶牛每天除了一半时间在卧床上休息外，占据时间比较长的地方就是饲槽与采食通道。采食槽道与它站立的面要有 15～20 厘米的落差，这样便于奶牛自由采食。饲槽做得比较平，甚至低于采食台高度，奶牛采食时会尽量往下压低头部，前肢负重非常大，2 个前肢特别容易向外劈、变形。饲喂通道，至少要有 5.5 米的宽度，主要是考虑到饲料车撒料通过时，避免轮胎压到已经撒好的料上。

奶牛采食通道的宽度至少要保证 3.6 米，即一头奶牛在采食时所占的宽度后，要保证两头奶牛自由通过，也就是说奶牛在采食时不能影响后边两头奶牛自由穿过。而外侧过道有 2.75 米左右即可。

每头奶牛的采食位大约 70 厘米宽，饲槽底面要求光滑，不要太粗糙，整个饲槽的上方要有遮阳设备。靠近饲喂通道的地方要保证充足的饮水，奶牛采食完后喝水不至于长途跋涉，随时可以饮水。同时把颈枷做成倾斜的状态，让奶牛可以更长的把头探出来，采食到更远处的饲料，同时倾斜的枷杠会让奶牛更舒服。另外，在奶牛采食的站立区域要铺设橡胶垫，这样对奶牛的肢蹄比较好。每头奶牛头与头之间要有 60～70 厘米的距离，保证它采食的面积，而且不至于过度拥挤。

（3）**通风比保暖更重要**　在设计牧场时，一定要考虑到牧场的通风，特别是在北方考虑保温的同时，一定要考虑通风。

通风的好与坏也就是空气质量的好与坏。不流通的空气对产量的影响，远远高于寒风带来的影响。在设计牛棚时，房顶要有空气流通的开口，牛棚的高度至少需要 4.2 米来保证空气顺利的通过。

奶牛适应温度一般在零下4度到20度之间。在零下4度以上尽量不要放下卷帘，或者放下一半，而不是全部放下，通风比保暖更重要。为了保证通风的良好，有条件的情况下可以不建挡墙，挡墙高度要尽量低于50厘米。

（4）新产牛舍的饲养密度很重要　新产牛是指产后0～21天奶牛。设立新产牛舍对奶牛极其有益。因为新产牛体弱，而且很容易被从饲槽旁推开，饲养密度不能过大，且保证新产牛有0.76米的饲槽空间。

奶牛是群居动物，她们喜欢集体去做一件事。她们都希望同一时间采食以及同一时间躺下。根据这一行为特点，如果饲养密度过大，势必会导致奶牛花更多的时间等待躺下。那么这肯定会导致牛群的跛行率激增，因为奶牛需要花更长的时间站立，而且等待躺卧就会削减奶牛花在采食方面的时间。新产牛密度过大，真胃变位发病率越大。

3. 奶牛舒适度的评价　奶牛围产期舒适度对奶牛健康影响很大。围产期奶牛的舒适度包括牛舍的拥挤程度、奶牛之间的竞争、牛栏尺寸、卧床、奶牛用于各种活动的时间分配、转群次数和热应激。围产期主要关注采食，密度、躺卧时间。

实践证明，舒适度评价主要针对犊牛岛、产房、挤奶通道、待挤间、挤奶厅、采食台，颈枷，日粮通道，卧床，运动场，水槽等。奶牛舒适度的管理评价见表9-1。

奶牛舒适度评价内容主要包括：环境和奶牛健康程度。

环境包括牛舍温度、湿度，温湿指数、阳光、通风、走道宽度，卧床大小，调料充盈度，干净、干燥度，水槽洁净度，密度等。

健康评价主要包括：乳头评分，跛行评分，瘤胃充盈评分，关节评分，卧床率评分，乳房炎评分，日粮评分，粪便评分，DHI评分等。

表 9-1　奶牛舒适度的管理评价表

序号	评价地点	总分	评价内容及得分值	得分
1	犊牛岛	10	干净1分，干燥无积水积粪尿3分，通风好2分，有遮阴1分，有风扇2分，密度适中1分	
2	产房	10	有独立产栏1分；产栏有垫草1分干净干燥无积水1分；接产药品器具齐全1；有风扇1分；通风好1分；光线好1分；有胎衣收藏器具1分；有消毒制度1分；有专职接产员1分	
3	挤奶通道	4	通道宽度合理2分，通道平整2分	
4	待挤间	8	有风扇3分，有喷淋1分，无积水1，地面粗糙1分，通风好1分	
5	挤奶厅	10	通风好4分，光线好2分，设备运行正常4分	
6	牛舍空间	10	通风好2，光线好1，无窒息感觉1分	
7	采食台	4	有风扇2分，有喷淋2分	
8	颈枷	2	颈枷无坏损2分	
9	采食通道	2	宽度大于4.2米1分，无积存粪尿1分	
10	卧床	26	卧床立柱有风扇6分	
			台高28-32厘米2分	
			卧床颈杆合理1分	
			卧床胸挡合理1分。卧床干燥2分。我常平整2分。卧床无及粪尿3分	
			卧床每周消毒3次得3分	
			卧床每周填补填料2分	
			卧床光线好2分	
			上床率大于60%2分	
10	水槽	4	水槽水满2分，水槽干净2分	
11	运动场	10	运动场干燥5分，平整2分，旋耕2分，有遮阳棚1分	
	合计	100	100	

奶牛舒适度效果评价见表 9-2。

表 9-2　奶牛舒适度效果评价

序号	评价目标	评价方法	
1	后肢关节的损伤	后肢关节损伤评分也是 1 到 5 分。1 分是完全健康完好无缺的；2 分有掉毛，但是损伤面积小于一个硬币的面积；3 分是面积稍微大一点的损伤；4 分是轻微的肿胀；5 分是严重的肿胀	
2	膝盖的损伤	无外伤、无摩擦、无肿胀	
3	颈部及髻胛部的损伤	无隆起、发炎、肿胀、脱毛、流脓	
4	前肢关节的损伤	奶牛前肢关节平视进行评分，1 分是健康的、2 分是出现磨损，3 分是两个关节相比出现严重的肿胀	
5	跛行评分	奶牛行动指数是评估奶牛跛行程度的指标，得分值为 1～5 分。 奶牛行动指数评估内容：站立时背部是否拱起，行动时背部是否拱起，是否明显喜欢用某只脚或某些脚行走。至少选择 30～50 头牛来进行评分。 行动指数 1 分：奶牛行走时表现为行动正常，站立时背部平直，正常站立及行走，所有足起落有致。 行动指 2 分：奶牛行走时表现为轻微跛行，站立时背部平直但行走时背拱起，步态稍微异常。希望牛群 90% 牛要求在 1～2 分。 行动指数 3 分：奶牛行走时表现为中度跛行，站立和行走时背拱起，短步伐，蹄的起落集中在某一脚。 行动移动指数 4 分：奶牛行走时表现为重度跛行，站立和行走时背拱起，喜欢用某一脚负重，至少可以负重一些，采食时间明显减少。 行动移动指数 5 分：奶牛行走时表现为严重跛行。站立和行走时背拱起，拒绝某一脚负重，起立有严重困难，采食时间明显减少	

续表 9-2

序号	评价目标	评价方法	
6	粪便评分	粪便评分是为了检测奶牛的瘤胃消化功能。 粪便评分 1 分：水样，弧形，绿色，见于病牛、不食、放牧牛。 粪便评分 2 分：软，分散，微成型，见于新产牛。 粪便评分 3 分：理想值，堆叠至 2.5～3.5 厘米时，中央凹陷 2～4 个元宝轮，易粘在鞋上。 粪便评分 4 分：堆叠至 5～7 厘米高，干燥，见于干奶牛。 粪便评分 5 分：堆叠至 7 厘米高以上，表面奶牛急剧脱水	

4. 奶牛舒适度管理基本原则

①始终保证奶牛躺卧在干燥和松软的地方是减少奶牛乳房炎、蹄病和提高发情观察、提高干物质采食量、提高产奶量的关键措施。

②分娩时保证奶牛处在干净、干燥和松软的区域是有效预防产后疾病，降低淘汰的最好方法。

③治疗区域舒适度的好坏直接决定治疗结果的好坏。

④保证犊牛处在干净、松软、干燥的区域是预防犊牛疾病，提高犊牛生长的有效措施。

⑤舒适度维护时不要影响奶牛的采食和休息。

⑥选择干燥、松软不会给奶牛带来危害的垫料。

5. 奶牛舍舒适度的维护

（1）泌乳牛舍舒适度的维护

①泌乳牛舍每日必须清理 2 次粪污，每次清理时均将卧床上的粪污进行清理，并整理好卧床。

②每个牛舍配备专职清理工，负责该牛舍的卧床维护、死角清理、饮水槽打扫。

③每次牛群离开牛床前往挤奶厅时，开展清粪工作。必须在挤奶牛返回牛舍前将走道粪便推出并清理干净，不允许挤奶牛舍在有牛的状态下进行机械清理作业。

④任何垫料都要保证厚度不小于15厘米，同时垫料必须与牛床外沿高度保持水平，卧床朝里的部分必须稍高于外部（但不能过高形成山脊状），方便奶牛躺卧。垫料添加必须做到每周定期进行。

⑤所有牛舍清粪完成后，保证舍内干净、无粪污死角。

⑥每周二、四、六晚班挤奶时进行填垫料。

⑦饮水台上的粪污每次产粪都必须清理干净，水槽每天清洗1次。

（2）犊牛舍舒适度维护

①每日清理1次犊牛舍（岛）垫料上的粪污，保障犊牛垫料干燥、舒适。

②每周更换（或添加）犊牛舍垫料1到2次，但必须保证垫料干燥、舒适，保障垫料厚度不小于15厘米。

③保障犊牛饮水桶的干净、卫生，并做到24小时有水。

（3）其他牛舍舒适度维护

①后备牛舍每日至少清粪2次（上、下午各1次），清理标准及要求同泌乳牛舍。

②后备牛舍每周清理1次水槽卫生，清理标准同泌乳牛舍。

③后备牛床的垫料必须每周添加，做到垫料厚度不小于15厘米。

6. 特殊区域舒适度管理要求

（1）产房舒适度的维护

①产房必须做到每日添加垫草，对被污染的垫草、胎衣等要立即清理。

②产房必须时刻保证分娩状态下垫草干净、干燥、松软。

（2）病牛区舒适度的维护 病牛区良好舒适度的维护直接决

定治愈成功率。

①病牛必须独立分群饲养。

②病牛舍必须做到每日清理粪污 3 次，每次清理时必须将卧床上的粪污同时清理干净，保障病牛舍干净、卫生。

③病牛舍卧床必须做到每日添加垫料。

（3）运动场舒适度的维护

①每个月定时清理运动场，并将垫料添加后，机械耙松运动场 1 次 / 天。

②雨雪天气运动场泥泞时，把牛限制在牛舍内，禁止奶牛处在运动场上。

③运动场干燥、松软。

7. 其他要求

①饲喂通道必须每日上午撒料前打扫 1 次，每次打扫完成后保证饲喂通道尘土厚度小于 1 毫米，无剩料及其他物品残留。

②牛舍内水槽水温必须保持在 2℃～27℃，冬季水温必须达到 13℃。

③奶牛围产期舒适度往往比日粮平衡更重要，即使日粮平衡做得很完美，但是如果奶牛受到应激，采食量有限，也会引发更多问题。然而，如果奶牛舒适度较好，那么日粮搭配可能稍微欠佳一点，也不会酿成系列诸多问题。

（三）奶牛热应激的防控

热应激是指奶牛所处的环境的温湿度指数（THI）大于 72 时，所表现的一系列生产性能下降，甚至严重病理过程。西北地区热应激主要发生在每年的 4～10 月份，尤其是 8～9 月份最为严重。热应激下奶牛呼吸加快，采食量下降，同时机体必须动员大量的脂肪来应付，使机体蛋白质，碳水化合物脂肪每日加剧，合成代谢降低，糖皮质激素分泌增加，生长激素和甲状腺激素浓度降低，导致奶牛生长停滞、体重下降，饲料转化率降低，乳产量和乳指标发生变化。热应激可使促卵泡激素（FSH）和促黄体激素（LH）、催乳激素（LTH）等分泌减少，犊牛性腺发育不全。母牛不发情或不排卵，同时免疫力下降。奶牛在热应激状态下分娩，尤其是肥胖牛分娩，繁殖疾病发生率明显增高，同时在热应激期间，奶牛21天受胎率十分低下，繁殖效果极差，严重者造成母子双亡或者严重的产科疾病，营养代谢疾病、中暑等。

1. 避开奶牛在强烈热应激季节分娩 强烈的热应激会造成奶牛中暑，使奶牛神经，内分泌代谢紊乱，形成组织广泛性变性甚至坏死，形成组织不可逆变化，或者造成损伤组织修复时间延长，生产性能下降。故此，应给有计划控制每年11、12月发情奶牛的输精，避开次年8、9月份分娩。

2. 热应激的控制方法 缓解奶牛热应激的最有效的方法是通过风扇和喷淋装置进行降温，增加空气流动，大于1.3米/秒；在运动场及料槽提供遮阳措施，保护奶牛免受阳光直射；同时结合日粮的营养调控。

（1）安装风扇 牛舍温度到了20℃就开始启动风扇，持续运转，保持奶牛卧床和饲喂区上方的空气流动速度大于2.8米/秒。

风扇安装指南：①推荐风扇直径为1米以上，风扇之间的间距为5～7.5米；②空气流动速度最少为10千米/小时；③风扇高2.4米以上；④空气流向与当地的季节风方向相同。

（2）安装喷淋 奶牛主要依靠皮肤的蒸发和肺部呼吸进行散热。

喷淋能湿透毛发直至皮肤，水分蒸发，冷却毛发和皮肤，如果与空气流动合并使用，效率更高。牛舍温度21℃～26℃，每15分钟开启1～2分钟；牛舍温度27℃～32℃，每10分钟开启1～2分钟；牛舍温度大于32℃，每5分钟开启1～2分钟。喷淋头在淋湿奶牛的背后停止，让水分充分蒸发完后再开始另外一个循环。喷淋头安装高度1.8～2.1米高。

（3）**安装遮阳棚**　遮阳棚建设指南：①使用能提供整块的阴凉；②在凉棚底下 15 米的范围内尽量减少障碍物，防止阻止空气进入；③在开放式饲养模式遮阳棚的大小为 4.5～5.0 米²/ 头牛，6～10 米宽，3.5～5.0 米高；④长轴方向为北至南；⑤饲喂区遮阴为 6～10 米宽，3.5～5.0 米高，东西走向。

（4）**保证清凉充足的饮水**　奶牛最喜欢水的温度在 22℃～30℃。奶牛热应激期间，每采食 1 千克干物质需要 7 千克的水，每天大约需要约 190 千克以上水。增加奶牛饮水的措施有：①水槽上增设遮阳棚；②夏季在挤奶台返回过道上加装水槽；②每群牛提供至少两个饮水区域，水槽宽至少应 30 厘米，深至少 10 厘米；④每天进行清洗水槽。

3. 营养调控方法　热应激时奶牛呼吸频率增加，由于换气过度，诱发血液二氧化碳降低，进入瘤胃以维持瘤胃健康的碳酸氢盐（HCO_3^-）量也随之降低，瘤胃 pH 值减小；此外，奶牛由于热应激，口水流量增加，唾液量减少，唾液中 HCO_3^- 含量降低，使得热应激奶牛对亚临床和急性瘤胃酸中毒更敏感，瘤胃功能降低。可增加小苏打的使用量至 150 克每头牛每天，同时配合 50～75 克氧化镁效果更佳。

天气炎热时采食量通常下降，须增加日粮的营养浓度，可适当添加适口性好的过瘤胃脂肪（一般不超过 300 克），日粮的营养浓度既包括传统的能量和蛋白，也包括维生素和矿物质。如添加维生素 E，维生素 E 可以消除机体膜上因热应激产生的自由基，保护机体膜免受自由基的攻击和过氧化损伤，从而缓解热应激，如果和硒一起使用效果更佳。

添加烟酰胺，在热应激条件下，烟酸可以引起血管舒张，加速血液向皮肤表面流动，促进组织散热，缓解热应激；

添加维生素 C 能明显抑制体温的上升，提高采食量和饲料转化率，增强机体的抵抗力，从而减轻热应激对机体的影响；

热应激时奶牛排汗喘气损失了大量的钾。钾是牛奶中含量占第一位的矿物质元素，且奶牛体内不能储备钾，因此在热应激时应给奶牛补钾。

有研究表明高温条件下，TMR日粮中钾的含量提高至1.3%～1.6%可提高奶牛的干物质采食量，并增加产奶量。但钾离子含量高会抑制镁离子的吸收，因此两种元素同时补充，效果更佳。

使用优质粗饲料增加TMR日粮的适口性。饲喂大豆皮，甜菜粕或者全棉籽等短纤维物质增加物理有效纤维TMR日粮适口性和采食量；

粗饲料的热增耗大于精饲料，热应激时可适当增加精粗比，但同时观察奶牛的采食，反刍和粪便情况，预防酸中毒。

4. 热应激期间日粮管理策略

（1）优化热应激日粮精粗平衡　奶牛在热应激期间会主动选择吃精料，这样粗料采食量下降会引起酸中毒，蹄叶炎和乳脂率下降。而低质粗饲料需要更多的微生物发酵，与优质粗料相比产生的热更多，因此要维持奶牛日粮的平衡，必须给奶牛提供优质粗料。热应激期间，精粗平衡对奶牛稳定瘤胃内环境，维持奶牛生产非常重要。

奶牛热应激期间推荐：日粮中精料不超过55%～60%，最好是50∶50；非纤维性碳水化合物（NFC）应该占饲粮干物质的35%～40%；NDF应该在28%～33%，来自粗料NDF大于21%；注意此时应该保持合适的TMR颗粒度，粗料不要切的过短。

（2）优化热应激日粮能量　热应激期间奶牛DMI下降，需提高日粮的营养浓度。一般来说，可以通过提高精料的比例来提高日粮的营养浓度，但是由于增加精料用量，会增加酸中毒和蹄叶炎的风险，必须严格控制精粗比例，使用优质草料，来避免粗料采食量的下降。

添加脂肪能提高饲料的能量摄入量。额外添加的高脂饲料包括：全棉籽，全脂大豆，瘤胃保护脂肪（如美加力）等。添加脂肪时注意由于脂肪酸会引起奶牛肠道对镁和钙的吸收下降，应此钙、镁分别占日粮干物质的 0.9% 和 0.35%。当然，脂肪的添加量也不可以过量，过多的脂肪会造成消化紊乱和纤维消化道降低。

（3）优化热应激日粮粗蛋白　热应激造成奶牛 DMI 减少，也会导致粗蛋白采食量下降，即是说日粮的蛋白质浓度也需要增加。研究表明，热应激饲喂期间饲喂的蛋白质的质量和形式均需要考虑，太少或太多的蛋白质采食量会增加体热的产生。当粗蛋白质采食量不足时，日粮消化率降低；当饲喂太多的蛋白质时，尿的合成和分泌需要能量，这会增加肝脏和肾脏的负担，并增加维持需要和热量产生。在给奶牛饲喂高降解率和中降解率的高蛋白质日粮（19%）的研究中，与中降解率蛋白日粮相比时（28.9 千克产奶量），高降解率蛋白日粮降低奶产量（26.9 千克）。这表明，热应激和含高蛋白质降解率的日粮间存在一定的对抗性。

热应激会降低瘤胃的运动性和流通速率，从而导致蛋白质在瘤胃中停留时间增长，降解率加大产生大量的氨。过量的氨在体内代谢，其能量消耗增加，并在其代谢为尿素并分泌到尿中时会增加热量的产生。因此热应激时应该避免过量的蛋白。

热应激期间推荐奶牛日粮中，DMI 若能达到 20～23 千克，日粮粗蛋白质达到 17%，就能满足 30～35 千克产奶量的需要，且 RUP 水平达 35%～40% 可以通过添加限制性氨基酸（如过瘤胃蛋氨酸）来满足蛋白质的需要。

（4）优化热应激日粮矿物质　钾和钠对维持热应激期间奶牛的水平衡、离子平衡和体内酸碱状态非常重要。天气热时，奶牛排汗喘气会损失大量的电解质。研究表明，有遮阴和无遮阴相比，奶牛少损失 5 倍的钾。当日粮中钾的水平为 1.2% 或更高时，可提高奶牛 DMI，并增加 3%～9% 产奶量。

热应激期间，日粮干物质应含有下列最低水平的矿物质：

1.5% 的钾（K）；0.45%（Na）；0.35% 的镁（Mg）。由于日粮中高水平钾可抑制瘤胃镁的吸收，因此应提高镁的水平；注意日粮中氯（Cl）的水平，并将其保持在占日粮干物质的 0.35%以下。

热应激条件下的奶牛对疾病问题的易感性增加。某些矿物质如铜、锌和硒参与免疫系统，由于热应激减少了 DMI，因此，所有矿物质水平应按照实际采食量来调整。

（5）优化热应激日粮饲料添加剂

①钾镁矿物质添加剂　目前市场上常见的补充钾、镁的矿物质主要是氯化钾、碳酸钾、氧化镁等，但是由于氯化钾存在含高氯离子限制奶牛采食量，且适口性不好的问题。近年来，国外对碳酸钾的研究较多，发现碳酸钾有遇水发热的问题，会影响奶牛采食的缺点。

②缓冲盐　夏季热应激条件下，奶牛主动采食精料，降低粗饲料的采食，酸中毒的风险增加，反刍减少，且奶牛虽然唾液量增加，但是唾液很少返回瘤胃。因此需要增加缓冲剂如小苏打和氧化镁来稳定瘤胃内环境，增加纤维的消化，提高奶牛 DMI。在干物质基础上，日粮至少应含有 0.75% 的小苏打，也就是说，对于日采食干物质 20 千克的奶牛，小苏打的添加量为 150 克。

③酵母和酵母培养物　酵母和酵母培养物虽然作用机理不同，但均可以起到稳定瘤胃内环境，促进奶牛采食，优化瘤胃微生物菌群作用，提高饲料的消化率，减少产奶量的下降，从而缓解热应激。

④烟酸　烟酸有调节脂肪代谢的作用，能提高奶牛能量的利用率。有试验表明，夏季期间每天为奶牛补充 6 克烟酸的日粮，其产奶量提高约 0.9 千克，且在分析产奶量超过 34 千克的奶牛数据时，其产奶量增加 2.4 千克以上。

⑤霉菌吸附剂、饲料防霉剂及 TMR 保鲜剂　夏季饲料保藏时间短，从奶牛生产角度讲，可以在精饲料中添加霉菌吸附剂，霉

菌吸附剂能够在奶牛消化道内吸附霉菌毒素，减少霉菌对奶牛的危害。从饲料加工角度来讲，可以在精料中添加一定量防霉剂，抵制霉菌生长，防止饲料迅速霉变；在 TMR 饲料中，可以加入 TMR 保鲜剂（有机酸）可以有效抵制霉菌生长，避免 TMR 发热。

⑥过瘤胃蛋氨酸　对于高产奶牛来说，蛋白质质量的好坏，代谢蛋白不足会影响奶牛生产性能的发挥，提供部分过瘤胃蛋氨酸能弥补限制性氨基酸的不足，可以节约蛋白质。

⑦抗氧化剂　夏季，奶牛饲料一方面需要提高能量浓度，需增加高脂肪饲料的用量，另一方面高温容易引起脂肪酸败、氧化，这时可以添加一定量的奶牛专用抗氧化剂（如爱克多等）来减缓脂肪酸败（氧化）。

二、奶牛场粪污的资源化利用

每头奶牛每天平均排除粪污 50～80 千克 / 头·天，对牛场和环境造成极大危害。奶牛场粪污处理方法很多，比如牛粪养蚯蚓，建设发酵床牛舍及生物肥料等等。由于牛群规模和经济条件限制，采取的牛粪处理方法不一致。

（一）牛粪干湿分离资源化利用技术

牛粪一般集中生产在运动场和采食台。全封闭牛舍的牛粪收集采用刮粪板，将牛粪推入地沟、粪池、处理区自然发酵，干湿分离机分离。

分理处干物质约为 60% 的牛粪渣→托运至牛粪晒场堆积，好氧发酵 7 天，牛粪熟化。一部分用于牛卧床垫料，另一部分用于生产有机肥料。

熟化牛粪，加入营养添加剂、微生态制剂，制成有机肥，分包，用于设施农业。

干湿分离的污水经过四级分离，精密压榨机压榨处理系统，直径 100～300 毫米的颗粒物被分离出来，剩下污水，絮凝处理系统，经过曝气处理，更细小的颗粒再次被剔出，生化处理系统，经过硝化菌、芽孢菌等微生物处理，产生氨气，氮气等气体，剔出氮等；污水经精密过滤处理系统，将 0.004 毫米以上物质踢出，只能让水分子透过，清水排入农田、湿地。

（二）沼气利用和沼液还田种养结合

牧场在建设之初就要配套建设完善特大型沼气发酵工程。采用"能源生态型"处理利用工艺，牛粪经厌氧消化处理后作为农田水肥利用，实现了沼气发电、沼渣垫料、有机液肥还田。

1. 牧场牛粪收集　牛舍内的粪尿采用自动刮板清粪系统收集至封闭的地下粪沟，通过全程封闭式管道输送至牛粪发酵系统的前处理浓度调节池。

2. 牛粪发酵　牛粪在进入发酵系统前，在前处理调节系统将浓度调节至 8%～10%，采用半地下进料推流式中温厌氧发酵。牛粪料液经电磁流量计计量，平均分配到各发酵池，在发酵池内发酵 20～25 天，发酵温度 35℃～38℃，池内加热盘管的热能来源于沼气锅炉。

3. 牧场沼气利用　沼气采用生物脱硫，利用微生物繁殖来降低沼气中的硫化氢含量。用于发电机组和沼气锅炉使用，由于发酵池产气均匀稳定，发电机发电不仅供牧场生产，还可以并网发电；沼气锅炉的蒸汽用于发酵池内盘管加热、挤奶厅供热和牛奶加工车间供热。

4. 牧场沼渣利用　发酵后的牛粪，经过固液分离机进行固液分离产生沼渣和液肥。脱出的沼渣经二次挤压降低水分后，可直接用于补充牛舍卧床垫料。

5. 牧场液肥还田　沼液作为一种优质的有机肥料，含有全部作物生长发育所必需的氮、磷、钾、钙、镁、硫、硼、铁、锌、锰、铜、氯、钼等 16 种营养元素，并存留了丰富的氨基酸、腐殖酸、B 族维生素、各种水解酶、某些植物生长素，能够促进作物生长代谢，防作物病虫害，提高作物的产量和品质，可以通过管道全部还田。

三、奶牛场废弃物控制措施

（一）奶牛场科学合理的规划布局

根据具体的环境条件对奶牛场的规模、卫生防疫、粪尿污水处理等进行科学规划。场址应考虑选在远离居民点、水源、工厂的地方；对场区建设进行合理布局，生产区与生活区要分开，根据设计规模制定出一套完整的粪污处理方案，如建沼气池等，从养殖场设计上防治污染。

（二）通过营养调控降低环境污染

通过对奶牛进行营养调控，推广使用 TMR 饲喂技术，使奶牛能够充分利用饲料中的营养成分，从源头上减少奶牛粪尿对环境的危害。主要有准确评估营养需要量和饲料原料营养价值、选择优质饲料原料、改善日粮配方与加工工艺、合理使用饲料添加剂、改变饲喂方式等措施对奶牛进行营养调控。

（三）加强立法与管理，提高环保意识

增强人们的环保意识，严格执行国家颁布的《畜禽养殖污染防治管理办法》《畜禽养殖业污染物排放标准》和《畜禽养殖业环境管理技术规范》等法律、法规，合理布局，控制发展速度和饲养密度，加强管理。同时，大力提倡将奶牛养殖场的这些废弃物加以利用，变废为宝，以循环经济为指导，建设"畜—肥—粮"等多种生态农业模式，大力发展沼气工程，既节约资源，又保护环境，广泛宣传，切实做好畜禽养殖污染的整治工作。

在发展奶牛养殖业的同时，要充分认识到粪尿污水等污染物治理的必要性和重要性，牢固树立科学发展观，综合运用环境管理和环境污染治理的各项政策、技术措施，大力推进奶牛养殖业污染防治工作，促进奶业的可持续发展。此外，国家应在奶牛养殖业领域出台更为详细的相关规定，并要积极探索适用于养殖业污水处理的新设备、新工艺，降低畜禽养殖业对环境的污染和在环境保护上的投资成本，力求达到环境保护和奶牛养殖业的双赢（图9-1）。

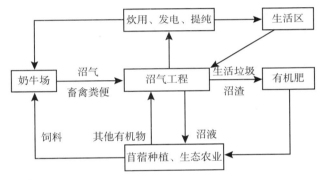

图 9-1　牛粪综合利用循环模式图

（四）牛粪的干湿分离系统技术

牛粪的干湿分离系统技术主要有污固液分离系统、牛舍粪沟（2道粪沟）冲洗系统、挤奶厅、待挤厅冲洗系统。

5 000头奶牛场，需要处理挤奶厅、泌乳牛舍和干奶牛舍粪污。舍内牛粪采用铲车清粪至牛舍两端粪沟后，用水力输送至沉沙池，经沉沙后进入中转池，再由中转池输送至固液分离设备，经固液分离并晾晒后，固体可用于制作堆肥或牛床垫料，液体部分用于中转池的补水，其余存放发酵后还田。

1. 牛舍粪沟回冲系统

（1）粪沟回冲系统工艺描述　牛舍外设置粪沟，粪沟位于牛

舍两端，两条粪沟，末端至沉沙池，沉沙后进入中转池，中转池内安装有粪沟冲洗泵，舍内牛粪用铲车推至粪沟，在推粪前开启冲洗泵，清粪结束后，关闭冲洗泵；同时，池内设置搅拌泵，搅拌泵对池内的粪污具有混合、搅拌的功能，混合均匀后含固率较高的粪污再由搅拌输送泵提升到固液分离设备进行固液分离。

（2）设备参数、性能描述

①冲洗泵　功率45千瓦；设计流量不小于450米^3/小时，实际流量随扬程在一定范围内变化；进水口位置高出池底1米；表面喷环氧/聚氨酯涂层防腐蚀，泵体和叶轮均采用低碳钢A36材质，液下有效长度≥2米；电机防护等级不低于IP 55；带有过热保护等，能适应露天工作方式。

②搅拌输送泵　功率30千瓦；设计流量不小于180米^3/小时，实际流量随扬程在一定范围内变化；表面喷环氧/聚氨酯涂层防腐蚀，泵体和叶轮均采用低碳钢A36材质，液下有效长度≥2米；电机防护等级不低于IP 55；带有过热保护等，能适应露天工作方式。

③搅拌泵　功率22千瓦，转速1 200～1 800转/分；表面喷环氧/聚氨酯涂层防腐蚀，泵体和叶轮均采用低碳钢A36材质，液下有效长度≥2米；电机防护等级不低于IP 55；带有过热保护等，能适应露天工作方式。

④室外电气控制箱　箱体用优质钢板加工，外壳防护等级不低于IP2X，箱体底部电缆进出线孔采用绝缘板严密封堵，减少潮气入侵，杜绝小动物进入；箱体有良好的接地装置，并可靠接地；箱体上的铭牌牢靠、清楚、内容完整，箱体和门上的警告标志清晰醒目；箱体及箱内各个设备元件都符合相关标准的规定。

2. 挤奶厅水冲洗系统

（1）系统工艺描述　挤奶厅外设冲洗池，收集挤奶厅设备的冲洗水及冲洗完挤奶台、待挤区地面的污水后用于挤奶厅待挤奶区的循环冲洗。待挤奶区地面安装冲洗阀。冲洗池内安装冲洗泵，给待挤厅地面的冲洗阀供水。冲洗阀与冲洗泵实现联动，在挤奶厅内即可控制冲洗泵的启停，保证挤奶厅内地面清洁。冲洗池内同时安装搅拌输送泵，通过液位控制实现搅拌输送泵的开启与关闭，搅拌输送泵开启时可将池内的粪污混合物输送至牛舍粪沟，随牛舍粪污一同进入沉沙池，经沉沙后进入中转池。在输送前，搅拌泵开启，对池内粪污进行搅拌混合。

（2）设备技术参数、性能描述

①冲洗阀　气动式速释型。所有组件都作热浸镀锌处理。冲水阀进水口直径315毫米。冲水开始前，水阀可自动弹起。弹走后，阀帽需要与周围地面平行。冲水停止后，水阀自动收回，且收回后，阀帽顶同周围地面为平面。水阀的安装需通过法兰和螺栓连接。

②控制系统　冲水阀配驱动器，驱动器为电磁气控驱动，配备手动控制装置且带有漏气检查阀；控制器设定好后，可以每天根据设定的程序按时自动冲水；控制器同时具有手动冲水控制功能。

③冲洗泵　功率37千瓦；设计流量不小于400米^3/小时，实际流量随扬程在一定范围内变化；进水口位置高出池底1米；表面喷环氧/聚氨酯涂层防腐蚀，泵体和叶轮均采用低碳钢A36材质，液下有效长度≥2米；电机防护等级不低于IP 55；带有过热保护等，能适应露天工作方式。

④搅拌输送泵　功率30千瓦；设计流量不小于180米^3/小时，实际流量随扬程在一定范围内变化；表面喷环氧/聚氨酯涂层防腐蚀，泵体和叶轮均采用低碳钢A36材质，液下有效长度≥2米；电机防护等级不低于IP 55；带有过热保护等，能适应露天工作方式。

⑤室外电气控制箱　箱体用优质钢板加工，外壳防护等级不低于IP2X，箱体底部电缆进出线孔采用绝缘板严密封堵，减少潮气入侵，杜绝小动物进入；箱体有良好的接地装置，并可靠接

地；箱体上的铭牌牢靠、清楚、内容完整，箱体和门上的警告标志清晰醒目；箱体及箱内各个设备元件都符合相关标准的规定。

3. 固液分离系统

（1）固液分离系统工艺描述 牛舍粪污及挤奶厅粪污汇集到粪污处理区的中转池后，经液下搅拌输送泵提升到固液分离设备进行固液分离，分离出的固体粪污直接落到下方的固体料堆上，液体流入污水贮存池。

固液分离设备必须为同一国际知名品牌，不能拼凑，可采取镜面筛板加挤压、辊轮压榨、螺旋挤压等方式，或几种方式结合，固液分离后，固体含水率小于73%～75%，可用于作牛床垫料或有机肥，液体含固率小于1%，进入污水贮存池。

（2）设备技术参数及性能描述

①固液分离设备 固液分离设备的处理能力能满足3 000头成年母牛每天产生粪污的分离，其处理能力不低于180吨/小时。固液分离设备主机身为不锈钢，表面喷环氧聚氨酯涂层，螺旋轴、筛网为304不锈钢制作。筛网网孔小于0.5毫米。

②配套各类进料泵、回流泵、溢流排水装置、各类支架等 与固液分离设备处理能力配套，表面喷环氧/聚氨酯涂层防腐蚀，泵体和叶轮均采用低碳钢A36材质，液下有效长度≥2米；电机防护等级不低于IP 55，带有过热保护。

③电气控制箱 箱体采用优质钢板加工而成，外壳防护等级不低于IP 2X，箱体底部电缆进、出线孔采用绝缘板严密封堵，减少潮气入侵，杜绝小动物进入；箱体有良好的接地装置，并可靠接地；箱体上的铭牌牢靠、清楚、内容完整，箱体和门上的警告标志清晰醒目；箱体及箱内各个设备元件都符合相关标准的规定。

4. 补水系统

（1）补水系统工艺描述 中转池一定时间后需要补充一定的低含固量的废水，防止中转池内浓度过大，影响正常的回冲。补水泵设置在污水贮存池内，为浮桥式，可以漂浮于水面上，实现中转池的补水。

（2）**设备技术参数及性能描述** 补水泵：浮桥式，功率30千瓦；浮桥长度$3.6 \pm 0.3 \sim 5.8 \pm 0.3$米，流量不小于180米^3/小时，扬程大于10米，同时配套补水阀门，实现对中转池1、2的补水控制。泵体表面喷环氧/聚氨酯涂层防腐蚀，泵体和叶轮均采用低碳钢A36材质；电机防护等级不低于IP 55，带有过热保护。

5. 电控系统 控制系统根据使固液分离及水冲系统可实现自动/手动运行要求，配备可调的编程系统。自动模式要根据池内液位传递的信号，对各设备实现自动启动和停止，带有故障显示灯，控制系统元件要求性能可靠，操作方便，内部电路清晰，便于检测。安装组件全部为热浸镀锌处理。电线、导线、液面探测装置等有密封保护措施。

第十章
奶牛场安全生产管理

一、总 则

奶牛场经营目的是为了盈利，盈利的方式主要有两个方面，一个是扩大生产规模，提高生产性能和生产效率。另一方面是减少生产风险和生产损失。在生产过程中经常发生生产事故，比如人员伤亡，发生重大疫病，牛奶指标不合格，牛奶卖不出去，牛奶价格太低，饲草料火灾，饲草料霉变，车辆安全事故，停电挤奶机不能正常运行，牛奶制冷及贮藏问题，人员食物中毒，宿舍火灾，沼气、煤气中毒等。

安全生产是牧场生产发展的要务。实行"防事故、防火、放电、防疫、防盗、防牛奶酸败"的安全生产是一项长期艰巨的任务，必须始终贯彻"安全生产、预防为主、全体动员"的方针，不断提高全体员工的安全思想认识和安全意识和能力，落实各项安全管理措施，保证生产经营秩序的正常进行。

二、奶牛场重大安全事件分析

1. 规模化奶牛生产特点

（1）规模化奶牛生产的特点是高、大、多、危、弱

"高"是规模级别高，楼高，草垛高，危险系数高，威望高，生产成本高，劳动报酬高…

"大"是指牛场占地面积大，所有设施大，比如挤奶台大、青贮窖大，机械设备大，气势大，社会影响大，漏洞大…

"多"是指存栏牛数量多、使用人员多、机械设备多、牛奶产量多、牛粪污水多、病牛死牛多、浪费多、贷款数量多、欠账欠款多、违规违法多、爱占小便宜人多、死人伤人多、火灾水灾多、牛奶拒收多，环境污染多…

"危"是指企业生存危险、人畜危险、财物安全、奶牛安全、牛奶危险、机械伤害危险，疾病危险，牛奶销售危险，资金运转危险等…

"弱"是指在行业控制力弱，没有话语权，处处被打压；资金力量弱，人员技能弱，检验检测能力弱，社会服务能力弱等…

（2）规模化奶牛场生产的规律性　奶牛场的工作是有序工作，即喂牛、挤奶、牛奶制冷，牛奶销售，奶牛配种，疾病治疗，环境治理与消毒，数据输入与统计分析，每周例会，培训学习等工作。

奶牛场实行分类，分级管理制度，每个部门都有严格的操作流程，保证工作的顺利进行。

（3）奶牛场生产外工作　奶牛场常规生产外的重大工作主要有青贮收割制作，饲料地种植管理，购买饲草料，牛粪输出等工作，这些工作往往会临时招收外来人员完成，缺乏管理制度和专业技能培训，安全隐患较大。

2. 规模化奶牛场生产隐患多发　规模化奶牛生产如履薄冰，步步胆战心惊。如某牛场 TMR 搅拌车将 TMR 绞死在 TMR 车里，最后随日粮被牛吃了；某牛场饲料粉碎机把工人手绞掉了；某牛场沼气池致使工人死亡率；某牛场 TMR 搅拌车压死人了；某牛场青贮窖塔防把人砸死了；某牛场工人从草垛上掉下来，腰摔断了；某牛场着火了；某牛场漏电把人电死了；某牛场挤奶台漏电把牛电死在挤奶台上；某牛场地埋线漏电把牛点击死了；某牛场高压线断了，把几十头点击死了；某牛场青贮收割机在地里把玉米地里拉屎的人给绞死了；某牛场公牛把人顶死了；某牛场喝酒把人喝死了；某牛场工人把人打死了；某牛场工作人员感染布氏杆菌了；某牛场发生火灾了；某牛场被检出人畜共患传染病了；某牛场被雨水形成的火灾淹没了；某牛场人员食物中毒了；某牛场被环保局罚款了；某牛场牛奶被拒收了；某牛场出现内鬼了；某牛场煤烟中毒；某牛场牛舍发生爆炸了；某牛场牛粪发酵池爆炸；大批牛，人出现中毒了……

牛场危险无处不在，各式各样，致使养牛人终日提心吊胆！

3. 规模化奶牛场安全建设的思考　安全是规模牛场的头等大事。主要包括人的安全，牛的安全，物的安全，环境安全，生态安全。所以说，奶牛生态建设和生命健康循环是当今奶业的主流。奶牛生态安全包括大生态安全，养殖区域生态安全，牛群生态安全，瘤胃内环境和肠道内环境安全。牛场安全首先是人的健康安全，厂房、牛舍、机械设备的安全，牛的健康安全、饲草料安全，环境安全。

奶牛场重大安全事故是人员伤亡，火灾、防疫、防盗，浪费，牛奶销售不出去，牛奶价格太低，人员队伍不团结，变动大，技术素质低下等。

奶牛场安全建设顺序是制度建设，措施建设，评估建设，绩效制度和整改措施。

三、安全生产组织架构

牛场安全生产领导小组是安全生产的组织领导机构（图10-1）。公司总经理或者是牧场场长为安全生产第一责任人，任安全生产小组组长，负责本公司（牧场）的安全事务的全面工作；副总经理（副场长）任副组长，具体负责安全事务的日常管理工作；各部门负责人任安全生产领导小组成员，负责落实执行本部门安

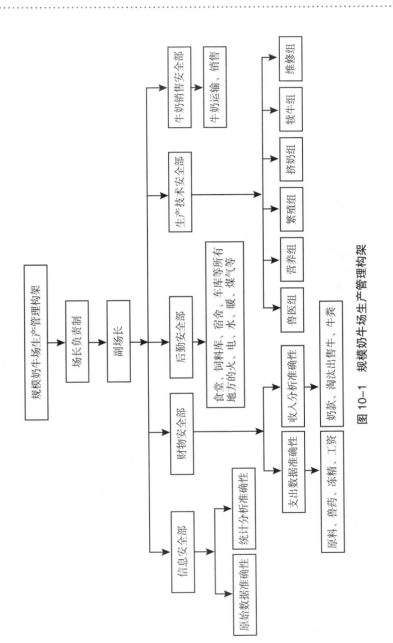

图 10-1 规模奶牛场生产管理构架

全生产事项。各部门设立一名兼职安全员，负责监督、检查、上报安全事项。班组设立义务消防员，负责对突发火情的紧急处理。

牛场安全管理是按照分级管理，即场长→副场长→生产组组长（安全员）→组员（义务安全员），在牛场安全方面，全员有责，全员参与管理。

四、安全生产岗位职责

1. 安全生产领导小组负责人（场长）职责

①贯彻执行国家及畜牧行业有关安全生产的法律、法规和规章制度，对本公司的安全生产、劳动保护工作负全面领导责任。

②建立健全安全生产管理机构和安全生产管理人员。

③把安全管理纳入日常工作计划。

④积极改善劳动条件，消除事故隐患，使生产经营符合安全技术标准和行业要求。

⑤负责对本公司发生的疫病、工伤、死亡事故的调查、分析和处理，认真落实整改措施和做好善后处理工作。

⑥组织安全管理人员制订安全生产管理制度及实施细则，制定安全预警方案。

2. 安全生产领导小组的职责

①制订本部门的安全生产管理实施细则并负责组织落实。

②落实本部门兼职安全员、消防员（班组）人选。

③组织本部门开展安全生产宣传教育活动。

④负责本部门的疫病防控、安全责任制、安全教育、安全检查、安全奖惩等制度以及各工种的安全操作规程，并督促实施。

⑤协助和参与公司职工伤亡事故的调查、分析和处理工作。

⑥定期向安全生产负责人反映和汇报本部门的安全生产情况。

⑦在每周检查公司管理工作的同时检查各部门安全生产措施执行情况（安全生产责任区与管理工作责任区的责任人相同），

在例会上通报检查情况，及时做好安全总结工作，提出整改意见和防范措施，杜绝事故发生。

3. 安全员岗位职责

①具体负责相应区域（生产车辆、设备操作等）的安全管理、宣传工作。

②每日巡查相应区域的安全生产情况，定期检查维护生产设备、消防器材、电路，确保设备器材的正常使用及安全完好，及时纠正解决安全隐患，落实整改措施。

③了解管辖区域的安全生产情况，定期向安全生产领导小组汇报安全生产情况。

④及时汇报突发事故，协同公司安全生产领导小组处理事故，维持事故现场，及时抢救伤亡人员，制止事故事态发展。

4. 义务安全消防员岗位职责

①接受安全员的工作安排，分管每一具体区域的安全生产工作。

②由安全员组织，进行不定期的疫病防控、消防演习，确保掌握基本的疫病防控、消防技能。

③由安全员组织对公司安全生产进行定期检查，发现安全隐患立刻制止并做好防范措施，向安全员汇报。

④协助安全员负责事故现场的处理工作。

5. 员工的安全生产职责

①积极参加公司组织的安全生产知识的学习活动，增强疫病防控、安全法制观念和意识。

②严格按照操作规程作业，遵守劳动纪律和公司的规章制度。

③正确使用劳动保护用品。

④及时向公司有关负责人反映安全生产中存在的问题。

6. 职工岗位安全职责

（1）奶牛场场长岗位职责　主要负责奶牛场的全面管理，经营技术，职工教育。组织职工学习党的方针、政策、法令及法规。组织职工学习科学养牛理论知识，组织职工开展"增产节约，增收节支"竞赛活动，检查监督各岗位工作执行情况，并要做到纪律严明，作风优良，秉公办事，敬岗敬业，技术求精，理论求深。深化管理，深入牛群，并对全场干部、职工进行全面考核及劳动纪律和操作规程的落实，实施生产安全措施。实施奶牛生产高产、高效计划，平衡奶牛营养，实施奶牛遗传，繁殖疾病管理，严格控制奶牛传染病及普通疾病和不孕症，积极组织专家对奶牛疾病会诊及评定。

（2）**副场长岗位职责**　主要负责牛场生产，搞好职工教育，饲料保管，饲料统计，保障后勤供给，协调生产解除生产矛盾，消除生产隐患，负责牛奶销售，组织职工义务劳动及劳动竞赛，严格场区环境卫生，保证职工遵守劳动纪律，减少各项生产成本开支，减少各个生产环节的浪费，保护奶牛场各种设施，协助场长搞好牛场全面工作。

（3）**主任兽医岗位职责**　主要负责奶牛场生产技术，奶牛疾病控制及人工授精工作。要带领职工学科学，用科学，要组织职工学习奶牛专业理论知识，执行严格的值班制度。认真做到深入牛群检查奶牛发情发病，认真做好奶牛疾病控制，认真查除奶牛不孕症，做好奶牛产后复旧保健工作，定期做好奶牛传染病疫苗接工作，严格控制奶牛乳房炎发生，严格控制奶牛消化道疾病，做好药库管理，药品出入库手续，持有严格的处方权和执业兽医资格职权。

（4）**兽医岗位职责**　积极参与管理，认真做好牛场奶牛疾病防治、场区消毒、接产、围产期奶牛的护理，做好奶牛保健，保证奶牛群体健康。

（5）**畜牧技术员岗位职责**　认真做到牛场畜牧生产，技术资料表格分析，单产测试，奶牛画像入档，打号去角及人工授精、子宫复旧，子宫输药治疗，做好饲料配方，平衡饲料营养，做好奶牛日粮安排，日粮称重，测尺测重。重视奶牛繁殖育种，及时做出当月牛奶生产计划，下发奶牛的预产，停奶通知。认真观察奶牛饲养，饮食状况，着重奶牛不同阶段的生长发育，不断完善饲养管理，保证奶牛标准化饲养，确保奶牛高产稳产。

（6）**奶厅管理岗位职责** 认真按照生鲜奶检测要求，提高检测方法，保证盛装、贮存、保鲜、称重及各项理化指标万无一失。注重室内卫生，牛奶卫生，严格奶罐，奶管卫生清洗消毒，提高牛奶质量，降低细菌含最，防止牛奶渗入任何杂质，保证出库牛奶数据准确，公平，公正。

（7）**挤奶台岗位职责** 遵守劳动纪律，按时上班，不迟到早退。严格遵守机械操作规程，掌握机械使用要领，及时做好挤奶机械保养。掌握挤奶机真空度的稳定，脉动保持平衡工作，脉动比应放到60∶40。严格遵守挤奶程序，严格乳头纸巾干擦，二次药浴的挤奶工艺。仔细观察牛只乳房是否有红热肿痛症状和创伤，挤出前三把奶必须放到专用容器中，检查牛奶中是否有凝块，絮状物和水样，牛奶正常方可上机挤奶。牛奶异常必须报告兽医，单独挤奶，严禁乳房炎奶、抗生素奶掺入正常奶中。挤奶完毕后必须药浴乳头20～30秒，保证牛只乳房，挤奶厅卫生和消毒。工作时密切配合，相互合作，以免拖延时间，严防挤奶过度，造成机械及动力浪费。严禁赶牛时惊吓奶牛，暴打奶牛所导致排奶不畅和产奶下降及造成乳房炎。挤奶时严禁大声喧哗，打闹及工作时间吸烟。做好挤奶设备清洗消毒，要保证三班洗，三班擦，水温必须达到80℃，清洗时间保证30分钟以上，使用酸碱试剂，酸碱使用做到两班碱一班酸。

（8）**饲养员岗位职责** 遵守劳动纪律按时上班，不得迟到早退和中途离开棚舍。听从指挥，服从分配，积极参与义务劳动。严格奶牛饲养标准，执行分群分阶段饲养，以奶给料，确保营养成分，保证饲养时间，掌握奶牛饮食规律，要以科学的饲料饲养方式，保证草料质量和数量。偏瘦牛只及病牛要分群饲养，要熟记牛号，牢记奶牛泌乳、发情、发病、食欲等特征，认真识别非健康牛只的异常表现。对牛只要保持温和调教，严禁暴打奶牛和造成机械性损伤，要经常保持牛体、牛床、料房及饲养区整洁卫生，草料要堆放整齐，严握饲草料的投入顺序，做到少添勤喂，严格补饲。保管好自己使用的工具，避免饲草料浪费。

（9）**产房管理员岗位职责** 遵守劳动纪律，按时上班，不得迟到早退，认真履行职责。严格饲养规范，投料要标准，做到少量勤喂，严格补饲，做好围产期危病牛的护理。严格消毒制度，及时做好中转干奶牛，停奶牛和围产牛分群管理。不健康牛只不能赶入大群饲养挤奶，对产后牛只阴门要保证清洁消毒，按时拉运新生牛犊，挤初乳并补给产后牛营养液。要搞好环境卫生，饲料卫生，过道卫生，饲草料堆放要整齐，避免饲草料浪费，使用工具收好洗净，减少易耗品的浪费。

（10）**顶班工岗位职责** 遵守劳动纪律，按时上班，不得迟到、早退，不能擅自离岗，要听从指挥，服从分配，熟悉各岗位职责，熟悉各岗位操作规程，必须做到准确无误，确保顶班时产量不减，防止饲养不当。加强顶班责任心，做好交接班手续，保管好自己使用的器械、工具、做到不损坏、不丢失、避免浪费，降低顶班岗位的成本。

（11）**实习工岗位职责** 实习工应持有身份证，遵守劳动纪律，按时上班，不得迟到、早退。要虚心学习，努力工作，熟悉岗位职责，掌握工种要领，严格岗位管理规范，本着举贤任能，平等竞争，择优上岗。对来场的技术人员，实习上岗，要求学科学，用科学，扎扎实实，大胆创新，严格执行各项技术操作规程。来场工人要本着认真负责的态度，虚心向师傅学习，取长补短，努力工作，认真完成本职工作。

（12）**值班及门卫岗位职责** 昼夜值班人员要昼夜巡视，安全保卫，注重场内安全、库房安全、牛群安全、按时叫班，按时补饲补水，认真清理水槽，观察奶牛分娩，及时报告兽医接产，及时通知产房人员做好犊牛拉运，做好管辖区卫生，及时修理场内小型车辆和更换推车轮胎。大门要打扫干净，随时关门开门，不允许非工作人员入内。来客必须经消毒室入内，外来车辆禁止入场，严格门卫消毒，场外人员入内必须登记，说明来场意图，在防疫阶段禁止所有车辆及外来人员入场。

（13）**炊事员岗位职责**　炊事员要遵守劳动纪律，按时上班，保证饭菜质量，营养搭配合理，调剂好主副食花样，保证就餐时间。执行《食品卫生法》，每天对餐具厨房进行消毒，生熟食应严格分开，不做腐烂变质食品，坚决杜绝食物中毒。搞好食堂内外环境卫生做到无蚊蝇。食堂工作应服务热情周到，听取就餐者意见，及时改进工作，按操作规程使用炊事工具，防止事故发生。主管人员要对食堂各项工作进行全面检查监督。

（14）**职工宿舍安全管理条例**

①所有住宿人员必须严格遵守牛场各项管理制度。

②住宿人员必须保持宿舍卫生，保护宿舍内公共财产不受损害。

③住宿人员因有事外出，在夜间 23：00 点以前必须回场。

④宿舍内严禁私拉乱接电线，冬季使用电热毯必须有安全的电源插座。

⑤上班时间关闭宿舍内各种用电设施，包括电热毯、照明灯等。

⑥宿舍内严禁使用电炉子，一经发现将予以没收，并处以50 元罚款。

⑦严禁在宿舍内酗酒、赌博。

⑧生火炉的宿舍每天勤查炉子、烟筒，防止夜间煤烟中毒。

⑨炉灰必须用水将余火全部熄灭后，再倒在固定的地方。

⑩节约用煤，杜绝浪费。

五、安全管理制度

1. 消防安全管理制度

①消防安全工作要以"预防为主，防消结合"的方针，认真

贯彻,《中华人民共和国消防法》,加强防火安全工作。

②防火安全工作要本着"谁主管,谁负责"的原则,逐级落实责任制。

③单位主要负责人为消防安全管理第一责任人,必须对消防安全负全面责任。

④成立义务消防队,当发生火警火灾时,必须立即组织进行抢救工作。

⑤对消防安全防护器材,应定期检测、检查及维护保养,确保随时完好备用。

⑥防火负责人职责:负责本区域的防火安全工作,执行上级有关指示和规定。必须认真贯彻执行国家《消防法》及有关规定,在计划、布置、检查、总结、评比本单位工作的同时评比防火安全工作。经常采用各种形式向从业人员进行防火宣传教育。普及和提高防火安全知识,对外来人员进行三级教育。研究和布置本区域的防火安全工作,定期进行检查。对一切危及防火安全的现象和行为,采取有效的制止措施。负责本区域消防器材管理,应认真维护保养,保证良好备用。协助有关部门对火灾事故的调查处理。

⑦防火安全,人人有责,全体员工必须注意防火安全,对火灾危险现象及行为均应进行严肃的斗争。

⑧义务消防队职责:义务消防队员占员工总数的比例要达到百分之三十以上。义务消防队根据工作情况,分厂设大队,下设报警、抢救、警卫、灭火等小组。义务消防队定期进行消防义务学习训练、召开消防灭火演习。义务消防队要管理好灭火器材和作好本岗位的防火工作。义务消防队成员对本单位不符合防火安全的现象,有权向主管负责人提出建议和批评。

⑨加强防火安全的宣传教育,做到群防群消,提高自防自救能力。

⑩对在防火重点单位上的工作人员,要经常对其进行消防专

业知识的教育和训练。

⑪严格执行动火制度和禁止生产区、库房区吸烟的规定。

⑫生产区都按一、二、三类画定动火区；凡在生产区内动火，必须按规定提前申请，方可作业。

⑬在动火区动火时，必须遵守下列规定：在动火中发现不安全苗头，立即停止作业。不符合动火审批手续和违反动火的作业，立即责令停止作业。

⑭电气设备的安全防火管理：电气设备和线路的安装、检修必须由专职电工操作。电气设备必须设有安全的接地装置和有可熔保险器，或自动控制器，严禁使用不符合安全要求的保险装置；电力网不准超负荷运行。对容易产生静电引起火灾的设备和容器，必须装置足以能够导除静电的设施。存放易燃性气体、液体、固体的容器管道附近，不得设置变压器和电热器。变压器、电动机、配电室等电气设施和部位，要经常检查维修，严格控制温度、保持清洁、不得在附近存放易燃易爆物品。高温和有腐蚀性的场所，其电线及电气线路应使用暗线、防腐线。

⑮加强易燃易爆危险品在储存、运输、使用等各个环节中的安全管理。

⑯娱乐室、员工宿舍和招待所严禁存放易燃易爆物品，不准随意乱拉、乱接临时电线，严禁乱用较大功率的电热器（具）。

⑰焊接作业的安全防火标准。焊接动火，防火人员（看火人）由设备所属单位指派。在槽罐内，潮湿地沟内，金属构架及天车上焊接作业，由检修单位指派监护人。

2. 烟、火管制安全管理制度

（1）**目的**　为规范牧场所属重点防火区域烟、火管理，杜绝火灾事故，确保生产安全，按照《中华人民共和国安全生产法》、《中华人民共和国消防法》制定本规定。

（2）**适用范围**　本规定适用于公司所属各牧场内部人员和各类外来人员。

（3）定　义

①烟、火是指除了各种明火设备（如：加热炉、锅炉等）和能够产生明火的作业工具（如：电焊、气焊、金属切割、金属打磨、电钻钻孔等）、机动车辆等用火作业之外的可能产生火花的火种和可燃易燃物质。

②重点防火区域是指干草棚、精料库、露天草垛、油库、库房、食堂和宿舍。

（4）职　责

①公司行政部是本规定的归口管理部门，负责监督、检查、考核各牧场对本规定的执行情况。

②牧场职责　依据本规定，根据本牧场实际制定本单位的管理制度，并组织本单位的烟、火检查、整改、考核等工作。

负责本牧场员工、外来施工队和外来人员入场安全教育、禁烟禁火告知，禁止烟、火安全标志牌的设置，监督检查和考核各部门烟、火管制工作的开展情况。

负责对进场人员进行烟、火管制检查、告知；负责烟、火的临时保管。

（5）管理与考核

①进入牧场的所有人员，包括牧场全体员工、外来施工、实习、参观及劳务工等都必须严格执行本规定。牧场人事行政部负责对上述人员入职（或入场）前的教育培训，如未开展，每有一次考核牧场人事行政经理200元。

②牧场要在牧场内显著的位置设置烟、火警示牌和禁烟禁火告知牌。

③严禁外来携带烟、火进入牧场内，所有烟、火必须在门卫烟、火临时存放点寄存。

④牧场内部员工严禁将烟、火带出宿舍楼；需要吸烟时必须到牧场指定地点。

⑤因生产、施工作业需要携带火种的，必须经得场长同意，

方可带入场区内，火种不得用于点火作业以外的其他活动。

⑥公司内部员工未经许可携带烟、火进入场区的，或在牧场非指定区域抽烟的一经发现，公司有权对当事人立即解除劳动关系。对外来人员（包括外来施工人员）立即驱逐出场。

3. 交通、安全制度 为了确保牧场管理人员和员工的人身安全，避免伤亡事故发生，特制订本规定。

①牧场养殖为一体的企业，实行谁主管谁负责为一体的责任制。

②在经营管理中必须注重安全，对管理人员和员工进行经常安全教育，牢固树立安全意识，杜绝安全事故发生。管理人员和员工上下班必须乘坐牧场专车，不允许搭他人车辆和擅自骑自行车摩托车上下班，若自行搭车、骑车，发生交通、安全事故由本人自负。

③员工休假、请假必须有假条（有本人和部门负责人签字）如有安全事故发生，个人承担相应责任。

④不允许酒后上岗，如有安全事故发生个人承担相应责任。

⑤上完夜班或倒休早班、下午班时员工必须待在牧场休息，不得疲劳工作后离开牧场。

⑥接送上下班人员车辆必须严格遵守管理，保持行车安全。

⑦所有员工坐车注意事项：严禁车内吸烟。严禁在车内嬉戏打闹。严禁在车上吃零食、乱扔杂物。严禁穿工作服。所有乘车员工凭胸卡上车。严禁超载。接送员工车辆必须严格管理，不得超车，不得随意增加人员，严格按照接送线路行驶，司机应严格遵守交通规则，确保行车安全。

六、安全管理措施

1. 安全会议

公司建立健全安全生产例会制度，每月的工作总结各部门要求有安全生产方面的内容，定期分析安全生产状况，对重大安全生产问题制订对策，并组织实施。

2. 安全培训

①公司全体员工必须接受相关的安全培训教育。

②本公司新招员工上岗前必须进行岗位、班组安全知识教育。员工在公司内调换工作岗位或离岗半年以上重新上岗者，应进行相应的岗位或班组安全教育。

③公司对全体员工必须进行安全培训教育，应将安全生产法规、安全操作规程、劳动纪律作为安全教育的重要内容。

④本公司特种作业人员（包括疫病保健、电工作业、厂内机动车辆驾驶、机械操作者等），必须接受相关的专业安全知识培训，确保有资格后方可安排上岗。

3. 安全生产检查

①公司必须建立和健全安全生产检查制度。安全生产检查每月一次，班组安全生产检查每周一次。

②公司应组织生产岗位检查、日常安全检查、专业性安全生产检查。

具体要求是生产岗位安全检查，主要由员工每天操作前，对自己的岗位或者将要进行的工作进行自检，确认安全可靠后才进行操作。内容包括：设备的安全状态是否完好，安全防护装置是否有效；规定的安全措施是否落实；所用的设备、工具是否符合安全规定；作业场地以及物品的堆放是否符合安全规范；个人防护用品、用具是否准备齐全，是否可靠；操作要领、操作规程是否明确。

③日常安全生产检查，主要由各部门负责人负责，其必须深入生产现场巡视和检查安全生产情况，主要内容是：是否有职工反映安全生产存在的问题。职工是否遵守劳动纪律，是否遵守安全生产操作规程。生产场所是否符合安全要求。

④专业性安全生产检查，主要由公司每年组织对防疫设施、

电气设备、机械设备、危险物品、消防设施、运输车辆、防尘防毒、防暑降温、厨房、集体宿舍等，分别进行检查。

4. 生产场所及设备安全措施

（1）公司必须严格执行国家有关劳动安全和劳动卫生规定、标准，为员工提供符合要求的劳动条件和生产场所。生产经营场所必须符合如下要求：

①生产经营场所应整齐、清洁、光线充足、通风良好，车道应平坦畅通，通道应有足够的照明。

②在生产经营场所内应设置安全警示标志。

③生产、使用、储存化学危险品应根据化学危险品的种类，设置相应的通风、防火、防爆、防毒、防静电、隔离操作等安全设施。

④生产作业场所、仓库严禁住人。

（2）公司的生产设备及其安全设施，必须符合如下要求。

①生产设备必须进行正常维护保养，定期检修，保持安全防护性能良好。

②各类电气设备和线路安装必须符合国家标准和规范，电气设备要绝缘良好，其金属外壳必须具有保护性接地措施；在有爆炸危险的气体或粉尘的工作场所，要使用防爆型电气设备。

③公司对可能发生职业中毒、感染疾病、人身伤害或其他事故的，应视实际需要，配备必要的抢救药品、器材，并定期检查更换。

（3）防疫设备必须按消毒防疫要求保证正常工作。

①门口进出通道防疫设施每天检测，消毒池保证随时有消毒液。

②牧场内消毒车辆保证随时使用，不得出现消毒设施设备故障不能使用现象。

5. 职工安全卫生保护措施

（1）公司必须与员工签订劳动合同，为员工购买意外伤害保险一份。

（2）公司必须建立符合国家规定的工作时间和休假制度。职工加班加点应在不损害职工健康和职工自愿的原则下进行。

（3）公司应根据生产的特点和实际需要，发给职工发需的防护用品，并督促其按规定正确使用。

（4）公司禁止招用未满16周岁的童工，禁止安排未满18周岁的未成年工从事有毒、有害、过重的体力劳动或危险作业。

（5）公司要制定员工退休相关制度，对超出退休年龄的员工，按照制度执行，严禁超龄使用。

（6）公司应通过卫生部门防疫站对生产工人进行上岗前体检和定期体检，采取措施，预防职业病。

（7）公司要制定人畜共患重大传染病控制与应急处理预案。

七、伤亡事故管理

劳动过程中发生的员工伤亡事故，公司必须严格按规定做好报告、调查、分析、处理等管理工作。

发生职工伤亡事故后，公司负责人应立即组织抢救伤员，采取有效措施，防止事故扩大和保护事故现场，做好善后工作，并报告集团公司和保险公司等相关部门。

参考文献

［1］吴心华，孙文华．奶牛健康养殖技术［M］银川：阳光出版社，2013.

［2］卢德勋．系统动物营养学导论［M］．北京：中国农业出版社，2004.

［3］王加启．现代奶牛养殖科学［M］．北京：中国农业出版社，2006.

［4］李胜利，孙志文译．奶牛场经营与管理［M］．北京：中国农业大学出版社，2009.

［5］杨效民，何东昌．奶牛健康养殖大全［M］．北京：中国农业出版社，2012.

［6］莫放．养牛生产学［M］．北京：中国农业大学出版社，2003.

［7］冯仰廉．反刍动物营养学［M］．北京：科学出版社，2004.

［8］熊本海．奶牛精细养殖综合技术平台［M］．北京：中国农业科学技术出版社，2005.

［9］刁其玉，等．奶牛规模养殖技术［M］．北京：中国农业科学出版社．

［10］Mike Hutiens（美）著；王永康译．奶牛饲喂指南．［M］．北京：中国农业科学技术出版社，2008.

［11］米歇尔·瓦提欧，石燕，施福顺译．营养和饲喂［M］．北京：中国农业大学出版社，2004.

［12］王福兆．乳牛学［M］．北京：科学技术文献出版社，2004.

［13］刘强．反刍动物营养调控研究［M］．北京：中国农业科学技术出版社，2008.

［14］孙国强，王世成．养牛手册［M］．北京：中国农业大学出版社，2003.

［15］李建国，安永福．奶牛标准化生产技术［M］．北京：中国农业大学出版社，2003.

［16］杨国义，王效京．奶牛干乳期营养状况控制与围产期代谢疾病防治［J］．动物保健，2003，20：9.

［17］王光文编译．奶牛围产期的营养生理和饲养管理［J］．广西畜牧兽医．2004，20（4）.

［18］米歇尔·瓦提欧著；施福顺，石燕译．饲养小母牛—奶牛饲养技术指南［M］．北京：中国农业大学出版社，2004.

［19］焦淑贤．奶牛分娩应激过程血液某些生化变化特点初步研究［J］．中国农业科学，1999，32（2）：112.

［20］哈罗德．阿姆施蒂茨．挤出价值.

［21］张廷青．为什么不提倡对产后牛冲洗子宫［J］．中国奶牛，2008，8.

［22］赵宏坤，等．奶牛常见炎症防治技术要领［M］．北京：化学工业出版社，2005.

［23］张沅，陈伟生，等．奶牛生产性能测定科普读物［M］．北京：中国农业出版社，2007.

［23］王建钦，刘冰，王哲．浅谈围产期奶牛的饲养管理［J］．中国奶牛，2006（4）：26-27.

［24］张金梅．奶牛围产期的饲养管理［J］．青海畜牧兽医杂志，2007，37（5）：54-54.

［25］刘庆华，宋富强，王学军．两种阴离子盐在围产前期奶牛日粮中应用效果的比较研究［J］．中国草食动物，2007，27

（4）：34–35.

［26］刘庆华，宋富强，陈碾管．阴离子盐在围产前期奶牛日粮中的应用研究［J］．饲料研究，2007（3）：55–51.

［27］王亮、张克春．分娩应激对围产期奶牛免疫机能的影响［J］，中国奶牛，2012，19.

［28］薛俊欣，张克春．奶牛免疫功能的影响因素［J］．乳业科学与技术，2011，3.

［29］薛俊欣，张克春．奶牛氧化应激研究进展［J］．中国奶牛，2011，14.

［30］刘凯，李胜利，魏永刚，刘云祥，益康 XP 对奶牛产后日粮适应及生产性能影响的研究［J］．中国奶牛，2005，1.

［31］王建辰．家畜生殖内分泌学［M］．北京：农业出版社，1998.